수학이 쉬워지는
완벽한 솔루션

완쏠

개념 라이트

미적분 I

완쏠 개념 라이트 미적분 I

발행일	2024년 6월 7일
펴낸곳	메가스터디(주)
펴낸이	손은진
개발 책임	배경윤
개발	김민, 신상희, 성기은, 오성한, 김건지
디자인	이정숙, 신은지
마케팅	엄재욱, 김세정
제작	이성재, 장병미
주소	서울시 서초구 효령로 304(서초동) 국제전자센터 24층
대표전화	1661.5431(내용 문의 02-6984-6901 / 구입 문의 02-6984-6868,9)
홈페이지	http://www.megastudybooks.com
출판사 신고 번호	제 2015-000159호
출간제안/원고투고	메가스터디북스 홈페이지 <투고 문의>에 등록

메가스터디BOOKS

'메가스터디북스'는 메가스터디㈜의 출판 전문 브랜드입니다.

유아/초등 학습서, 중고등 수능/내신 참고서는 물론, 지식, 교양, 인문 분야에서 다양한 도서를 출간하고 있습니다.

수학 기본기를 강화하는
완쏠 개념 라이트는
이렇게 만들었습니다!

새 교육과정에 충실한
중요 개념 선별 & 수록

교과서 수준에 철저히 맞춘
필수 예제와 유제 수록

최신 내신 기출과
수능, 평가원, 교육청 기출문제의
분석과 수록

개념을 빠르게
점검하는 단원 정리

정확한 답과 설명을
건너뛰지 않는 **친절한 해설**

이 책의 **짜임새**

STEP 1

STEP 1

필수 개념 + 개념 확인하기

단원별로 꼭 알아야 하는 필수 개념과
그 개념을 확인하는 문제로 개념을 쉽게 이해할 수 있다.

STEP 2

교과서 예제로 개념 익히기

개념별로 교과서에 빠지지 않고 수록되는 예제들을
필수 예제로 선정했고, 필수 예제와 같은 유형의 문제를
한번 더 풀어 보며 기본기를 다질 수 있다.

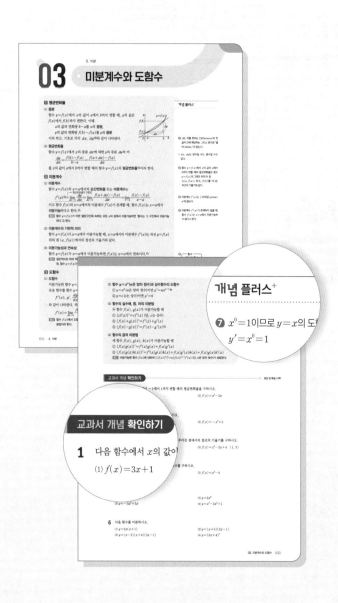

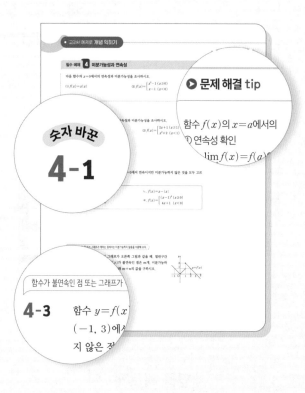

STEP 3

실전 문제로 단원 마무리

단원 전체의 내용을 점검하는 다양한 난이도의 실전 문제로
내신 대비를 탄탄하게 할 수 있고,
수능·평가원·교육청 기출로 수능적 감각을 키울 수 있다.

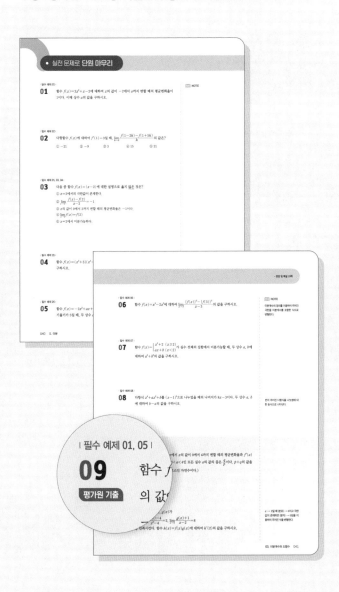

개념으로 단원 마무리

빈칸&○× 문제로 단원 마무리

개념을 제대로 이해했는지 빈칸 문제로 확인한 후,
○× 문제로 개념에 대한 이해도를 다시 한번
점검할 수 있다.

이 책의 차례

수학이 쉬워지는 완벽한 솔루션

완쏠 개념 라이트

01

함수의 극한

01 함수의 극한

1 함수의 수렴과 발산

(1) $x \to a$①일 때 함수의 수렴

함수 $f(x)$에서 x의 값이 a가 아니면서 a에 한없이 가까워질 때, $f(x)$의 값이 일정한 값 L에 한없이 가까워지면 함수 $f(x)$는 L에 **수렴**한다고 한다. 이때 L을 함수 $f(x)$의 $x=a$에서의 **극한값** 또는 **극한**이라 하고, 기호로 다음과 같이 나타낸다.

$$\lim_{x \to a} f(x) = L② \text{ 또는 } x \to a \text{일 때 } f(x) \to L$$

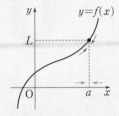

(2) $x \to \infty$ 또는 $x \to -\infty$③일 때 함수의 수렴

① 함수 $f(x)$에서 x의 값이 한없이 커질 때, $f(x)$의 값이 일정한 값 L에 한없이 가까워지면 함수 $f(x)$는 L에 수렴한다고 하고, 기호로 다음과 같이 나타낸다.

$$\lim_{x \to \infty} f(x) = L \text{ 또는 } x \to \infty \text{일 때 } f(x) \to L$$

② 함수 $f(x)$에서 x의 값이 음수이면서 그 절댓값이 한없이 커질 때, $f(x)$의 값이 일정한 값 M에 한없이 가까워지면 함수 $f(x)$는 M에 수렴한다고 하고, 기호로 다음과 같이 나타낸다.

$$\lim_{x \to -\infty} f(x) = M \text{ 또는 } x \to -\infty \text{일 때 } f(x) \to M$$

(3) $x \to a$일 때 함수의 발산

함수 $f(x)$에서 x의 값이 a가 아니면서 a에 한없이 가까워질 때, $f(x)$가 수렴하지 않으면 $f(x)$는 **발산**한다고 한다.

① 함수 $f(x)$에서 x의 값이 a가 아니면서 a에 한없이 가까워질 때, $f(x)$의 값이 한없이 커지면 함수 $f(x)$는 양의 무한대로 발산한다고 하고, 기호로 다음과 같이 나타낸다.

$$\lim_{x \to a} f(x) = \infty④ \text{ 또는 } x \to a \text{일 때 } f(x) \to \infty$$

② 함수 $f(x)$에서 x의 값이 a가 아니면서 a에 한없이 가까워질 때, $f(x)$의 값이 음수이면서 그 절댓값이 한없이 커지면 함수 $f(x)$는 음의 무한대로 발산한다고 하고, 기호로 다음과 같이 나타낸다.

$$\lim_{x \to a} f(x) = -\infty \text{ 또는 } x \to a \text{일 때 } f(x) \to -\infty$$

(4) $x \to \infty$ 또는 $x \to -\infty$일 때 함수의 발산

함수 $f(x)$에서 $x \to \infty$ 또는 $x \to -\infty$일 때, 함수 $f(x)$가 양의 무한대 또는 음의 무한대로 발산하는 것을 기호로 다음과 같이 나타낸다.

$$\lim_{x \to \infty} f(x) = \infty,\ \lim_{x \to \infty} f(x) = -\infty,\ \lim_{x \to -\infty} f(x) = \infty,\ \lim_{x \to -\infty} f(x) = -\infty$$

2 우극한과 좌극한

(1) 우극한과 좌극한

① 함수 $f(x)$에서 x의 값이 a보다 크면서 a에 한없이 가까워질 때, $f(x)$의 값이 일정한 값 L에 한없이 가까워지면 L을 함수 $f(x)$의 $x=a$에서의 **우극한**이라 하고, 기호로 다음과 같이 나타낸다.

$$\lim_{x \to a+} f(x) = L \text{ 또는 } x \to a+ \text{일 때 } f(x) \to L$$

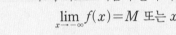

개념 플러스⁺

❶ x의 값이 a가 아니면서 a에 한없이 가까워지는 것을 기호로 $x \to a$와 같이 나타낸다.

❷ $\lim$는 극한을 뜻하는 limit의 약자이고, '리미트'라 읽는다.

❸ x의 값이 한없이 커지는 것을 기호 ∞를 사용하여 $x \to \infty$와 같이 나타내고, ∞를 무한대라 읽는다.
또한, x의 값이 음수이면서 그 절댓값이 한없이 커지는 것을 기호로 $x \to -\infty$와 같이 나타낸다.

❹ $\lim\limits_{x \to a} f(x) = \infty$는 함수 $f(x)$의 극한값이 ∞라는 뜻이 아니라 $f(x)$의 값이 한없이 커지는 상태임을 나타낸다.

■ x의 값이 a보다 크면서 a에 한없이 가까워지는 것을 기호로 $x \to a+$와 같이 나타내고, x의 값이 a보다 작으면서 a에 한없이 가까워지는 것을 기호로 $x \to a-$와 같이 나타낸다.

② 함수 $f(x)$에서 x의 값이 a보다 작으면서 a에 한없이 가까워질 때, $f(x)$의 값이 일정한 값 M에 한없이 가까워지면 M을 함수 $f(x)$의 $x=a$에서의 **좌극한**이라 하고, 기호로 다음과 같이 나타낸다.

$$\lim_{x \to a-} f(x) = M \text{ 또는 } x \to a- \text{일 때 } f(x) \to M$$

(2) 함수 $f(x)$의 $x=a$에서의 극한값이 L이면 $x=a$에서의 우극한과 좌극한이 모두 존재하고 그 값은 모두 L로 같다.

역으로 함수 $f(x)$의 $x=a$에서의 우극한과 좌극한이 모두 존재하고 그 값이 L로 같으면 $\lim\limits_{x \to a} f(x) = L$이다.

➡ $\lim\limits_{x \to a+} f(x) = \lim\limits_{x \to a-} f(x) = L \Longleftrightarrow \lim\limits_{x \to a} f(x) = L$

주의 우극한과 좌극한이 모두 존재하더라도 그 값이 같지 않으면 극한값은 존재하지 않는다.

❸ 함수의 극한값의 계산

(1) 함수의 극한에 대한 성질❺

두 함수 $f(x)$, $g(x)$에 대하여 $\lim\limits_{x \to a} f(x) = \alpha$, $\lim\limits_{x \to a} g(x) = \beta$ (α, β는 실수)일 때

① $\lim\limits_{x \to a} cf(x) = c \lim\limits_{x \to a} f(x) = c\alpha$ (단, c는 상수)

② $\lim\limits_{x \to a} \{f(x) \pm g(x)\} = \lim\limits_{x \to a} f(x) \pm \lim\limits_{x \to a} g(x) = \alpha \pm \beta$ (복부호동순)

③ $\lim\limits_{x \to a} f(x)g(x) = \lim\limits_{x \to a} f(x) \times \lim\limits_{x \to a} g(x) = \alpha\beta$

④ $\lim\limits_{x \to a} \dfrac{f(x)}{g(x)} = \dfrac{\lim\limits_{x \to a} f(x)}{\lim\limits_{x \to a} g(x)} = \dfrac{\alpha}{\beta}$ (단, $\beta \neq 0$)

예 ① $\lim\limits_{x \to 1}(3x+2) = 3\lim\limits_{x \to 1}x + \lim\limits_{x \to 1}2 = 3 \times 1 + 2 = 5$

② $\lim\limits_{x \to 2}\dfrac{x^2}{x-1} = \dfrac{\lim\limits_{x \to 2}x^2}{\lim\limits_{x \to 2}(x-1)} = \dfrac{\lim\limits_{x \to 2}x \times \lim\limits_{x \to 2}x}{\lim\limits_{x \to 2}x - \lim\limits_{x \to 2}1} = \dfrac{2 \times 2}{2-1} = 4$

(2) 함수의 극한값의 계산

① $\dfrac{0}{0}$ 꼴❻: 분모, 분자가 모두 다항식이면 분모, 분자를 각각 인수분해한 후 약분한다.

또한, 분모 또는 분자에 근호가 있으면 근호가 있는 쪽을 유리화한 후 약분한다.

② $\dfrac{\infty}{\infty}$ 꼴: 분모의 최고차항으로 분모, 분자를 각각 나눈다.

③ $\infty - \infty$ 꼴: 다항식은 최고차항으로 묶는다.

또한, 분모 또는 분자에 근호가 있으면 근호가 있는 쪽을 유리화한다.

④ $\infty \times 0$ 꼴: 통분하거나 유리화하여 $\infty \times (상수)$, $\dfrac{(상수)}{\infty}$, $\dfrac{0}{0}$, $\dfrac{\infty}{\infty}$ 꼴로 변형한다.

(3) 미정계수의 결정

두 함수 $f(x)$, $g(x)$에 대하여

① $\lim\limits_{x \to a}\dfrac{f(x)}{g(x)} = \alpha$ (α는 실수)이고 $\lim\limits_{x \to a}g(x) = 0$이면 $\lim\limits_{x \to a}f(x) = 0$이다.

② $\lim\limits_{x \to a}\dfrac{f(x)}{g(x)} = \alpha$ (α는 0이 아닌 실수)이고 $\lim\limits_{x \to a}f(x) = 0$이면 $\lim\limits_{x \to a}g(x) = 0$이다.

(4) 함수의 극한의 대소 관계❼

두 함수 $f(x)$, $g(x)$에 대하여 $\lim\limits_{x \to a}f(x) = \alpha$, $\lim\limits_{x \to a}g(x) = \beta$ (α, β는 실수)일 때, a에 가까운 모든 실수 x에 대하여

① $f(x) \leq g(x)$이면 $\alpha \leq \beta$이다.❽

② 함수 $h(x)$에 대하여 $f(x) \leq h(x) \leq g(x)$이고 $\alpha = \beta$이면 $\lim\limits_{x \to a}h(x) = \alpha$이다.

개념 플러스⁺

❺ 함수의 극한에 대한 성질은
$x \to a+, x \to a-, x \to \infty,$
$x \to -\infty$인 경우에도 모두 성립한다.

❻ $\dfrac{0}{0}$ 꼴, $0 \times \infty$ 꼴에서 0은 실수 0이 아니라 0에 한없이 가까워지는 것을 의미한다.

또한, $\dfrac{\infty}{\infty}$ 꼴, $\infty - \infty$ 꼴에서 ∞는 수가 아니라 한없이 커지는 상태를 나타내는 기호이므로 $\dfrac{\infty}{\infty} \neq 1$, $\infty - \infty \neq 0$임에 주의한다.

❼ 함수의 극한의 대소 관계는
$x \to a+, x \to a-, x \to \infty,$
$x \to -\infty$인 경우에도 모두 성립한다.

❽ ∞에 가까운 모든 실수 x에 대하여
$f(x) < g(x)$이지만
$\lim\limits_{x \to a}f(x) = \lim\limits_{x \to a}g(x)$인 경우가 있다.

1 다음 극한을 그래프를 이용하여 조사하시오.

(1) $\lim\limits_{x \to 2}(x+1)$

(2) $\lim\limits_{x \to 4}\sqrt{x}$

(3) $\lim\limits_{x \to 0}\dfrac{1}{x^2}$

(4) $\lim\limits_{x \to 0}\left(-\dfrac{1}{x^2}\right)$

2 다음 극한을 그래프를 이용하여 조사하시오.

(1) $\lim\limits_{x \to \infty}\dfrac{1}{x-1}$

(2) $\lim\limits_{x \to -\infty}\left(2+\dfrac{1}{x}\right)$

(3) $\lim\limits_{x \to \infty}(-x^2+x)$

(4) $\lim\limits_{x \to -\infty}\sqrt{-x}$

3 함수 $y=f(x)$의 그래프가 오른쪽 그림과 같을 때, 다음 극한값을 구하시오.

(1) $\lim\limits_{x \to 0+}f(x)$

(2) $\lim\limits_{x \to 0-}f(x)$

(3) $\lim\limits_{x \to 1+}f(x)$

(4) $\lim\limits_{x \to 1-}f(x)$

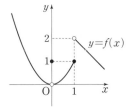

4 두 함수 $f(x)$, $g(x)$에 대하여 $\lim\limits_{x \to 1}f(x)=4$, $\lim\limits_{x \to 1}g(x)=-2$일 때, 다음 극한값을 구하시오.

(1) $\lim\limits_{x \to 1}2f(x)$

(2) $\lim\limits_{x \to 1}\{f(x)-g(x)\}$

(3) $\lim\limits_{x \to 1}f(x)g(x)$

(4) $\lim\limits_{x \to 1}\dfrac{f(x)}{g(x)}$

5 다음 극한을 조사하시오.

(1) $\lim\limits_{x \to 1}\dfrac{x^2-1}{x-1}$

(2) $\lim\limits_{x \to 4}\dfrac{\sqrt{x}-2}{x-4}$

(3) $\lim\limits_{x \to \infty}\dfrac{5x+2}{2x-1}$

(4) $\lim\limits_{x \to \infty}\dfrac{x^2+3}{x+2}$

필수 예제 **1** 함수의 수렴과 발산

다음 극한을 그래프를 이용하여 조사하시오.

(1) $\lim_{x \to 2} \dfrac{x^2 - 4}{x - 2}$

(2) $\lim_{x \to -3} \sqrt{x + 4}$

(3) $\lim_{x \to -1} \dfrac{1}{|x + 1|}$

(4) $\lim_{x \to 1} \left(\dfrac{1}{x - 3} + 2 \right)$

● 문제 해결 tip

$\lim_{x \to a} f(x)$ 에서 함수 $y = f(x)$의 그래프를 그린 후 $x \to a$일 때 $f(x)$의 값이 어떻게 변하는지 살펴본다.

숫자 바꾼

1-1 다음 극한을 그래프를 이용하여 조사하시오.

(1) $\lim_{x \to -3} \dfrac{x^2 + 2x - 3}{x + 3}$

(2) $\lim_{x \to 1} \sqrt{3x + 6}$

(3) $\lim_{x \to 0} \left(1 - \dfrac{1}{|x|} \right)$

(4) $\lim_{x \to -2} \dfrac{1}{(x + 2)^2}$

1-2 다음 극한을 그래프를 이용하여 조사하시오.

(1) $\lim_{x \to \infty} (x^2 - 2x)$

(2) $\lim_{x \to -\infty} \dfrac{4}{x + 1}$

(3) $\lim_{x \to \infty} (-\sqrt{x - 3})$

(4) $\lim_{x \to -\infty} \left(\dfrac{1}{|x|} - 2 \right)$

1-3 다음 | 보기 | 중 극한값이 존재하는 것을 모두 고르시오.

┌─ | 보기 |────────────────────────────

ㄱ. $\lim_{x \to 1} \dfrac{1}{(x - 1)^2}$

ㄴ. $\lim_{x \to -1} \dfrac{x^3 + 1}{x + 1}$

ㄷ. $\lim_{x \to -\infty} (x^2 - 2)$

ㄹ. $\lim_{x \to \infty} \left(-\dfrac{1}{|x - 3|} \right)$

────────────────────────────────────

필수 예제 2 우극한과 좌극한

함수 $y=f(x)$의 그래프가 오른쪽 그림과 같을 때,

$$\lim_{x \to -1-} f(x) + \lim_{x \to 1+} f(x) + f(1)$$

의 값을 구하시오.

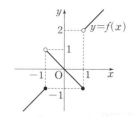

● 문제 해결 tip

함수 $y=f(x)$의 그래프에서 $x>a$ 또는 $x<a$이면서 a에 한없이 가까워질 때 $f(x)$의 값이 어떻게 변하는지 확인한다.

숫자 바꾼

2-1 함수 $y=f(x)$의 그래프가 오른쪽 그림과 같을 때,

$$\lim_{x \to -1+} f(x) + \lim_{x \to 2-} f(x) + f(0)$$

의 값을 구하시오.

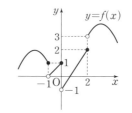

2-2 함수 $f(x) = \begin{cases} x^2-x+3 & (x \geq 1) \\ -x^2+2x & (x<1) \end{cases}$에 대하여 $\lim\limits_{x \to 1+} f(x) - \lim\limits_{x \to 1-} f(x)$의 값을 구하시오.

필수 예제 3 함수의 극한값의 존재

다음 극한값이 존재하는지 조사하고, 존재하면 그 값을 구하시오.

(1) $\lim\limits_{x \to 0} \dfrac{|x|}{x}$

(2) $\lim\limits_{x \to -1} \dfrac{(x+1)^2}{|x+1|}$

● 다시 정리하는 개념

우극한과 좌극한을 조사한 후
① 두 값이 같으면
　➡ 극한값이 존재한다.
② 두 값이 다르거나 수렴하지 않으면
　➡ 극한값이 존재하지 않는다.

숫자 바꾼

3-1 다음 극한값이 존재하는지 조사하고, 존재하면 그 값을 구하시오.

(1) $\lim\limits_{x \to 1} \dfrac{|1-x|}{x-1}$

(2) $\lim\limits_{x \to -2} \dfrac{x^2-4}{|x+2|}$

3-2 다음 | 보기 |의 함수 $f(x)$ 중 $x=1$에서의 극한값이 존재하는 것을 모두 고르시오.

| 보기 |

ㄱ. $f(x) = |x-1|$　　ㄴ. $f(x) = \begin{cases} x+1 & (x \neq 1) \\ 1 & (x=1) \end{cases}$　　ㄷ. $f(x) = \begin{cases} x-1 & (x \geq 1) \\ -x & (x<1) \end{cases}$

필수 예제 **4** 함수의 극한에 대한 성질

두 함수 $f(x)$, $g(x)$에 대하여 $\lim_{x \to 1} f(x) = 3$, $\lim_{x \to 1} \{2f(x) + 5g(x)\} = -4$일 때, $\lim_{x \to 1} g(x)$의 값을 구하시오.

● 다시 정리하는 개념

두 실수 α, β에 대하여
$\lim_{x \to a} f(x)$, $\lim_{x \to a} g(x)$가 존재할 때
$\lim_{x \to a} \{\alpha f(x) + \beta g(x)\}$
$= \alpha \lim_{x \to a} f(x) + \beta \lim_{x \to a} g(x)$

숫자 바꿔

4-1 두 함수 $f(x)$, $g(x)$에 대하여 $\lim_{x \to 2} f(x) = -1$, $\lim_{x \to 2} \{4f(x) - 3g(x)\} = 8$일 때, $\lim_{x \to 2} g(x)$의 값을 구하시오.

4-2 두 함수 $f(x)$, $g(x)$에 대하여 $\lim_{x \to -1} f(x) = 4$, $\lim_{x \to -1} g(x) = a$일 때, $\lim_{x \to -1} \dfrac{f(x) - 2g(x)}{f(x)g(x) + 6} = -4$를 만족시키는 실수 a의 값을 구하시오.

4-3 함수 $f(x)$에 대하여 $\lim_{x \to 0} \dfrac{f(x)}{x} = 2$일 때, $\lim_{x \to 0} \dfrac{x + 4f(x)}{x - f(x)}$의 값을 구하시오.

필수 예제 5 $\dfrac{0}{0}$ 꼴의 함수의 극한

문제 해결 tip

다음 극한값을 구하시오.

(1) $\displaystyle\lim_{x \to 1}\dfrac{x^2+4x-5}{x-1}$

(2) $\displaystyle\lim_{x \to 3}\dfrac{\sqrt{x-2}-1}{x-3}$

① 분모, 분자가 모두 다항식이면 분모, 분자를 각각 인수분해한다.
② 분모 또는 분자가 무리식이면 근호가 있는 쪽을 유리화한다.

숫자 바꾼

5-1 다음 극한값을 구하시오.

(1) $\displaystyle\lim_{x \to -1}\dfrac{x^3+x^2+x+1}{x^2-1}$

(2) $\displaystyle\lim_{x \to 2}\dfrac{x-2}{1-\sqrt{x-1}}$

5-2 다항함수 $f(x)$에 대하여 $\displaystyle\lim_{x \to 1}\dfrac{x^4-1}{(x-1)f(x)}=2$일 때, $f(1)$의 값을 구하시오.

5-3 함수 $f(x)$에 대하여 $\displaystyle\lim_{x \to 4}f(x)=6$일 때, $\displaystyle\lim_{x \to 4}\dfrac{(x-4)f(x)}{\sqrt{x}-2}$의 값을 구하시오.

필수 예제 **6** $\dfrac{\infty}{\infty}$ 꼴의 함수의 극한

다음 극한값을 구하시오.

(1) $\displaystyle\lim_{x \to \infty} \dfrac{(x+1)(5x-2)}{3x^2-4}$

(2) $\displaystyle\lim_{x \to \infty} \dfrac{2x}{\sqrt{x^2+x}+\sqrt{9x^2-3}}$

● 문제 해결 tip

분모의 최고차항으로 분모, 분자를 각각 나눈 후,

$\displaystyle\lim_{x \to \infty} \dfrac{k}{x^n}=0$

(n은 자연수, k는 상수)

임을 이용하여 극한값을 구한다.

숫자 바꿈

6-1 다음 극한값을 구하시오.

(1) $\displaystyle\lim_{x \to \infty} \dfrac{4-x}{2x^2+3x-1}$

(2) $\displaystyle\lim_{x \to \infty} \dfrac{\sqrt{4x^2+x}+3}{6x-1}$

6-2 다음 극한값을 구하시오.

(1) $\displaystyle\lim_{x \to -\infty} \dfrac{\sqrt{x^2+3}}{x-5}$

(2) $\displaystyle\lim_{x \to -\infty} \dfrac{\sqrt{x^2+5x-1}}{2x+1}$

6-3 함수 $f(x)$에 대하여 $\displaystyle\lim_{x \to \infty} \dfrac{f(x)}{x}=3$일 때, $\displaystyle\lim_{x \to \infty} \dfrac{x^2-\{f(x)\}^2}{2x^2+f(x)}$의 값을 구하시오.

필수 예제 **7** $\infty - \infty$, $\infty \times 0$ 꼴의 함수의 극한

다음 극한을 조사하시오.

(1) $\lim_{x \to \infty} (x^2 - 2x + 6)$

(2) $\lim_{x \to \infty} (\sqrt{x^2 + x} - x)$

▶ 문제 해결 tip

① 다항식은 최고차항으로 묶어 $\infty \times$ (상수) 꼴로 변형한다.
② 분모 또는 분자가 무리식이면 근호가 있는 쪽을 유리화하여 $\dfrac{\infty}{\infty}$ 꼴로 변형한다.

숫자 바꿈

7-1 다음 극한을 조사하시오.

(1) $\lim_{x \to \infty} (5 + 3x - x^3)$

(2) $\lim_{x \to \infty} \dfrac{6}{\sqrt{x^2 + 3x} - x}$

7-2 $\lim_{x \to \infty} (\sqrt{x^2 + ax} - \sqrt{x^2 - ax}) = 8$일 때, 상수 a의 값을 구하시오.

통분하거나 유리화하여 $\infty \times$ (상수), $\dfrac{(상수)}{\infty}$, $\dfrac{0}{0}$, $\dfrac{\infty}{\infty}$ 꼴로 변형해 보자.

7-3 다음 극한을 조사하시오.

(1) $\lim_{x \to 0} \dfrac{1}{x} \left(1 + \dfrac{1}{x-1} \right)$

(2) $\lim_{x \to \infty} x \left(\dfrac{\sqrt{x+1}}{\sqrt{x}} - 1 \right)$

필수 예제 **8** 미정계수의 결정

▶ 문제 해결 tip

다음 등식이 성립하도록 하는 두 상수 a, b의 값을 각각 구하시오.

(1) $\lim\limits_{x \to 1} \dfrac{x^2 + ax + b}{x - 1} = 8$

(2) $\lim\limits_{x \to -3} \dfrac{x + 3}{\sqrt{x + a} + b} = 2$

① 극한값이 존재하고
(분모) → 0이면
➡ (분자) → 0임을 이용한다.
② 0이 아닌 극한값이 존재하고
(분자) → 0이면
➡ (분모) → 0임을 이용한다.

숫자 바꿈

8-1 다음 등식이 성립하도록 하는 두 상수 a, b의 값을 각각 구하시오.

(1) $\lim\limits_{x \to -2} \dfrac{x^2 - 5x - 14}{ax + b} = -3$

(2) $\lim\limits_{x \to 4} \dfrac{\sqrt{x + a} + b}{x - 4} = \dfrac{1}{6}$

8-2 $\lim\limits_{x \to 2} \dfrac{x^2 - 4}{x^2 + ax + b} = -1$일 때, 두 상수 a, b에 대하여 $a + b$의 값을 구하시오.

8-3 $\lim\limits_{x \to -1} \dfrac{x + 1}{\sqrt{x^2 + a} + b} = -2$일 때, 두 상수 a, b에 대하여 ab의 값을 구하시오.

필수 예제 9 다항함수의 결정

다항함수 $f(x)$가 $\lim\limits_{x \to \infty} \dfrac{f(x)}{x-4} = 2$, $\lim\limits_{x \to -1} f(x) = -5$를 만족시킬 때, $f(x)$를 구하시오.

> **문제 해결 tip**
>
> 두 다항식 $f(x), g(x)$에 대하여
> $$\lim_{x \to \infty} \frac{f(x)}{g(x)} = \alpha$$
> $$(g(x) \neq 0, \alpha \neq 0)$$
> ➡ $f(x)$와 $g(x)$의 차수가 같고, $f(x)$와 $g(x)$의 최고차항의 계수의 비는 α이다.

숫자 바꾼

9-1 다항함수 $f(x)$가 $\lim\limits_{x \to \infty} \dfrac{f(x)}{2x+1} = -1$, $\lim\limits_{x \to 3} f(x) = 4$를 만족시킬 때, $f(x)$를 구하시오.

9-2 다항함수 $f(x)$가 $\lim\limits_{x \to \infty} \dfrac{f(x)}{x^2+2x-1} = 3$, $\lim\limits_{x \to -2} \dfrac{f(x)}{x^2+2x} = 5$를 만족시킬 때, $f(1)$의 값을 구하시오.

필수 예제 10 함수의 극한의 대소 관계

함수 $f(x)$가 모든 실수 x에 대하여
$$-x^2+2 \le f(x) \le x^2-4x+4$$
를 만족시킬 때, $\lim\limits_{x \to 1} f(x)$의 값을 구하시오.

> **다시 정리하는 개념**
>
> 세 함수 $f(x), g(x), h(x)$에 대하여
> $f(x) \le h(x) \le g(x)$이고
> $\lim\limits_{x \to a} f(x) = \lim\limits_{x \to a} g(x) = \alpha$
> (a는 실수)
> ➡ $\lim\limits_{x \to a} h(x) = \alpha$

숫자 바꾼

10-1 함수 $f(x)$가 모든 실수 x에 대하여
$$x^2-2x-4 \le f(x) \le 2x^2-3$$
을 만족시킬 때, $\lim\limits_{x \to -1} f(x)$의 값을 구하시오.

10-2 함수 $f(x)$가 모든 양의 실수 x에 대하여
$$3x+2 < f(x) < 3x+8$$
을 만족시킬 때, $\lim\limits_{x \to \infty} \dfrac{f(x)}{x+2}$의 값을 구하시오.

NOTE

주어진 함수의 그래프를 그려서 극한을 조사한다.

| 필수 예제 01 |

01 다음 중 옳지 <u>않은</u> 것은?

① $\lim\limits_{x \to -1}(x^2+3)=4$
② $\lim\limits_{x \to 2}\dfrac{5}{|x-2|}=\infty$

③ $\lim\limits_{x \to \infty}\left(6-\dfrac{1}{x}\right)=6$
④ $\lim\limits_{x \to \infty}\sqrt{x-4}=\infty$

⑤ $\lim\limits_{x \to -\infty}\dfrac{1}{x-5}=-\infty$

| 필수 예제 02 |

02 함수 $y=f(x)$의 그래프가 오른쪽 그림과 같을 때,
$$\lim_{x \to -1-}f(x)+\lim_{x \to 1+}f(x)+f(0)$$
의 값을 구하시오.

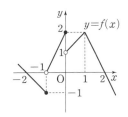

| 필수 예제 02 |

03 함수 $f(x)=\dfrac{|x-3|}{x-3}$에 대하여 $\lim\limits_{x \to 3+}f(x)=a$, $\lim\limits_{x \to 3-}f(x)=b$라 할 때, 두 실수 a, b에 대하여 a^2+b^2의 값을 구하시오.

| 필수 예제 03 |

04 함수 $f(x)=\begin{cases} 2x^2+3x-1 & (x<-1) \\ ax-4 & (x \geq -1) \end{cases}$에 대하여 $\lim\limits_{x \to -1}f(x)$의 값이 존재하도록 하는 상수 a의 값은?

① -2 ② -1 ③ 0 ④ 1 ⑤ 2

$\lim\limits_{x \to a}f(x)$의 값이 존재하려면
$\lim\limits_{x \to a+}f(x)=\lim\limits_{x \to a-}f(x)$이어야 함
을 이용한다.

| 필수 예제 04 |

05 두 함수 $f(x)$, $g(x)$에 대하여 $\lim\limits_{x \to 2} f(x) = \alpha$, $\lim\limits_{x \to 2} g(x) = \beta$이고

$$\lim_{x \to 2}\{f(x) + g(x)\} = 4, \quad \lim_{x \to 2}\frac{g(x)}{f(x)} = 3$$

일 때, $\lim\limits_{x \to 2}\dfrac{4f(x) - g(x)}{f(x)g(x)}$의 값은? (단, $\alpha \ne 0$)

① $\dfrac{1}{3}$ ② $\dfrac{1}{2}$ ③ 1 ④ 2 ⑤ 3

📖 NOTE

| 필수 예제 05, 06, 07 |

06 다음 | 보기 | 중 옳은 것을 모두 고르시오.

> | 보기 |
>
> ㄱ. $\lim\limits_{x \to 0}\dfrac{\sqrt{x+4}-2}{x} = \dfrac{1}{4}$ ㄴ. $\lim\limits_{x \to \infty}\dfrac{2x^2 + x - 1}{x^2 + 3} = 1$
>
> ㄷ. $\lim\limits_{x \to \infty}(\sqrt{x^2 + 5x} - x) = \dfrac{5}{2}$ ㄹ. $\lim\limits_{x \to 2}\dfrac{1}{x^2 - 4}\left(\dfrac{2}{x} - 1\right) = \dfrac{1}{8}$

| 필수 예제 05 |

07 다항함수 $f(x)$에 대하여 $\lim\limits_{x \to -2}\dfrac{\sqrt{x+3}-1}{(x+2)f(x)} = \dfrac{1}{12}$일 때, $f(-2)$의 값을 구하시오.

| 필수 예제 06 |

08 오른쪽 그림과 같이 두 함수 $y = \sqrt{2x}$, $y = \sqrt{x}$의 그래프와 직선 $x = t \ (t > 0)$가 만나는 점을 각각 A, B라 할 때, $\lim\limits_{t \to \infty}\dfrac{\overline{\text{OB}}}{2\overline{\text{OA}}}$의 값은? (단, O는 원점이다.)

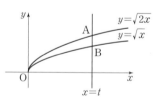

① $\dfrac{1}{16}$ ② $\dfrac{1}{8}$ ③ $\dfrac{1}{4}$

④ $\dfrac{1}{2}$ ⑤ 1

두 점 A, B의 좌표를 t를 이용하여 나타낸 후 $\overline{\text{OA}}$, $\overline{\text{OB}}$를 t에 대한 식으로 나타내 본다.

| 필수 예제 07 |

09 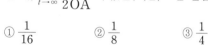 $\lim\limits_{x \to -\infty}(\sqrt{4x^2 + ax} + 2x) = -\dfrac{3}{4}$일 때, 상수 a의 값을 구하시오.

$x = -t$로 치환하여 식을 변형한 후 근호를 포함한 식을 유리화한다.

• 정답 및 해설 15쪽

| 필수 예제 08 |

10 함수 $f(x)=x^2+ax+b$에 대하여 $\lim_{x \to 3}\frac{f(x)}{x-3}=4$일 때, $f(1)$의 값을 구하시오.

(단, a, b는 상수이다.)

NOTE

$x \to 3$일 때 극한값이 존재하고 (분모) $\to$ 0이면 (분자) $\to$ 0임을 이용한다.

| 필수 예제 08 |

11 $\lim_{x \to 1}\frac{ax+b}{\sqrt{x+2}-\sqrt{3}}=8\sqrt{3}$일 때, 두 상수 a, b에 대하여 $a-b$의 값을 구하시오.

| 필수 예제 10 |

12 함수 $f(x)$가 모든 양수 x에 대하여

$2x+1<f(x)<2x+5$

를 만족시킬 때, $\lim_{x \to \infty}\frac{\{f(x)\}^2}{2x^2+3}$의 값을 구하시오.

| 필수 예제 04 |

13 수능 기출

함수 $f(x)$가 $\lim_{x \to 1}(x+1)f(x)=1$을 만족시킬 때, $\lim_{x \to 1}(2x^2+1)f(x)=a$이다. $20a$의 값을 구하시오.

| 필수 예제 09 |

14 평가원 기출

삼차함수 $f(x)$가 $\lim_{x \to 0}\frac{f(x)}{x}=\lim_{x \to 1}\frac{f(x)}{x-1}=1$을 만족시킬 때, $f(2)$의 값은?

① 4 ② 6 ③ 8 ④ 10 ⑤ 12

주어진 두 식의 극한값이 존재하고 (분모) $\to$ 0임을 이용하여 삼차함수 $f(x)$의 식을 세워 본다.

• 정답 및 해설 16쪽

1 다음 ☐ 안에 알맞은 것을 쓰시오.

(1) 함수 $f(x)$에서 x의 값이 a가 아니면서 a에 한없이 가까워질 때

① $f(x)$의 값이 일정한 값 L에 한없이 가까워지면 함수 $f(x)$는 L에 ☐한다고 한다.

이때 L을 함수 $f(x)$의 $x=a$에서의 ☐ 또는 극한이라 하고, 이것을 기호로 다음과 같이 나타낸다.

$$\lim_{x \to a} f(x) = L \text{ 또는 } x \to a \text{일 때 } f(x) \to L$$

② $f(x)$가 수렴하지 않으면 $f(x)$는 ☐한다고 한다.

(2) 함수 $f(x)$에 대하여

$$\lim_{x \to a+} f(x) = \boxed{} = L \Longleftrightarrow \lim_{x \to a} f(x) = L$$

(3) 두 함수 $f(x)$, $g(x)$에 대하여 극한값 $\lim_{x \to a} f(x)$, $\lim_{x \to a} g(x)$가 존재할 때

① $\lim_{x \to a} cf(x) = \boxed{}$ (단, c는 상수)

② $\lim_{x \to a} \{f(x) \pm g(x)\} = \lim_{x \to a} f(x) \pm \lim_{x \to a} g(x)$ (복부호동순)

③ $\lim_{x \to a} \boxed{} = \lim_{x \to a} f(x) \times \lim_{x \to a} g(x)$

④ $\lim_{x \to a} \dfrac{f(x)}{g(x)} = \dfrac{\lim_{x \to a} f(x)}{\lim_{x \to a} g(x)}$ (단, $\lim_{x \to a} g(x) \neq 0$)

(4) 세 함수 $f(x)$, $g(x)$, $h(x)$와 a에 가까운 모든 실수 x에 대하여 $f(x) \leq h(x) \leq g(x)$이고

$\lim_{x \to a} f(x) = \lim_{x \to a} g(x) = \alpha$이면 $\lim_{x \to a} h(x) = \boxed{}$이다.

2 다음 문장이 옳으면 ○표, 옳지 않으면 ×표를 ( ) 안에 쓰시오.

(1) 함수 $f(x)$가 $x=a$에서 정의되지 않으면 극한값 $\lim_{x \to a} f(x)$는 존재하지 않는다. ( )

(2) 우극한과 좌극한이 모두 존재하더라도 그 값이 같지 않으면 극한값은 존재하지 않는다. ( )

(3) $\dfrac{\infty}{\infty}$ 꼴의 함수의 극한에서 (분자의 차수) > (분모의 차수)이면 극한값은 0이다. ( )

(4) 두 함수 $f(x)$, $g(x)$에 대하여 $\lim_{x \to a} \dfrac{f(x)}{g(x)} = \alpha$ (α는 실수)이고 $\lim_{x \to a} g(x) = 0$이면 $\lim_{x \to a} f(x) = 0$이다. ( )

(5) 두 함수 $f(x)$, $g(x)$와 a에 가까운 모든 실수 x에 대하여 $f(x) < g(x)$이면

$\lim_{x \to a} f(x) < \lim_{x \to a} g(x)$이다. ( )

02

함수의 연속

02 함수의 연속

1 함수의 연속

(1) 함수의 연속

함수 $f(x)$가 실수 a에 대하여 다음 조건을 모두 만족시킬 때,
함수 $f(x)$는 $x=a$에서 **연속**이라 한다.

(i) 함수 $f(x)$가 $x=a$에서 정의되어 있다. → 함숫값 존재

(ii) 극한값 $\lim\limits_{x \to a} f(x)$가 존재한다. → 극한값 존재

(iii) $\lim\limits_{x \to a} f(x) = f(a)$ → (극한값)=(함숫값)

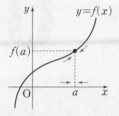

(2) 함수의 불연속

함수 $f(x)$가 $x=a$에서 연속이 아닐 때, 함수 $f(x)$는 $x=a$에서 **불연속**이라 한다.
즉, 함수 $f(x)$가 위의 세 조건 (i), (ii), (iii) 중 어느 하나라도 만족시키지 않으면 함수
$f(x)$는 $x=a$에서 불연속이다.

2 연속함수

(1) 구간

두 실수 $a, b\,(a<b)$에 대하여 집합

$$\{x \,|\, a \le x \le b\}, \ \{x \,|\, a < x < b\}, \ \{x \,|\, a \le x < b\}, \ \{x \,|\, a < x \le b\}$$

를 각각 **구간**이라 하고, 각각 기호로

$$[a,\ b], \ (a,\ b), \ [a,\ b), \ (a,\ b] \text{❶}$$

와 같이 나타낸다.

이때 $[a,\ b]$를 **닫힌구간**, $(a,\ b)$를 **열린구간**, $[a,\ b)$와 $(a,\ b]$를 **반닫힌 구간** 또는
반열린 구간이라 한다.

> **참고** 집합 $\{x \,|\, x \le a\}, \{x \,|\, x < a\}, \{x \,|\, x \ge a\}, \{x \,|\, x > a\}$도 각각 구간이고, 각각 기호로
> $$(-\infty,\ a], \ (-\infty,\ a), \ [a,\ \infty), \ (a,\ \infty)$$
> 와 같이 나타낸다. 특히 실수 전체의 집합은 기호로 $(-\infty,\ \infty)$와 같이 나타낸다.

(2) 연속함수

함수 $f(x)$가 어떤 구간에 속하는 모든 실수에서 연속일 때, 함수 $f(x)$는 그 구간에서
연속 또는 그 구간에서 **연속함수**라 한다.

특히 함수 $f(x)$가 다음 조건을 만족시킬 때, 함수 $f(x)$는 닫힌구간 $[a,\ b]$에서 연속이
라 한다.

(i) 열린구간 $(a,\ b)$에서 연속이다.

(ii) $\lim\limits_{x \to a+} f(x) = f(a)$, $\lim\limits_{x \to b-} f(x) = f(b)$

3 연속함수의 성질

(1) 연속함수의 성질

두 함수 $f(x)$, $g(x)$가 $x=a$에서 연속이면 다음 함수도 $x=a$에서 연속이다.

① $cf(x)$ (단, c는 상수)

② $f(x)+g(x)$, $f(x)-g(x)$

③ $f(x)g(x)$

④ $\dfrac{f(x)}{g(x)}$ (단, $g(a) \ne 0$)

개념 플러스⁺

■ 직관적으로 함수 $f(x)$가 $x=a$에서
연속이라는 것은 $x=a$에서 함수
$y=f(x)$의 그래프가 끊어지지 않고
이어져 있는 것이고, 불연속이라는 것
은 $x=a$에서 함수 $y=f(x)$의 그래프
가 끊어져 있는 것이다.

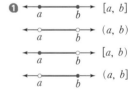

■ 어떤 구간에서 연속인 함수의 그래프는
그 구간에서 이어져 있다.

■ **여러 가지 함수의 연속성**

두 함수 $f(x)$, $g(x)$에 대하여

① 다항함수 $f(x)$
　➡ 모든 실수에서 연속

② 유리함수 $\dfrac{f(x)}{g(x)}$
　➡ $g(x) \ne 0$인 모든 실수 x에서 연속

③ 무리함수 $\sqrt{f(x)}$
　➡ $f(x) \ge 0$인 모든 실수 x에서 연속

(2) 최대·최소 정리

함수 $f(x)$가 닫힌구간 $[a, b]$에서 연속이면 $f(x)$는
이 구간에서 반드시 최댓값과 최솟값을 갖는다. ❷

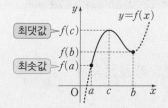

최댓값 — $f(c)$
$f(b)$
최솟값 — $f(a)$

(3) 사잇값 정리

함수 $f(x)$가 닫힌구간 $[a, b]$에서 연속이고 $f(a) \neq f(b)$이면
$f(a)$와 $f(b)$ 사이의 임의의 값 k에 대하여 $f(c)=k$인 c가
열린구간 (a, b)에 적어도 하나 존재한다.

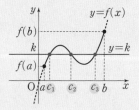

(4) 사잇값 정리의 활용

함수 $f(x)$가 닫힌구간 $[a, b]$에서 연속이고 $f(a)$와 $f(b)$의
부호가 서로 다르면 $f(c)=0$인 c가 열린구간 (a, b)에 적어도
하나 존재한다.
즉, 방정식 $f(x)=0$은 열린구간 (a, b)에서 적어도 하나의
실근을 갖는다. ❸

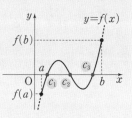

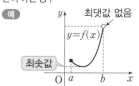
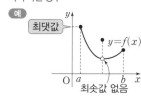

교과서 개념 확인하기 ○─────────────── 정답 및 해설 17쪽

1 다음 함수가 $x=1$에서 연속인지 불연속인지 조사하시오.

(1) $f(x)=x^2$

(2) $f(x)=\dfrac{1}{x-1}$

(3) $f(x)=\sqrt{x+1}$

(4) $f(x)=\begin{cases} x-1 & (x \geq 1) \\ -x & (x < 1) \end{cases}$

2 다음 함수가 연속인 구간을 구하시오.

(1) $f(x)=x^2-2$

(2) $f(x)=(x+1)(x-5)$

(3) $f(x)=\dfrac{1}{x+3}$

(4) $f(x)=\dfrac{x}{2x-1}$

3 주어진 구간에서 다음 함수 $f(x)$의 최댓값과 최솟값을 각각 구하시오.

(1) $f(x)=2x-1$ $[0, 2]$

(2) $f(x)=\dfrac{1}{x+2}$ $[-1, 1]$

4 다음은 함수 $f(x)=x^2+3$에 대하여 $f(c)=5$를 만족시키는 c가 열린구간 $(1, 2)$에 적어도 하나 존재함을
증명하는 과정이다. ☐ 안에 알맞은 것을 쓰시오.

> 함수 $f(x)=x^2+3$은 닫힌구간 $[1, 2]$에서 ☐이다.
> 또한, $f(1)=$☐, $f(2)=$☐에서 $f(1) \neq f(2)$이고 $f(1) <$ ☐ $< f(2)$이므로
> 사잇값 정리에 의하여 $f(c)=5$인 c가 열린구간 $(1, 2)$에 적어도 하나 존재한다.

필수 예제 **1** **함수의 연속과 불연속**

다음 함수가 $x=0$에서 연속인지 불연속인지 조사하시오.

(1) $f(x)=\begin{cases} x^2-x+2 & (x\geq 0) \\ 2x+1 & (x<0) \end{cases}$

(2) $f(x)=\begin{cases} \dfrac{x^2-x}{x} & (x\neq 0) \\ -1 & (x=0) \end{cases}$

○ 다시 정리하는 개념

함수 $f(x)$가 다음 조건을 모두 만족시키면 $x=a$에서 연속이다.
(ⅰ) 함숫값 $f(a)$가 존재한다.
(ⅱ) 극한값 $\lim\limits_{x\to a}f(x)$가 존재한다.
(ⅲ) $\lim\limits_{x\to a}f(x)=f(a)$

숫자 바꿔

1-1 다음 함수가 $x=-1$에서 연속인지 불연속인지 조사하시오.

(1) $f(x)=\begin{cases} x^2+2x-1 & (x\geq -1) \\ -x-3 & (x<-1) \end{cases}$

(2) $f(x)=\begin{cases} \dfrac{x^3+1}{x+1} & (x\neq -1) \\ 2 & (x=-1) \end{cases}$

1-2 함수 $f(x)=\begin{cases} \dfrac{x^2-2x}{|x-2|} & (x\neq 2) \\ 2 & (x=2) \end{cases}$가 $x=2$에서 연속인지 불연속인지 조사하시오.

1-3 함수 $y=f(x)$의 그래프가 오른쪽 그림과 같다. 열린구간 $(-2, 2)$에서 함수 $f(x)$의 극한값이 존재하지 않는 점의 개수를 a, 함수 $f(x)$가 불연속인 점의 개수를 b라 할 때, $a+b$의 값을 구하시오.

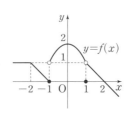

필수 예제 **2** 함수가 연속일 조건

함수 $f(x)=\begin{cases} 2x-5 & (x \geq 1) \\ x^2-3x+k & (x<1) \end{cases}$ 가 실수 전체의 집합에서 연속이 되도록 하는 상수 k의 값을 구하시오.

> ● 문제 해결 tip
>
> 두 연속함수 $g(x), h(x)$에 대하여
> 함수 $f(x)=\begin{cases} g(x) & (x \geq a) \\ h(x) & (x < a) \end{cases}$ 가
> 실수 전체의 집합에서 연속이려면
> $\lim\limits_{x \to a+} g(x)=\lim\limits_{x \to a-} h(x)=f(a)$
> 이어야 한다.

표현 바꾼

2-1 함수 $f(x)=\begin{cases} k-x & (x \geq -2) \\ x^2+x+4 & (x<-2) \end{cases}$ 가 $x=-2$에서 연속이 되도록 하는 상수 k의 값을 구하시오.

2-2 함수 $f(x)=\begin{cases} \dfrac{x^2-5x+a}{x-1} & (x \neq 1) \\ b & (x=1) \end{cases}$ 가 모든 실수 x에서 연속이 되도록 하는 두 상수

a, b에 대하여 ab의 값을 구하시오.

2-3 함수 $f(x)=\begin{cases} \dfrac{a\sqrt{x+2}-b}{x-2} & (x>2) \\ 1 & (x \leq 2) \end{cases}$ 이 모든 실수 x에서 연속이 되도록 하는 두 상수

a, b에 대하여 $b-a$의 값을 구하시오.

필수 예제 3 $(x-a)f(x)=g(x)$ 꼴의 함수의 연속

모든 실수 x에서 연속인 함수 $f(x)$가
$$(x-1)f(x)=x^3-1$$
을 만족시킬 때, $f(1)$의 값을 구하시오.

▶ 문제 해결 tip

모든 실수 x에서 연속인 두 함수 $f(x), g(x)$가 $(x-a)f(x)=g(x)$를 만족시킬 때
$$\Rightarrow f(a)=\lim_{x \to a}\frac{g(x)}{x-a}$$

숫자 바꾼

3-1 모든 실수 x에서 연속인 함수 $f(x)$가
$$(x+2)f(x)=x^3-6x-4$$
를 만족시킬 때. $f(-2)$의 값을 구하시오.

3-2 모든 실수 x에서 연속인 함수 $f(x)$가
$$(x-3)f(x)=x^2+ax-21$$
을 만족시킬 때. $f(3)$의 값을 구하시오. (단, a는 상수이다.)

필수 예제 4 연속함수의 성질

두 함수 $f(x)=x-1$, $g(x)=x^2+3$에 대하여 다음 중 모든 실수 x에서 연속인 함수가 <u>아닌</u> 것은?

① $\{f(x)\}^2$ ② $f(x)+g(x)$ ③ $f(x)g(x)$

④ $\dfrac{g(x)}{f(x)}$ ⑤ $\dfrac{f(x)}{g(x)}$

▶ 다시 정리하는 개념

두 함수 $f(x), g(x)$가 $x=a$에서 연속이면 다음 함수도 $x=a$에서 연속이다.
① $cf(x)$ (단, c는 상수)
② $f(x) \pm g(x)$
③ $f(x)g(x)$
④ $\dfrac{f(x)}{g(x)}$ (단, $g(a) \neq 0$)

숫자 바꾼

4-1 두 함수 $f(x)=2x^2$, $g(x)=x^2-6$에 대하여 다음 중 실수 전체의 집합에서 연속인 함수가 <u>아닌</u> 것은?

① $f(x)+g(x)$ ② $3f(x)-2g(x)$ ③ $\dfrac{1}{f(x)+g(x)}$

④ $\dfrac{1}{f(x)-g(x)}$ ⑤ $f(x)g(x)$

4-2 두 함수 $f(x)=x^2+4x-2$, $g(x)=x^2-x-12$에 대하여 함수 $\dfrac{f(x)}{g(x)}$가 불연속이 되는

모든 x의 값의 곱을 구하시오.

필수 예제 **5** 최대·최소 정리

주어진 구간에서 다음 함수 $f(x)$의 최댓값과 최솟값을 각각 구하시오.

(1) $f(x)=x^2-4x+2$ $[0, 3]$

(2) $f(x)=\dfrac{2x}{x+3}$ $[-2, 2]$

> ▶ **문제 해결 tip**
>
> 먼저 최대·최소 정리를 이용하여 주어진 함수가 최댓값과 최솟값을 가짐을 확인한 후, 그래프를 이용하여 최댓값과 최솟값을 구한다.

숫자 바꾼

5-1 주어진 구간에서 다음 함수 $f(x)$의 최댓값과 최솟값을 각각 구하시오.

(1) $f(x)=-x^2-2x+2$ $[-2, 1]$

(2) $f(x)=\sqrt{5-x}$ $[-1, 3]$

5-2 다음 중 함수 $f(x)=\dfrac{1}{x-2}$이 최댓값을 갖지 <u>않는</u> 구간은?

① $[-2, 0]$ ② $[0, 2)$ ③ $(2, 3]$

④ $[3, 4]$ ⑤ $[4, 5]$

필수 예제 **6** 사잇값 정리

다음 방정식이 주어진 구간에서 적어도 하나의 실근을 가짐을 보이시오.

(1) $x^3-3x-1=0$ $(1, 2)$

(2) $x^4+2x^3-2=0$ $(-2, 1)$

> ▶ **문제 해결 tip**
>
> 방정식 $f(x)=0$이 열린구간 (a, b)에서 적어도 하나의 실근을 가짐을 보이려면 함수 $f(x)$가 닫힌구간 $[a, b]$에서 연속이고 $f(a)f(b)<0$임을 보인다.

숫자 바꾼

6-1 다음 방정식이 주어진 구간에서 적어도 하나의 실근을 가짐을 보이시오.

(1) $x^3-x^2-2x-3=0$ $(0, 3)$

(2) $x^4-x^3+4x-5=0$ $(-1, 2)$

6-2 방정식 $-x^3+2x+3=0$은 오직 하나의 실근을 갖는다. 다음 중 이 방정식의 실근이 존재하는 구간은?

① $(-2, -1)$ ② $(-1, 0)$ ③ $(0, 1)$

④ $(1, 2)$ ⑤ $(2, 3)$

| 필수 예제 01 |

01 다음 | **보기** |의 함수 $f(x)$ 중 모든 실수 x에서 연속인 함수를 모두 고르시오.

> ─| **보기** |─────────
>
> ㄱ. $f(x) = \dfrac{1}{2x-1}$
>
> ㄴ. $f(x) = \begin{cases} \sqrt{x+3} - 1 & (x \geq 1) \\ x^2 + x - 1 & (x < 1) \end{cases}$
>
> ㄷ. $f(x) = \begin{cases} \dfrac{x^2 - 9}{|x - 3|} & (x \neq 3) \\ 6 & (x = 3) \end{cases}$
>
> ㄹ. $f(x) = \begin{cases} \dfrac{x^2 - 1}{x - 1} & (x \neq 1) \\ 2 & (x = 1) \end{cases}$

| 필수 예제 02 |

02 함수 $f(x) = \begin{cases} \dfrac{x^2 + ax}{x - 1} & (x \neq 1) \\ b & (x = 1) \end{cases}$ 가 $x=1$에서 연속일 때, 두 상수 a, b에 대하여 $b - a$

의 값을 구하시오.

| 필수 예제 02 |

03 두 함수 $f(x) = \begin{cases} x + 1 & (x \geq -2) \\ -x & (x < -2) \end{cases}$, $g(x) = x^2 + a$에 대하여 함수 $f(x)g(x)$가 실수

전체의 집합에서 연속일 때, 상수 a의 값을 구하시오.

| 필수 예제 03 |

04 모든 실수 x에서 연속인 함수 $f(x)$가
$$(x+4)f(x) = x^2 + ax + b$$
를 만족시킨다. $f(1) = 0$일 때, 두 상수 a, b에 대하여 $a - b$의 값을 구하시오.

| 필수 예제 04 |

05 실수 전체의 집합에서 정의된 두 함수 $f(x)$, $g(x)$가 $x=a$에서 연속일 때, 다음 중 $x=a$에서 항상 연속인 함수가 <u>아닌</u> 것은?

① $2f(x)$ ② $f(x) + g(x)$ ③ $f(x)g(x)$

④ $\{g(x)\}^2$ ⑤ $\dfrac{1}{f(x) - g(x)}$

📖 NOTE

| 필수 예제 05 |

06 닫힌구간 $[0, 4]$에서 함수 $f(x)=\dfrac{2x-3}{x+1}$의 최댓값을 M, 최솟값을 m이라 할 때, Mm의 값을 구하시오.

| 필수 예제 01, 05 |

07 열린구간 $(-2, 4)$에서 정의된 함수 $y=f(x)$의 그래프가 오른쪽 그림과 같을 때, 함수 $f(x)$에 대한 설명으로 옳지 <u>않은</u> 것은?

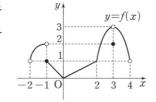

① $\displaystyle\lim_{x\to 3}f(x)=3$

② 극한값 $\displaystyle\lim_{x\to -1}f(x)$가 존재하지 않는다.

③ 함수 $f(x)$가 불연속이 되는 x의 값은 2개이다.

④ 함수 $f(x)$는 닫힌구간 $[-1, 2]$에서 최솟값을 갖는다.

⑤ 함수 $f(x)$는 닫힌구간 $[0, 3]$에서 최댓값을 갖는다.

| 필수 예제 06 |

08 연속함수 $f(x)$에 대하여 $f(-1)=1$, $f(0)=-2$, $f(1)=3$일 때, 방정식 $f(x)=0$은 적어도 n개의 실근을 갖는다. 이때 n의 값을 구하시오.

함수 $f(x)$가 닫힌구간 $[a, b]$에서 연속이고 $f(a)f(b)<0$이면 방정식 $f(x)=0$은 열린구간 (a, b)에서 적어도 하나의 실근을 가짐을 이용한다.

| 필수 예제 01 |

09 [평가원 기출] 함수 $f(x)$가 $x=2$에서 연속이고
$$\lim_{x\to 2-}f(x)=a+2,\quad \lim_{x\to 2+}f(x)=3a-2$$
를 만족시킬 때, $a+f(2)$의 값을 구하시오. (단, a는 상수이다.)

함수 $f(x)$가 $x=2$에서 연속이면 $\displaystyle\lim_{x\to 2+}f(x)=\lim_{x\to 2-}f(x)=f(2)$임을 이용한다.

| 필수 예제 02 |

10 [평가원 기출] 두 양수 a, b에 대하여 함수 $f(x)$가
$$f(x)=\begin{cases} x+a & (x<-1) \\ x & (-1\le x<3) \\ bx-2 & (x\ge 3) \end{cases}$$
이다. 함수 $|f(x)|$가 실수 전체의 집합에서 연속일 때, $a+b$의 값은?

① $\dfrac{7}{3}$ ② $\dfrac{8}{3}$ ③ 3 ④ $\dfrac{10}{3}$ ⑤ $\dfrac{11}{3}$

함수 $|f(x)|$가 실수 전체의 집합에서 연속이므로 $x=-1$, $x=3$에서도 연속임을 이용한다.

• 정답 및 해설 22쪽

1 다음 ☐ 안에 알맞은 것을 쓰시오.

(1) 함수 $f(x)$가 실수 a에 대하여 다음 조건을 모두 만족시킬 때, 함수 $f(x)$는 $x=a$에서 연속이라 한다.

(i) 함수 $f(x)$가 ☐에서 정의되어 있다.

(ii) 극한값 ☐가 존재한다.

(iii) $\lim\limits_{x \to a} f(x) = $ ☐

(2) 함수 $f(x)$가 $x=a$에서 연속이 아닐 때, 함수 $f(x)$는 $x=a$에서 ☐이라 한다.

(3) 함수 $f(x)$가 어떤 구간에 속하는 모든 실수에서 연속일 때, $f(x)$는 그 구간에서 연속 또는 그 구간에서 ☐라 한다.

(4) 함수 $f(x)$가 다음 조건을 만족시킬 때, 함수 $f(x)$는 닫힌구간 $[a, b]$에서 연속이라 한다.

(i) 열린구간 (a, b)에서 연속이다.

(ii) $\lim\limits_{x \to a+} f(x) = $ ☐, $\lim\limits_{x \to b-} f(x) = $ ☐

(5) 최대·최소 정리: 함수 $f(x)$가 닫힌구간 $[a, b]$에서 ☐이면
$f(x)$는 이 구간에서 반드시 최댓값과 최솟값을 갖는다.

(6) 사잇값 정리: 함수 $f(x)$가 닫힌구간 $[a, b]$에서 연속이고 ☐이면
$f(a)$와 $f(b)$ 사이의 임의의 값 k에 대하여 $f(c)=k$인 c가 열린구간 (a, b)에 적어도 ☐ 존재한다.

2 다음 문장이 옳으면 ○표, 옳지 않으면 ×표를 ( ) 안에 쓰시오.

(1) 함수 $f(x)$가 $x=a$에서 정의되어 있고 극한값 $\lim\limits_{x \to a} f(x)$가 존재하지만 $\lim\limits_{x \to a} f(x) \neq f(a)$이면
함수 $f(x)$는 $x=a$에서 불연속이다. ( )

(2) 함수 $f(x) = x^2 - 1$은 구간 $(-\infty, \infty)$에서 연속이다. ( )

(3) 함수 $f(x) = \sqrt{2-x}$는 구간 $[2, \infty)$에서 연속이다. ( )

(4) 함수 $f(x) = \dfrac{1}{x+1}$은 닫힌구간 $[-2, 2]$에서 최댓값과 최솟값을 갖는다. ( )

(5) 함수 $f(x)$가 닫힌구간 $[0, 1]$에서 연속이고 $f(0) < 0$, $f(1) > 0$이면
방정식 $f(x) = 0$은 열린구간 $(0, 1)$에서 적어도 하나의 실근을 갖는다. ( )

03

미분계수와 도함수

03 미분계수와 도함수

1 평균변화율

(1) 증분

함수 $y=f(x)$에서 x의 값이 a에서 b까지 변할 때, y의 값은 $f(a)$에서 $f(b)$까지 변한다. 이때

x의 값의 변화량 $b-a$를 x의 **증분**,

y의 값의 변화량 $f(b)-f(a)$를 y의 **증분**

이라 하고, 기호로 각각 Δx, Δy[1]와 같이 나타낸다.

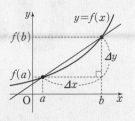

(2) 평균변화율

함수 $y=f(x)$에서 x의 증분 Δx에 대한 y의 증분 Δy의 비

$$\frac{\Delta y}{\Delta x}=\frac{f(b)-f(a)}{b-a}=\frac{f(a+\Delta x)-f(a)}{\Delta x}$$

를 x의 값이 a에서 b까지 변할 때의 함수 $y=f(x)$의 **평균변화율**[2]이라 한다.

2 미분계수

(1) 미분계수

함수 $y=f(x)$의 $x=a$에서의 **순간변화율** 또는 **미분계수**는

평균변화율의 극한값
$$f'(a)^{[3]}=\lim_{\Delta x \to 0}\frac{\Delta y}{\Delta x}=\lim_{\Delta x \to 0}\frac{f(a+\Delta x)-f(a)}{\Delta x}=\lim_{x \to a}\frac{f(x)-f(a)}{x-a}$$

이고 함수 $f(x)$의 $x=a$에서의 미분계수 $f'(a)$가 존재할 때, 함수 $f(x)$는 $x=a$에서 **미분가능**하다고 한다.[4]

> **참고** 함수 $y=f(x)$가 어떤 열린구간에 속하는 모든 x의 값에서 미분가능하면 '함수는 그 구간에서 미분가능하다.'고 한다.

(2) 미분계수의 기하적 의미

함수 $y=f(x)$가 $x=a$에서 미분가능할 때, $x=a$에서의 미분계수 $f'(a)$는 곡선 $y=f(x)$ 위의 점 $(a, f(a))$에서의 접선의 기울기와 같다.

(3) 미분가능성과 연속성

함수 $y=f(x)$가 $x=a$에서 미분가능하면 $f(x)$는 $x=a$에서 연속이다.[5]

> **참고** 일반적으로 위의 역은 성립하지 않는다.
> 즉, 함수 $y=f(x)$가 $x=a$에서 연속이지만 미분가능하지 않을 수도 있다.

3 도함수

(1) 도함수

미분가능한 함수 $y=f(x)$의 정의역의 각 원소 x에 미분계수 $f'(x)$를 대응시켜 만든 새로운 함수를 함수 $y=f(x)$의 **도함수**라 하고, 기호로

$$f'(x),\ y',\ \frac{dy}{dx}^{[6]},\ \frac{d}{dx}f(x)$$

와 같이 나타낸다. 즉, 미분가능한 함수 $f(x)$의 도함수는

$$f'(x)=\lim_{\Delta x \to 0}\frac{f(x+\Delta x)-f(x)}{\Delta x}$$

> **참고** 함수 $f(x)$에서 도함수 $f'(x)$를 구하는 것을 함수 $f(x)$를 x에 대하여 미분한다고 하고 그 계산법을 미분법이라 한다.

개념 플러스+

[1] Δ는 차를 뜻하는 Difference의 첫 글자 D에 해당하는 그리스 문자로 '델타(delta)'라 읽는다.

⊳ Δx, Δy는 양수일 수도, 음수일 수도 있다.

[2] 함수 $y=f(x)$에서 x의 값이 a에서 b까지 변할 때의 평균변화율은 함수 $y=f(x)$의 그래프 위의 두 점 $A(a, f(a))$, $B(b, f(b))$를 지나는 직선의 기울기와 같다.

[3] 미분계수 $f'(a)$는 'f 프라임(prime) a'라 읽는다.

[4] 미분계수 $f'(a)$가 존재하지 않을 때, 함수 $f(x)$는 $x=a$에서 미분가능하지 않다고 한다.

[5]

[6] $\frac{dy}{dx}$는 dy를 dx로 나눈다는 뜻이 아니라 y를 x에 대하여 미분한다는 뜻이고, '디와이(dy) 디엑스(dx)'라 읽는다.

(2) 함수 $y=x^n$ (n은 양의 정수)과 상수함수의 도함수

① $y=x^n$ (n은 양의 정수)이면 $y'=nx^{n-1}$ ❼

② $y=c$ (c는 상수)이면 $y'=0$

(3) **함수의 실수배, 합, 차의 미분법**

두 함수 $f(x)$, $g(x)$가 미분가능할 때

① $\{cf(x)\}'=cf'(x)$ (단, c는 상수)

② $\{f(x)+g(x)\}'=f'(x)+g'(x)$

③ $\{f(x)-g(x)\}'=f'(x)-g'(x)$ ❽

(4) **함수의 곱의 미분법**

세 함수 $f(x)$, $g(x)$, $h(x)$가 미분가능할 때

① $\{f(x)g(x)\}'=f'(x)g(x)+f(x)g'(x)$

② $\{f(x)g(x)h(x)\}'=f'(x)g(x)h(x)+f(x)g'(x)h(x)+f(x)g(x)h'(x)$

참고 미분가능한 함수 $f(x)$에 대하여 $[\{f(x)\}^n]'=n\{f(x)\}^{n-1}f'(x)$ (단, n은 양의 정수)가 성립한다.

개념 플러스⁺

❼ $x^0=1$이므로 $y=x$의 도함수는
  $y'=x^0=1$

❽ ②, ③은 세 개 이상의 함수에 대해서
  도 성립한다.

교과서 개념 확인하기

정답 및 해설 23쪽

1 다음 함수에서 x의 값이 -1에서 1까지 변할 때의 평균변화율을 구하시오.

(1) $f(x)=3x+1$

(2) $f(x)=x^2-2x$

2 다음 함수의 $x=1$에서의 미분계수를 구하시오.

(1) $f(x)=5x-4$

(2) $f(x)=-x^2+3$

3 다음 함수 $f(x)$에 대하여 곡선 $y=f(x)$ 위의 주어진 점에서의 접선의 기울기를 구하시오.

(1) $f(x)=-x^2+x$ $(2, -2)$

(2) $f(x)=x^3-2x+4$ $(1, 3)$

4 도함수의 정의를 이용하여 다음 함수의 도함수를 구하시오.

(1) $f(x)=x+2$

(2) $f(x)=x^2-4$

5 다음 함수를 미분하시오.

(1) $y=x^4$

(2) $y=2x^6$

(3) $y=-3x^2+5x$

(4) $y=x^3-2x^2+1$

6 다음 함수를 미분하시오.

(1) $y=2x(x+1)$

(2) $y=(x+5)(2x-1)$

(3) $y=(x-2)(x+4)(3x-1)$

(4) $y=(3x+4)^2$

필수 예제 1 **평균변화율과 미분계수**

함수 $f(x)=3x^2+1$에 대하여 x의 값이 0에서 2까지 변할 때의 평균변화율과 $x=a$에서의 미분계수가 같을 때, 상수 a의 값을 구하시오.

> ● **다시 정리하는 개념**
>
> 함수 $f(x)$의 $x=a$에서의 미분계수
> ➡ $f'(a)$
> $=\lim\limits_{\Delta x \to 0}\dfrac{f(a+\Delta x)-f(a)}{\Delta x}$

숫자 바꿈

1-1 함수 $f(x)=-x^2+2x+6$에 대하여 x의 값이 1에서 3까지 변할 때의 평균변화율과 $x=a$에서의 미분계수가 같을 때, 상수 a의 값을 구하시오.

1-2 함수 $f(x)=x^3+4$에서 x의 값이 -2에서 a까지 변할 때의 평균변화율과 $x=2$에서의 순간변화율이 같을 때, 양수 a의 값을 구하시오.

1-3 다항함수 $f(x)$에 대하여 $f(1)=3$이고, x의 값이 1에서 a까지 변할 때의 평균변화율이 $-a+2$일 때, $x=1$에서의 미분계수를 구하시오.

필수 예제 2 $\lim_{h \to 0} \dfrac{f(a+h)-f(a)}{h}=f'(a)$**를 이용한 극한값의 계산**

● 문제 해결 tip

다항함수 $f(x)$에 대하여 $f'(1)=3$일 때, 다음 극한값을 구하시오.

(1) $\displaystyle\lim_{h \to 0} \dfrac{f(1+3h)-f(1)}{h}$

(2) $\displaystyle\lim_{h \to 0} \dfrac{f(1+h)-f(1-h)}{h}$

$\lim_{\blacksquare \to 0} \dfrac{f(a+\blacksquare)-f(a)}{\blacksquare}=f'(a)$
임을 이용할 수 있도록 식을 변형한다.

숫자 바꾼

2-1 다항함수 $f(x)$에 대하여 $f'(3)=-2$일 때, 다음 극한값을 구하시오.

(1) $\displaystyle\lim_{h \to 0} \dfrac{f(3+5h)-f(3)}{2h}$

(2) $\displaystyle\lim_{h \to 0} \dfrac{f(3+2h)-f(3+3h)}{h}$

2-2 다항함수 $f(x)$에 대하여 $\displaystyle\lim_{h \to 0} \dfrac{f(2+5h)-f(2)}{h}=10$일 때,

$\displaystyle\lim_{h \to 0} \dfrac{f(2+3h)-f(2-h)}{h}$의 값을 구하시오.

필수 예제 3 $\lim_{x \to a} \dfrac{f(x)-f(a)}{x-a}=f'(a)$**를 이용한 극한값의 계산**

● 문제 해결 tip

다항함수 $f(x)$에 대하여 $f'(1)=2$일 때, 다음 극한값을 구하시오.

(1) $\displaystyle\lim_{x \to 1} \dfrac{f(x)-f(1)}{x^2-1}$

(2) $\displaystyle\lim_{x \to 1} \dfrac{f(x^2)-f(1)}{x-1}$

$\lim_{\blacktriangle \to \bullet} \dfrac{f(\blacktriangle)-f(\bullet)}{\blacktriangle-\bullet}=f'(\bullet)$
임을 이용할 수 있도록 식을 변형한다.

숫자 바꾼

3-1 다항함수 $f(x)$에 대하여 $f'(2)=4$일 때, 다음 극한값을 구하시오.

(1) $\displaystyle\lim_{x \to 2} \dfrac{x^2-4}{f(x)-f(2)}$

(2) $\displaystyle\lim_{x \to 2} \dfrac{f(x)-f(2)}{\sqrt{x}-\sqrt{2}}$

3-2 다항함수 $f(x)$에 대하여 $f(3)=1$, $f'(3)=2$일 때, $\displaystyle\lim_{x \to 3} \dfrac{3f(x)-xf(3)}{x-3}$의 값을 구하시오.

필수 예제 **4** 미분가능성과 연속성

> **◉ 문제 해결 tip**
>
> 함수 $f(x)$의 $x=a$에서의
> ① 연속성 확인
> ➡ $\lim\limits_{x \to a} f(x) = f(a)$인지 조사
> ② 미분가능성 확인
> ➡ $f'(a)$가 존재하는지 조사

다음 함수의 $x=0$에서의 연속성과 미분가능성을 조사하시오.

(1) $f(x)=x|x|$

(2) $f(x)=\begin{cases} x^2-1 & (x \geq 0) \\ x-1 & (x < 0) \end{cases}$

숫자 바꿔

4-1 다음 함수의 $x=1$에서의 연속성과 미분가능성을 조사하시오.

(1) $f(x)=|x-1|$

(2) $f(x)=\begin{cases} 2x+1 & (x \geq 1) \\ x^2+2 & (x < 1) \end{cases}$

4-2 다음 | 보기 |의 함수 $f(x)$ 중 $x=0$에서 연속이지만 미분가능하지 않은 것을 모두 고르시오.

┌─ | 보기 | ─────────────────────────────────┐

ㄱ. $f(x)=3x-2$
ㄴ. $f(x)=x-|x|$

ㄷ. $f(x)=\dfrac{|x|}{x}$
ㄹ. $f(x)=\begin{cases} (x-1)^2 & (x \geq 0) \\ 4x+1 & (x < 0) \end{cases}$

└───┘

> 함수가 불연속인 점 또는 그래프가 꺾이는 점에서는 미분가능하지 않음을 이용해 보자.

4-3 함수 $y=f(x)$의 그래프가 오른쪽 그림과 같을 때, 열린구간 $(-1, 3)$에서 함수 $f(x)$가 불연속인 점은 m개, 미분가능하지 않은 점은 n개이다. 이때 $m+n$의 값을 구하시오.

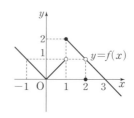

필수 예제 **5** 미분법

다음 함수를 미분하시오.

(1) $y=2x^3-x^2+4x-6$

(2) $y=(x-1)(x^3+5x^2)$

(3) $y=(x+3)(2x-1)(3x-4)$

(4) $y=(x^2-3x)^4$

▶ 다시 정리하는 개념

① $y=f(x)\pm g(x)$
➡ $y'=f'(x)\pm g'(x)$
(복부호동순)

② $y=f(x)g(x)$
➡ $y'=f'(x)g(x)$
$+f(x)g'(x)$

③ $y=\{f(x)\}^n$
➡ $y'=n\{f(x)\}^{n-1}f'(x)$

숫자 바꾼

5-1 다음 함수를 미분하시오.

(1) $y=\dfrac{1}{2}x^4+\dfrac{1}{3}x^3-6x-1$

(2) $y=(x^2+4x+2)(3x-2)$

(3) $y=(x+1)(-2x+5)(x^2+3)$

(4) $y=(x^2-5x+2)^5$

5-2 함수 $f(x)=(x^2+x+3)(x^3-2x-1)$에 대하여 $f'(1)+f'(2)$의 값을 구하시오.

5-3 함수 $f(x)=x^3+ax^2+bx+c$에 대하여 $f(1)=1$, $f'(1)=5$, $f'(-1)=-7$일 때, $f(-1)$의 값을 구하시오. (단, a, b, c는 상수이다.)

필수 예제 6 미분계수를 이용한 극한값의 계산

함수 $f(x)=x^3+6x-5$에 대하여 다음 극한값을 구하시오.

(1) $\displaystyle\lim_{h\to0}\frac{f(1)-f(1-2h)}{h}$

(2) $\displaystyle\lim_{x\to1}\frac{f(x)-f(1)}{x^3-1}$

● **문제 해결 tip**

$f'(a)=\displaystyle\lim_{h\to0}\frac{f(a+h)-f(a)}{h}$

$\quad\ \ =\displaystyle\lim_{x\to a}\frac{f(x)-f(a)}{x-a}$

를 이용할 수 있도록 주어진 식을 변형한다.

숫자 바꾼

6-1 함수 $f(x)=-2x^3-x^2+4x+1$에 대하여 다음 극한값을 구하시오.

(1) $\displaystyle\lim_{h\to0}\frac{f(2-h)-f(2+h)}{4h}$

(2) $\displaystyle\lim_{x\to2}\frac{f(x)-f(2)}{x^2-4}$

6-2 함수 $f(x)=(6x+2)(3-x)$에 대하여 $\displaystyle\lim_{x\to1}\frac{x^2f(1)-f(x)}{x-1}$의 값을 구하시오.

6-3 함수 $f(x)=x^3+ax+b$에 대하여 $f(2)=9$, $\displaystyle\lim_{x\to-1}\frac{f(x)-f(-1)}{x^3+1}=2$일 때, $f(1)$의 값을 구하시오. (단, a, b는 상수이다.)

• 정답 및 해설 27쪽

필수 예제 **7** 미분가능성을 이용한 미정계수의 결정

▶ 문제 해결 tip

함수 $f(x) = \begin{cases} x^2 - 3 & (x \geq 1) \\ ax + b & (x < 1) \end{cases}$ 가 $x = 1$에서 미분가능할 때, 두 상수 a, b에 대하여 ab의 값을 구하시오.

함수 $f(x)$가 $x = a$에서 미분가능하면 $x = a$에서 연속이고 $f'(a)$가 존재함을 이용한다.

숫자 바꾼

7-1 함수 $f(x) = \begin{cases} ax^2 - 4 & (x \geq 2) \\ 8x + b & (x < 2) \end{cases}$ 가 $x = 2$에서 미분가능할 때, 두 상수 a, b에 대하여 $a + b$의 값을 구하시오.

7-2 함수 $f(x) = \begin{cases} x^3 - 6x & (x \geq -1) \\ x^2 + ax + b & (x < -1) \end{cases}$ 가 모든 실수 x에서 미분가능할 때, $f(-2)$의 값을 구하시오. (단, a, b는 상수이다.)

필수 예제 **8** 다항식의 나눗셈에서의 미분법의 활용

▶ 문제 해결 tip

다항식 $x^5 + ax + b$가 $(x-1)^2$으로 나누어떨어질 때, 두 상수 a, b에 대하여 ab의 값을 구하시오.

다항식 $f(x)$가 $(x-a)^2$으로 나누어떨어질 때, 몫을 $Q(x)$라 하여 $f(x) = (x-a)^2 Q(x)$의 양변을 x에 대하여 미분한다.

숫자 바꾼

8-1 다항식 $x^4 - 8x^2 + a$가 $(x-b)^2$으로 나누어떨어질 때, 두 상수 a, b에 대하여 $a - b$의 값을 구하시오. (단, $b > 0$)

> 다항식을 이차식으로 나누었을 때 나머지는 일차 이하의 다항식임을 이용해 보자.

8-2 다항식 $x^7 - 1$을 $(x+1)^2$으로 나누었을 때의 나머지를 구하시오.

| 필수 예제 01 |

01 함수 $f(x)=3x^2+x-2$에 대하여 x의 값이 -2에서 a까지 변할 때의 평균변화율이 1이다. 이때 상수 a의 값을 구하시오.

| 필수 예제 02 |

02 다항함수 $f(x)$에 대하여 $f'(1)=3$일 때, $\lim\limits_{h \to 0} \dfrac{f(1-2h)-f(1+5h)}{h}$의 값은?

① -21 ② -9 ③ 3 ④ 15 ⑤ 21

| 필수 예제 01, 03, 04 |

03 다음 중 함수 $f(x)=|x-2|$에 대한 설명으로 옳지 <u>않은</u> 것은?

① $x=2$에서의 극한값이 존재한다.

② $\lim\limits_{x \to 2-} \dfrac{f(x)-f(2)}{x-2} = -1$

③ x의 값이 0에서 2까지 변할 때의 평균변화율은 -1이다.

④ $\lim\limits_{x \to 2} f(x) = f(2)$

⑤ $x=2$에서 미분가능하다.

| 필수 예제 05 |

04 함수 $f(x)=(x^3+3)(x^2-a)(-x+1)$에 대하여 $f'(1)=4$일 때, 상수 a의 값을 구하시오.

| 필수 예제 05 |

05 함수 $f(x)=-2x^2+ax+b$에 대하여 곡선 $y=f(x)$ 위의 점 $(-1, 3)$에서의 접선의 기울기가 5일 때, 두 상수 a, b에 대하여 $a+b$의 값을 구하시오.

곡선 $y=f(x)$ 위의 점 $(a, f(a))$에서의 접선의 기울기는 $f'(a)$임을 이용한다.

📖 **NOTE**

| 필수 예제 06 |

06 함수 $f(x)=x^3-2x^2$에 대하여 $\displaystyle\lim_{x\to 3}\dfrac{\{f(x)\}^2-\{f(3)\}^2}{x-3}$의 값을 구하시오.

미분계수의 정의를 이용하여 주어진 극한을 미분계수를 포함한 식으로 변형한다.

| 필수 예제 07 |

07 함수 $f(x)=\begin{cases} x^2+2 & (x\geq 2) \\ ax+b & (x<2) \end{cases}$가 실수 전체의 집합에서 미분가능할 때, 두 상수 a, b에 대하여 a^2+b^2의 값을 구하시오.

| 필수 예제 08 |

08 다항식 x^6+ax^2+b를 $(x-1)^2$으로 나누었을 때의 나머지가 $8x-3$이다. 두 상수 a, b에 대하여 $b-a$의 값을 구하시오.

먼저 주어진 다항식을 나눗셈에 대한 등식으로 나타낸다.

| 필수 예제 01, 05 |

09 함수 $f(x)=x^3-6x^2+5x$에서 x의 값이 0에서 4까지 변할 때의 평균변화율과 $f'(a)$
평가원 기출 의 값이 같게 되도록 하는 $0<a<4$인 모든 실수 a의 값의 곱은 $\dfrac{q}{p}$이다. $p+q$의 값을 구하시오. (단, p와 q는 서로소인 자연수이다.)

| 필수 예제 03, 05 |

10 두 다항함수 $f(x)$, $g(x)$가
교육청 기출
$$\lim_{x\to 2}\frac{f(x)-4}{x^2-4}=2, \quad \lim_{x\to 2}\frac{g(x)+1}{x-2}=8$$
을 만족시킨다. 함수 $h(x)=f(x)g(x)$에 대하여 $h'(2)$의 값을 구하시오.

$x\to 2$일 때 (분모) $\to 0$이고 극한값이 존재하면 (분자) $\to 0$임을 이용하여 주어진 식을 변형한다.

1 다음 ☐ 안에 알맞은 것을 쓰시오.

• 정답 및 해설 31쪽

(1) 함수 $y=f(x)$에서 $\dfrac{\Delta y}{\Delta x}=\dfrac{f(b)-f(a)}{b-a}$ 를 x의 값이 a에서 b까지 변할 때의 ☐☐☐☐☐ 이라 한다.

(2) 함수 $y=f(x)$에서 극한값 $\displaystyle\lim_{\Delta x\to 0}\dfrac{f(a+\Delta x)-f(a)}{\Delta x}$ 가 존재하면 이 값을 $x=a$에서의 순간변화율 또는 ☐☐☐☐☐ 라 하고, 기호로 ☐☐ 와 같이 나타낸다.

(3) 함수 $y=f(x)$가 $x=a$에서 미분가능할 때, $x=a$에서의 미분계수 $f'(a)$는 곡선 $y=f(x)$ 위의 점 $(a, f(a))$에서의 접선의 ☐☐☐ 와 같다.

(4) 미분가능한 함수 $f(x)$에서 $f'(x)=\displaystyle\lim_{\Delta x\to 0}\dfrac{f(x+\Delta x)-f(x)}{\Delta x}$ 를 함수 $f(x)$의 ☐☐☐ 라 한다.

(5) ① $y=x^n$ (n은 양의 정수)이면 $y'=$ ☐☐☐☐

   ② $y=c$ (c는 상수)이면 $y'=$ ☐

(6) 두 함수 $f(x)$, $g(x)$가 미분가능할 때

   ① $\{cf(x)\}'=$ ☐☐☐ (단, c는 상수)

   ② $\{f(x)+g(x)\}'=$ ☐☐☐☐☐

   ③ $\{f(x)-g(x)\}'=$ ☐☐☐☐☐

   ④ $\{f(x)g(x)\}'=f'(x)g(x)+$ ☐☐☐☐

   ⑤ $[\{f(x)\}^n]'=$ ☐☐☐☐☐ (단, n은 양의 정수)

2 다음 문장이 옳으면 ○표, 옳지 않으면 ×표를 (   ) 안에 쓰시오.

(1) 함수 $y=f(x)$에서 x의 값이 a에서 b까지 변할 때의 평균변화율은 함수 $y=f(x)$의 그래프 위의 두 점 $A(a, f(a))$, $B(b, f(b))$를 지나는 직선의 기울기와 같다.   (   )

(2) 곡선 $y=2x^3+3$ 위의 점 $(-1, 1)$에서의 접선의 기울기는 -6이다.   (   )

(3) 다항함수 $f(x)$에 대하여 $\displaystyle\lim_{h\to 0}\dfrac{f(a+3h)-f(a)}{h}=\dfrac{1}{3}f'(a)$이다. (단, a는 상수이다.)   (   )

(4) 함수 $f(x)=|x|$는 $x=0$에서 연속이고 미분가능하다.   (   )

(5) 미분가능한 함수 $f(x)$에 대하여 함수 $y=\{f(x)\}^2$의 도함수는 $y'=2f(x)f'(x)$이다.   (   )

04

접선의 방정식

04 접선의 방정식

개념 플러스⁺

1 접선의 방정식

(1) 접선의 기울기

함수 $f(x)$가 $x=a$에서 미분가능할 때, 곡선 $y=f(x)$ 위의
점 $P(a, f(a))$에서의 접선의 기울기는 $x=a$에서의 미분계수
$f'(a)$와 같다.

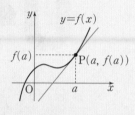

(2) 접선의 방정식

함수 $f(x)$가 $x=a$에서 미분가능할 때, 곡선 $y=f(x)$ 위의
점 $P(a, f(a))$에서의 접선의 방정식은

$$y-f(a)=f'(a)(x-a) ❶$$

> 참고 곡선 $y=f(x)$ 위의 점 $P(a, f(a))$를 지나고 이 점에서의 접선에 수직인 직선의 방정식은
> $$y-f(a)=-\frac{1}{f'(a)}(x-a) \text{ (단, } f'(a)\neq0) ❷$$

❶ 점 (x_1, y_1)을 지나고 기울기가 m인
직선의 방정식은
$$y-y_1=m(x-x_1)$$

❷ 수직인 두 직선의 기울기의 곱은 -1
이다.

2 접선의 방정식을 구하는 방법

(1) 접점의 좌표가 주어진 접선의 방정식

곡선 $y=f(x)$ 위의 점 $P(a, f(a))$에서의 접선의 방정식은 다음과 같은 순서로 구한다.
❶ 접선의 기울기 $f'(a)$를 구한다.
❷ $y-f(a)=f'(a)(x-a)$를 이용하여 접선의 방정식을 구한다.

(2) 기울기가 주어진 접선의 방정식

곡선 $y=f(x)$에 접하고 기울기가 m인 접선의 방정식은 다음과 같은 순서로 구한다.
❶ 접점의 좌표를 $(a, f(a))$로 놓는다.
❷ $f'(a)=m$임을 이용하여 a의 값을 구한 후 접점의 좌표를 구한다.
❸ $y-f(a)=m(x-a)$를 이용하여 접선의 방정식을 구한다.

(3) 곡선 밖의 한 점에서 그은 접선의 방정식

곡선 $y=f(x)$ 밖의 한 점 (x_1, y_1)에서 곡선에 그은 접선의 방정식은 다음과 같은 순서로
구한다.
❶ 접점의 좌표를 $(a, f(a))$로 놓는다.
❷ $y-f(a)=f'(a)(x-a)$에 점 (x_1, y_1)의 좌표를 대입하여 a의 값을 구한다.
❸ a의 값을 $y-f(a)=f'(a)(x-a)$에 대입하여 접선의 방정식을 구한다.

3 평균값 정리

(1) 롤의 정리 ❸

함수 $f(x)$가 닫힌구간 $[a, b]$에서 연속이고 열린구간
(a, b)에서 미분가능할 때, $f(a)=f(b)$이면
$$f'(c)=0$$
인 c가 열린구간 (a, b)에 적어도 하나 존재한다.

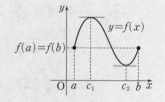

❸ 롤의 정리는 함수 $f(x)$가
닫힌구간 $[a, b]$에서 연속이고
열린구간 (a, b)에서 미분가능할 때,
$f(a)=f(b)$이면 곡선 $y=f(x)$의
접선 중 기울기가 0, 즉 x축과 평행한
접선을 갖는 점이 열린구간 (a, b)에
적어도 하나 존재함을 의미한다.

(2) 평균값 정리❹

함수 $f(x)$가 닫힌구간 $[a, b]$에서 연속이고 열린구간 (a, b)에서 미분가능하면

$$\frac{f(b)-f(a)}{b-a}=f'(c)$$

인 c가 열린구간 (a, b)에 적어도 하나 존재한다.

참고 평균값 정리에서 $f(a)=f(b)$인 경우가 롤의 정리이다.

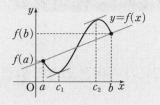

개념 플러스⁺

❹ 평균값 정리는 함수 $f(x)$가 닫힌구간 $[a, b]$에서 연속이고 열린구간 (a, b)에서 미분가능할 때, 곡선 $y=f(x)$의 접선 중 두 점 $(a, f(a))$, $(b, f(b))$를 지나는 직선과 평행한 접선을 갖는 점이 열린구간 (a, b)에 적어도 하나 존재함을 의미한다.

교과서 개념 확인하기

정답 및 해설 31쪽

1 다음 곡선 위의 주어진 점에서의 접선의 기울기를 구하시오.

(1) $y=x^2-4x+6$ $(1, 3)$ 　　　　　　　　(2) $y=2x^3-5x^2+2$ $(2, -2)$

2 곡선 $y=x^3-x+5$ 위의 점 $(-1, 5)$에서의 접선 l의 방정식을 구하려고 한다. 다음 물음에 답하시오.

(1) 접선 l의 기울기를 구하시오. 　　　　　　　　(2) 접선 l의 방정식을 구하시오.

3 곡선 $y=x^2+3x-7$에 접하고 기울기가 7인 직선 l의 방정식을 구하려고 한다. 다음 물음에 답하시오.

(1) 접점의 x좌표를 a라 할 때, 접선의 기울기가 7임을 이용하여 a의 값을 구하시오.

(2) 직선 l의 방정식을 구하시오.

4 점 $(1, -2)$에서 곡선 $y=x^2-x-1$에 그은 접선 l의 방정식을 구하려고 한다. 다음 물음에 답하시오.

(1) 접점의 x좌표를 a라 할 때, 접선이 점 $(1, -2)$를 지남을 이용하여 a의 값을 구하시오.

(2) 접선 l의 방정식을 구하시오.

5 함수 $y=f(x)$의 그래프가 오른쪽 그림과 같을 때, 닫힌구간 $[a, b]$에서 롤의 정리를 만족시키는 상수 c의 개수를 구하시오.

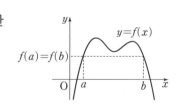

6 함수 $y=f(x)$의 그래프가 오른쪽 그림과 같을 때, 닫힌구간 $[a, b]$에서 평균값 정리를 만족시키는 상수 c의 개수를 구하시오.

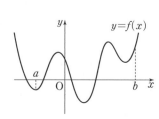

필수 예제 1 접점의 좌표가 주어진 접선의 방정식

곡선 $y=3x^2-x-5$ 위의 점 $P(1, -3)$에 대하여 다음을 구하시오.

(1) 점 P에서의 접선의 방정식

(2) 점 P를 지나고 점 P에서의 접선에 수직인 직선의 방정식

▶ **문제 해결 tip**

미분계수를 이용하여 주어진 점에서의 접선의 기울기를 구한다.

숫자 바꿔

1-1 곡선 $y=x^3-5x+2$ 위의 점 $P(-1, 6)$에 대하여 다음을 구하시오.

(1) 점 P에서의 접선의 방정식

(2) 점 P를 지나고 점 P에서의 접선에 수직인 직선의 방정식

1-2 곡선 $y=-x^2-x+3$ 위의 점 $(-2, 1)$에서의 접선이 점 $(a, 10)$을 지날 때, a의 값을 구하시오.

1-3 곡선 $y=-x^3$ 위의 점 $A(1, -1)$에서의 접선이 이 곡선과 만나는 점 중 A가 아닌 점을 $B(a, b)$라 할 때, ab의 값을 구하시오.

필수 예제 **2** 기울기가 주어진 접선의 방정식

다음을 구하시오.

(1) 곡선 $y=2x^2-x-4$에 접하고 직선 $y=3x+1$에 평행한 접선의 방정식

(2) 곡선 $y=x^3+x-3$에 접하고 직선 $y=-x+5$에 수직인 접선의 방정식

○ 문제 해결 tip

곡선 $y=f(x)$에 대하여 접점의 좌표를 $(a, f(a))$로 놓고 미분계수를 이용하여 a의 값을 구한다.

숫자 바꾼

2-1 다음을 구하시오.

(1) 곡선 $y=3x^2+4x+1$에 접하고 직선 $y=-2x$에 평행한 접선의 방정식

(2) 곡선 $y=x^3-5x+7$에 접하고 직선 $y=\dfrac{1}{5}x-1$에 수직인 접선의 방정식

2-2 직선 $y=2x+1$을 평행이동하면 곡선 $y=2x^2+10x-1$과 점 (a, b)에서 접한다. 이때 $a-b$의 값을 구하시오.

2-3 두 점 $(-1, 6)$, $(2, 3)$을 지나는 직선과 기울기가 같고 곡선 $y=-2x^2+3x+5$에 접하는 직선이 점 $(5, k)$를 지날 때, k의 값을 구하시오.

필수 예제 3 곡선 밖의 한 점에서 그은 접선의 방정식

> **● 문제 해결 tip**
>
> 곡선 $y=f(x)$ 위의 점 $(a, f(a))$에서의 접선이 주어진 점을 지남을 이용하여 a의 값을 구한다.

점 $(0, -1)$에서 곡선 $y=2x^2-2x+1$에 그은 접선의 방정식을 구하시오.

숫자 바꾼

3-1 점 $(1, 0)$에서 곡선 $y=x^2+4x-1$에 그은 접선의 방정식을 구하시오.

3-2 점 $(1, -6)$에서 곡선 $y=x^3-2x$에 그은 접선이 점 $(k, 14)$를 지날 때, k의 값을 구하시오.

3-3 원점에서 곡선 $y=-x^2+3x-1$에 그은 두 접선의 접점을 각각 P, Q라 할 때, $\overline{PQ}$의 길이를 구하시오.

필수 예제 **4** 롤의 정리

다음 함수 $f(x)$에 대하여 주어진 구간에서 롤의 정리를 만족시키는 상수 c의 값을 구하시오.

(1) $f(x)=-x^2+2x+8$ $[0, 2]$

(2) $f(x)=x^3+8x^2+5x-9$ $[-2, 1]$

$f(a)=f(b)$임을 확인하고 $f'(c)=0$인 상수 $c\,(a<c<b)$를 찾는다.

숫자 바꾼

4-1 다음 함수 $f(x)$에 대하여 주어진 구간에서 롤의 정리를 만족시키는 상수 c의 값을 구하시오.

(1) $f(x)=x^2+3x-6$ $[-3, 0]$

(2) $f(x)=-x^3+6x^2-9x+5$ $[1, 4]$

4-2 함수 $f(x)=-x^2(x-k)$에 대하여 닫힌구간 $[0, k]$에서 롤의 정리를 만족시키는 상수 c의 값이 2일 때, k의 값을 구하시오. (단, $k>2$)

필수 예제 **5** 평균값 정리

다음 함수 $f(x)$에 대하여 주어진 구간에서 평균값 정리를 만족시키는 상수 c의 값을 구하시오.

(1) $f(x)=x^2-x-3$ $[0, 3]$

(2) $f(x)=-x^3+2x-1$ $[-1, 2]$

$\dfrac{f(b)-f(a)}{b-a}=f'(c)$인 상수 $c\,(a<c<b)$를 찾는다.

숫자 바꾼

5-1 다음 함수 $f(x)$에 대하여 주어진 구간에서 평균값 정리를 만족시키는 상수 c의 값을 구하시오.

(1) $f(x)=-x^2-x+2$ $[-2, 3]$

(2) $f(x)=x^3-x^2-4x-4$ $[-1, 1]$

5-2 함수 $f(x)=x^3-2x$에 대하여 닫힌구간 $[-1, k]$에서 평균값 정리를 만족시키는 상수 c의 값이 1일 때, k의 값을 구하시오. (단, $k>1$)

| 필수 예제 01 |

01 곡선 $y=-2x^2+ax+b$ 위의 점 $(1, -1)$에서의 접선의 방정식이 $y=-2x+1$일 때, 두 상수 a, b에 대하여 $a-b$의 값을 구하시오.

| 필수 예제 01 |

02 곡선 $y=x^3-4x$ 위의 점 $(1, -3)$에서의 접선과 x축 및 y축으로 둘러싸인 도형의 넓이는?

① $\dfrac{1}{2}$ ② 1 ③ $\dfrac{3}{2}$ ④ 2 ⑤ $\dfrac{5}{2}$

접선의 방정식을 구한 후 x절편과 y절편을 구한다.

| 필수 예제 02 |

03 곡선 $y=x^2-2$에 접하고 x축의 양의 방향과 이루는 각의 크기가 $45°$인 접선의 방정식이 $4x-4y+k=0$일 때, 상수 k의 값은?

① -9 ② -7 ③ -5 ④ -3 ⑤ -1

직선 $y=ax+b$가 x축의 양의 방향과 이루는 각의 크기를 θ라 하면 $a=\tan\theta$임을 이용한다.

| 필수 예제 02 |

04 곡선 $y=-x^3+6x^2+9$의 접선의 기울기의 최댓값을 k, 이때의 접점의 좌표를 (a, b)라 할 때, $a+b-k$의 값을 구하시오.

곡선 $y=f(x)$의 접선의 기울기의 최댓값은 $f'(x)$의 최댓값을 이용하여 구한다.

| 필수 예제 03 |

05 점 $\left(-\dfrac{1}{2}, 0\right)$에서 곡선 $y=x^2-4x$에 그은 두 접선의 y절편의 합을 구하시오.

| 필수 예제 03 |

06 점 $(1, 4)$에서 곡선 $y=-x^2+x+3$에 그은 두 접선의 접점과 원점을 세 꼭짓점으로 하는 삼각형의 넓이를 구하시오.

| 필수 예제 04 |

07 함수 $f(x)=x^2-kx-3$에 대하여 닫힌구간 $[-1, 3]$에서 롤의 정리를 만족시키는 상수 c가 존재할 때, c의 값을 구하시오. (단, k는 상수이다.)

| 필수 예제 05 |

08 함수 $f(x)=x^3+x$에 대하여 닫힌구간 $[-3, 3]$에서 평균값 정리를 만족시키는 모든 상수 c의 값의 곱은?

① -5　　　② -3　　　③ -1　　　④ 1　　　⑤ 3

| 필수 예제 01, 02 |

09 곡선 $y=x^3-4x+5$ 위의 점 $(1, 2)$에서의 접선이 곡선 $y=x^4+3x+a$에 접할 때, 상수 a의 값은?

평가원 기출

① 6　　　② 7　　　③ 8　　　④ 9　　　⑤ 10

| 필수 예제 03 |

10 점 $(0, 4)$에서 곡선 $y=x^3-x+2$에 그은 접선의 x절편은?

수능 기출

① $-\dfrac{1}{2}$　　　② -1　　　③ $-\dfrac{3}{2}$　　　④ -2　　　⑤ $-\dfrac{5}{2}$

1 다음 ☐ 안에 알맞은 것을 쓰시오.

• 정답 및 해설 36쪽

(1) 함수 $f(x)$가 $x=a$에서 미분가능할 때, 곡선 $y=f(x)$ 위의 점 $\mathrm{P}(a, f(a))$에서의 접선의 기울기는 ☐ 이다.

(2) 함수 $f(x)$가 $x=a$에서 미분가능할 때, 곡선 $y=f(x)$ 위의 점 $\mathrm{P}(a, f(a))$에서의 접선의 방정식은

$$y-f(a)=\boxed{}(x-a)$$

(3) 롤의 정리: 함수 $f(x)$가 닫힌구간 $[a, b]$에서 연속이고 열린구간 (a, b)에서 미분가능할 때, $f(a)=f(b)$이면

$$f'(c)=\boxed{}$$

인 c가 열린구간 (a, b)에 적어도 하나 존재한다.

(4) 평균값 정리: 함수 $f(x)$가 닫힌구간 $[a, b]$에서 연속이고 열린구간 (a, b)에서 미분가능하면

$$\frac{f(b)-f(a)}{b-a}=\boxed{}$$

인 c가 열린구간 (a, b)에 적어도 하나 존재한다.

2 다음 문장이 옳으면 ○표, 옳지 않으면 ×표를 ( ) 안에 쓰시오.

(1) 곡선 $y=f(x)$ 위의 점 $\mathrm{P}(a, f(a))$를 지나고 이 점에서의 접선에 수직인 직선의 방정식은

$y-f(a)=\dfrac{1}{f'(a)}(x-a)$이다. (단, $f'(a)\neq0$) (   )

(2) 곡선 $y=x^2+x-1$ 위의 점 $(1, 1)$에서의 접선의 방정식은 $y=3x-2$이다. (   )

(3) 곡선 $y=x^2-3x+1$에 접하고 기울기가 1인 직선의 방정식은 $y=x-1$이다. (   )

(4) 점 $(0, 2)$에서 곡선 $y=x^3-2x$에 그은 접선의 접점의 좌표는 $(-1, 1)$이다. (   )

(5) 함수 $f(x)=|x|$는 닫힌구간 $[-1, 1]$에서 롤의 정리가 성립한다. (   )

(6) 함수 $f(x)$가 닫힌구간 $[a, b]$에서 연속이고 열린구간 (a, b)에서 미분가능할 때, 열린구간 (a, b)에 속하는 모든 x에 대하여 $f'(x)=0$이면 함수 $f(x)$는 닫힌구간 $[a, b]$에서 일차함수이다. (   )

05

함수의 그래프

05 함수의 그래프

1 함수의 증가와 감소

(1) 함수의 증가와 감소

함수 $f(x)$가 어떤 구간에 속하는 임의의 두 실수 x_1, x_2에 대하여

① $x_1 < x_2$일 때, $f(x_1) < f(x_2)$이면 함수 $f(x)$는 이 구간에서 **증가**한다고 한다.

② $x_1 < x_2$일 때, $f(x_1) > f(x_2)$이면 함수 $f(x)$는 이 구간에서 **감소**한다고 한다.

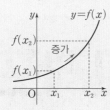 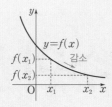

(2) 함수의 증가와 감소의 판정❶

함수 $f(x)$가 어떤 열린구간에서 미분가능하고, 이 구간의 모든 x에 대하여

① $f'(x) > 0$이면 함수 $f(x)$는 이 구간에서 증가한다.

② $f'(x) < 0$이면 함수 $f(x)$는 이 구간에서 감소한다.

> **참고** 함수 $f(x)$가 어떤 열린구간에서 미분가능하고, 이 구간에서
> ① 함수 $f(x)$가 증가하면 이 구간의 모든 x에 대하여 $f'(x) \geq 0$ ⎤
> ② 함수 $f(x)$가 감소하면 이 구간의 모든 x에 대하여 $f'(x) \leq 0$ ⎦ 등호 포함

2 함수의 극대와 극소

(1) 함수의 극대와 극소

함수 $f(x)$에서 $x=a$를 포함하는 어떤 열린구간에 속하는 모든 x에 대하여

① $f(x) \leq f(a)$일 때, 함수 $f(x)$는 $x=a$에서 **극대**라 하고, $f(a)$를 **극댓값**이라 한다.

② $f(x) \geq f(a)$일 때, 함수 $f(x)$는 $x=a$에서 **극소**라 하고, $f(a)$를 **극솟값**이라 한다.

이때 극댓값과 극솟값을 통틀어 **극값**이라 한다.

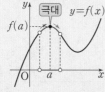 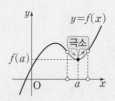

> **참고** 함수 $f(x)$가 연속일 때, $x=a$의 좌우에서
> ① $f(x)$가 증가하다가 감소하면 함수 $f(x)$는 $x=a$에서 극대이다.
> ② $f(x)$가 감소하다가 증가하면 함수 $f(x)$는 $x=a$에서 극소이다.

(2) 극값과 미분계수 사이의 관계

함수 $f(x)$가 $x=a$에서 극값을 갖고 a를 포함하는 어떤 열린구간에서 미분가능하면
$$f'(a) = 0❷$$

(3) 함수의 극대와 극소의 판정

미분가능한 함수 $f(x)$에 대하여 $f'(a) = 0$이고, $x=a$의 좌우에서 $f'(x)$의 부호가

① 양$(+)$에서 음$(-)$으로 바뀌면 $f(x)$는 $x=a$에서 극대이고, 극댓값 $f(a)$를 갖는다.

② 음$(-)$에서 양$(+)$으로 바뀌면 $f(x)$는 $x=a$에서 극소이고, 극솟값 $f(a)$를 갖는다.

개념 플러스⁺

❶ 일반적으로 역은 성립하지 않는다.
예를 들어, 함수 $f(x) = x^3$은 실수 전체의 집합에서 증가하지만 $f'(x) = 3x^2$에서 $f'(0) = 0$이다.

▪ 극댓값이 극솟값보다 항상 큰 것은 아니다.

❷ 일반적으로 역은 성립하지 않는다.
예를 들어, 함수 $f(x) = x^3$은 $f'(0) = 0$이지만 $f(x)$는 $x=0$에서 극값을 갖지 않는다.

❸ 함수의 그래프

(1) 함수의 그래프

미분가능한 함수 $f(x)$의 그래프의 개형은 다음과 같은 순서로 그린다.

❶ 함수 $f(x)$의 도함수 $f'(x)$를 구한다.

❷ $f'(x)=0$인 x의 값을 구한다.

❸ $f'(x)$의 부호의 변화를 조사하여 함수 $f(x)$의 증가와 감소를 표로 나타낸다.

❹ ❸에서 나타낸 표를 이용하여 그래프의 개형을 그린다.

(2) 함수의 최댓값과 최솟값

함수 $f(x)$가 닫힌구간 $[a, b]$에서 연속❸일 때, 함수 $f(x)$의 최댓값과 최솟값은 다음과 같은 순서로 구한다.

❶ 닫힌구간 $[a, b]$에서 함수 $f(x)$의 극댓값, 극솟값을 모두 구한다.

❷ 닫힌구간 $[a, b]$의 양 끝에서의 함숫값 $f(a)$, $f(b)$를 구한다.

❸ ❶, ❷에서 구한 극댓값, 극솟값, $f(a)$, $f(b)$ 중에서 가장 큰 값이 최댓값, 가장 작은 값이 최솟값이다.

참고 닫힌구간 $[a, b]$에서 연속함수 $f(x)$의 극값이 오직 하나 존재할 때
① 하나뿐인 극값이 극댓값이면 (극댓값)=(최댓값)
② 하나뿐인 극값이 극솟값이면 (극솟값)=(최솟값)

개념 플러스⁺

❸ 함수 $f(x)$가 닫힌구간 $[a, b]$에서 연속이면 최대 · 최소 정리에 의하여 함수 $f(x)$는 이 구간에서 반드시 최댓값과 최솟값을 갖는다.

교과서 개념 확인하기

정답 및 해설 36쪽

1 함수 $y=f(x)$의 그래프가 오른쪽 그림과 같을 때, 증가하는 구간과 감소하는 구간을 각각 구하시오.

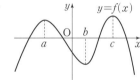

2 다음 함수의 증가와 감소를 조사하시오.

(1) $f(x)=x^2+x$

(2) $f(x)=x^3-3x-2$

3 함수 $y=f(x)$의 그래프가 오른쪽 그림과 같을 때, 함수 $f(x)$의 극댓값과 극솟값을 각각 구하시오.

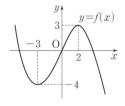

4 함수 $f(x)=x^3-12x+4$에 대하여 다음 물음에 답하시오.

(1) $f'(x)$를 구하시오.

(2) $f'(x)=0$인 x의 값을 모두 구하시오.

(3) 함수 $f(x)$의 극값을 구하시오.

5 함수 $f(x)=x^3+3x^2-1$의 그래프의 개형을 그리시오.

필수 예제 1 함수의 증가와 감소

다음 함수의 증가와 감소를 조사하시오.

(1) $f(x)=x^3-6x^2+10$

(2) $f(x)=-x^4+8x^2-6$

> ◐ **다시 정리하는 개념**
>
> 함수 $f(x)$가 어떤 구간에서 미분 가능하고, 이 구간의 모든 x에 대하여
> ① $f'(x)>0 \Rightarrow$ 증가
> ② $f'(x)<0 \Rightarrow$ 감소

숫자 바꿈

1-1 다음 함수의 증가와 감소를 조사하시오.

(1) $f(x)=-x^3-3x^2+9x+7$

(2) $f(x)=x^4-6x^2+2$

1-2 함수 $f(x)=2x^3+3x^2-12x$가 임의의 두 실수 x_1, x_2에 대하여 $x_1<x_2$일 때, $f(x_1)>f(x_2)$를 만족시키는 구간이 $[a, b]$일 때, $a+b$의 값을 구하시오.

> 실수 전체의 집합에서 증가하려면
> 모든 실수 x에 대하여 $f'(x)\geq 0$이어야 함을 이용해 보자.

1-3 함수 $f(x)=x^3+x^2+ax+3$이 실수 전체의 집합에서 증가하도록 하는 실수 a의 값의 범위는?

① $a<-\dfrac{1}{3}$　② $a\leq 0$　③ $0<a\leq\dfrac{1}{3}$　④ $a>0$　⑤ $a\geq\dfrac{1}{3}$

필수 예제 2 함수의 극대와 극소

다음 함수의 극값을 구하시오.

(1) $f(x) = 2x^3 - 6x + 1$

(2) $f(x) = x^4 - 4x^3 + 12$

◑ 문제 해결 tip

함수 $f(x)$의 극대와 극소
➡ $f'(x) = 0$을 만족시키는 x의 값을 구하고 그 값의 좌우에서 $f'(x)$의 부호를 조사한다.

숫자 바꾼

2-1 다음 함수의 극값을 구하시오.

(1) $f(x) = x^3 - 6x^2 + 9x - 4$

(2) $f(x) = -x^4 + 4x^2 - 2$

2-2 함수 $f(x) = x^4 - 6x^2 - 8x + 12$는 $x = a$에서 극솟값 b를 갖는다. 이때 $a + b$의 값을 구하시오.

> 미분가능한 함수 $f(x)$가 $x = a$에서 극값 p를 가지면 $f(a) = p, f'(a) = 0$임을 이용하여 식을 세워 보자.

2-3 함수 $f(x) = x^3 + ax^2 + bx - 15$가 $x = -3$에서 극댓값 12를 가질 때, 두 상수 a, b에 대하여 $a - b$의 값을 구하시오.

필수 예제 3 함수의 그래프

◉ 문제 해결 tip

다음 함수의 그래프의 개형을 그리시오.

(1) $f(x)=x^3-3x+2$

(2) $f(x)=-x^4+4x^3-4x^2+3$

함수 $y=f(x)$의 그래프의 개형은 함수 $f(x)$의 증가와 감소를 표로 나타낸 후 극값을 이용하여 그릴 수 있다.

숫자 바꾼

3-1 다음 함수의 그래프의 개형을 그리시오.

(1) $f(x)=\dfrac{1}{3}x^3+3x^2+9x+6$

(2) $f(x)=3x^4+4x^3-2$

3-2 다항함수 $f(x)$의 도함수 $y=f'(x)$의 그래프가 오른쪽 그림과 같을 때, 다음 중 함수 $y=f(x)$의 그래프의 개형이 될 수 있는 것은?

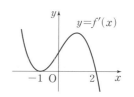

①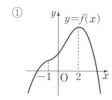

②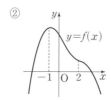

③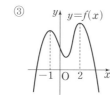

④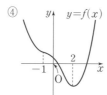

⑤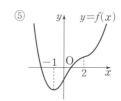

3-3 함수 $f(x)$의 도함수 $y=f'(x)$의 그래프가 오른쪽 그림과 같을 때, 다음 |보기| 중 옳은 것을 모두 고르시오.

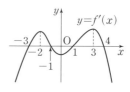

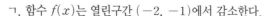

| 보기 |

ㄱ. 함수 $f(x)$는 열린구간 $(-2, -1)$에서 감소한다.

ㄴ. 함수 $f(x)$는 열린구간 $(1, 3)$에서 증가한다.

ㄷ. 함수 $f(x)$는 $x=-3$에서 극솟값을 갖는다.

ㄹ. 함수 $f(x)$는 $x=3$에서 극댓값을 갖는다.

• 정답 및 해설 38쪽

필수 예제 **4** 다항함수가 극값을 가질 조건

함수 $f(x)=x^3-ax^2-2ax+1$이 극값을 갖도록 하는 실수 a의 값의 범위를 구하시오.

> **▶ 문제 해결 tip**
>
> 삼차함수 $f(x)$가 극값을 갖는다.
> ➡ 이차방정식 $f'(x)=0$이 서로 다른 두 실근을 갖는다.

숫자 바꾼

4-1 함수 $f(x)=\dfrac{1}{3}x^3+ax^2-(4a-5)x-2$가 극값을 갖도록 하는 실수 a의 값의 범위를 구하시오.

4-2 함수 $f(x)=x^3+(a-1)x^2+3x-4$가 극값을 갖지 않도록 하는 정수 a의 개수를 구하시오.

> 사차함수 $f(x)$가 극댓값과 극솟값을 모두 가지려면 삼차방정식 $f'(x)=0$이 서로 다른 세 실근을 가져야 함을 이용해 보자.

4-3 함수 $f(x)=x^4-8x^3+4ax^2-1$이 극댓값과 극솟값을 모두 갖도록 하는 정수 a의 최댓값을 구하시오.

필수 예제 **5** 함수의 최대 · 최소

다음 구간에서 함수의 최댓값과 최솟값을 각각 구하시오.

(1) $f(x)=x^3-12x+6$ $[-3, 3]$

(2) $f(x)=3x^4-8x^3+6x^2-4$ $[0, 2]$

◐ 문제 해결 tip

닫힌구간 $[a, b]$에서 연속인 함수 $f(x)$의 최댓값과 최솟값
➡ 극댓값, 극솟값, $f(a), f(b)$의 대소를 비교하여 찾는다.

숫자 바꾼

5-1 다음 구간에서 함수의 최댓값과 최솟값을 각각 구하시오.

(1) $f(x)=2x^3-9x^2+12x-6$ $[0, 3]$

(2) $f(x)=x^4-2x^2+7$ $[-2, 2]$

5-2 닫힌구간 $[0, 2]$에서 함수 $f(x)=-\dfrac{1}{4}x^4+\dfrac{1}{2}x^2+4$는 $x=a$에서 최댓값 b를 갖는다. 이때 $8ab$의 값을 구하시오.

5-3 닫힌구간 $[-2, 4]$에서 함수 $f(x)=-x^3+3x^2+a-2$의 최댓값이 21일 때, $f(x)$의 최솟값을 구하시오. (단, a는 상수이다.)

필수 예제 **6** 함수의 최대·최소의 활용

오른쪽 그림과 같이 곡선 $y=-x^2+6$과 x축으로 둘러싸인 부분에 내접하는 직사각형 ABCD가 있다. 제1사분면 위의 점 A의 x좌표를 a라 할 때, 다음 물음에 답하시오.

(1) $\overline{\mathrm{AD}}$, $\overline{\mathrm{CD}}$의 길이를 각각 a에 대한 식으로 나타내시오.

(2) a의 값의 범위를 구하시오.

(3) 직사각형 ABCD의 넓이를 $S(a)$라 할 때, $S(a)$를 구하시오.

(4) 직사각형 ABCD의 넓이의 최댓값을 구하시오.

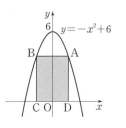

> **문제 해결 tip**
>
> 도형의 길이, 넓이, 부피에 대한 최대·최소
> ➡ 변하는 것을 t로 놓고 길이, 넓이, 부피를 t에 대한 함수로 나타내어 최댓값 또는 최솟값을 구한다.

숫자 바꾼

6-1 오른쪽 그림과 같이 곡선 $y=-x^2+12$와 x축으로 둘러싸인 부분에 내접하는 직사각형 ABCD의 넓이의 최댓값을 구하시오.

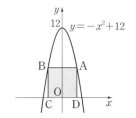

6-2 오른쪽 그림과 같이 한 변의 길이가 9 cm인 정사각형 모양의 종이의 네 귀퉁이에서 같은 크기의 정사각형을 잘라 내고, 나머지 부분을 접어서 뚜껑이 없는 직육면체 모양의 상자를 만들려고 한다. 이 상자의 부피의 최댓값을 구하시오.

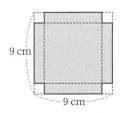

6-3 오른쪽 그림과 같이 밑면의 반지름의 길이가 6 cm이고 높이가 12 cm인 원뿔에 내접하는 원기둥 중에서 부피가 최대인 원기둥의 밑면의 반지름의 길이를 구하시오.

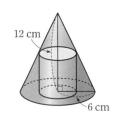

| 필수 예제 01 |

01 함수 $f(x)=-x^3+ax^2+bx-12$가 구간 $[1, 3]$에서 증가하고, 구간 $[-\infty, 1]$, $[3, \infty]$에서 감소할 때, 두 상수 a, b에 대하여 $a+b$의 값은?

① -3 ② -1 ③ 1 ④ 3 ⑤ 5

| 필수 예제 01 |

02 함수 $f(x)=x^3+ax^2+2ax+7$이 임의의 두 실수 x_1, x_2에 대하여 $x_1<x_2$일 때, $f(x_1)<f(x_2)$가 성립하도록 하는 정수 a의 개수를 구하시오.

NOTE

함수 $f(x)$가 임의의 두 실수 x_1, x_2에 대하여 $x_1<x_2$일 때, $f(x_1)<f(x_2)$가 성립하려면 함수 $f(x)$가 실수 전체의 집합에서 증가해야 한다.

| 필수 예제 02 |

03 함수 $f(x)=x^3+3x^2+k$의 극댓값과 극솟값의 절댓값이 서로 같을 때, 상수 k의 값을 구하시오.

| 필수 예제 02, 03 |

04 함수 $f(x)$의 도함수 $y=f'(x)$의 그래프가 오른쪽 그림과 같을 때, 열린구간 $(-3, 5)$에서 함수 $f(x)$가 극댓값을 갖는 모든 x의 값의 합을 구하시오.

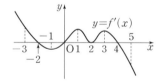

도함수 $f'(x)$의 부호가 양$(+)$에서 음$(-)$으로 바뀌는 x의 값에서 함수 $f(x)$가 극댓값을 갖는다.

| 필수 예제 04 |

05 삼차함수 $f(x)=ax^3+2ax^2+(a+2)x-4$가 극값을 갖지 않도록 하는 정수 a의 최 댓값과 최솟값의 합은?

① 5 ② 6 ③ 7 ④ 8 ⑤ 9

삼차함수 $f(x)$가 극값을 갖지 않으면 이차방정식 $f'(x)=0$이 중근 또는 허근을 갖는다.

📖 NOTE

| 필수 예제 05 |

06 닫힌구간 $[-1, 4]$에서 함수 $f(x)=x^3-6x^2+9x+a$의 최댓값과 최솟값의 합이 -6일 때, 상수 a의 값을 구하시오.

| 필수 예제 05 |

07 삼차함수 $f(x)=ax^3-3ax^2+b\,(a>0)$가 닫힌구간 $[1, 2]$에서 최댓값 4, 최솟값 2를 가질 때, 두 상수 a, b에 대하여 ab의 값은?

① -6 ② -4 ③ 2 ④ 4 ⑤ 6

| 필수 예제 06 |

08 오른쪽 그림과 같이 곡선 $y=-x^2+4$가 x축과 만나는 두 점을 각각 A, B라 할 때, x축과 곡선으로 둘러싸인 부분에 내접하는 사다리꼴 ABCD의 넓이의 최댓값은?

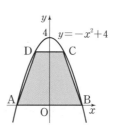

① $\dfrac{248}{27}$ ② $\dfrac{28}{3}$ ③ $\dfrac{256}{27}$

④ $\dfrac{260}{27}$ ⑤ $\dfrac{88}{9}$

| 필수 예제 01 |

09 함수 $f(x)=\dfrac{1}{3}x^3-9x+3$이 열린구간 $(-a, a)$에서 감소할 때, 양수 a의 최댓값을 구하시오.

[평가원 기출]

함수 $f(x)$가 열린구간 $(-a, a)$에서 $f'(x)<0$이어야 함을 이용한다.

| 필수 예제 02 |

10 두 상수 a, b에 대하여 삼차함수 $f(x)=ax^3+bx+a$는 $x=1$에서 극소이다. 함수 $f(x)$의 극솟값이 -2일 때, 함수 $f(x)$의 극댓값을 구하시오.

[평가원 기출]

• 정답 및 해설 43쪽

1 다음 □ 안에 알맞은 것을 쓰시오.

(1) 함수 $f(x)$가 어떤 열린구간에서 미분가능하고, 이 구간의 모든 x에 대하여

    ① $f'(x)>0$이면 함수 $f(x)$는 이 구간에서 □한다.

    ② $f'(x)<0$이면 함수 $f(x)$는 이 구간에서 □한다.

(2) 함수 $f(x)$가 $x=a$에서 극값을 갖고 a를 포함하는 어떤 열린구간에서 미분가능하면 $f'(a)=$ □이다.

(3) 미분가능한 함수 $f(x)$에 대하여 $f'(a)=0$이고, $x=a$의 좌우에서 $f'(x)$의 부호가

    ① 양($+$)에서 음($-$)으로 바뀌면 $f(x)$는 $x=a$에서 □이다.

    ② 음($-$)에서 양($+$)으로 바뀌면 $f(x)$는 $x=a$에서 □이다.

(4) 함수 $f(x)$가 닫힌구간 $[a, b]$에서 연속일 때, 함수 $f(x)$의 최댓값과 최솟값은 다음과 같은 순서로 구한다.

    ❶ 닫힌구간 $[a, b]$에서 함수 $f(x)$의 극댓값, 극솟값을 모두 구한다.

    ❷ 닫힌구간 $[a, b]$의 양 끝에서의 함숫값 $f(a)$, $f(b)$를 구한다.

    ❸ ❶, ❷에서 구한 극댓값, 극솟값, $f(a)$, $f(b)$ 중에서 가장 큰 값이 □, 가장 작은 값이 □이다.

2 다음 문장이 옳으면 ○표, 옳지 않으면 ×표를 (   ) 안에 쓰시오.

(1) 함수 $f(x)$가 어떤 구간에 속하는 임의의 두 실수 x_1, x_2에 대하여 $x_1<x_2$일 때, $f(x_1)>f(x_2)$이면
함수 $f(x)$는 이 구간에서 증가한다고 한다.   (   )

(2) 어떤 열린구간에서 미분가능한 함수 $f(x)$에 대하여 함수 $f(x)$가 이 구간에서 증가하면 이 구간의
모든 x에 대하여 $f'(x)>0$이다.   (   )

(3) 함수 $f(x)$에서 $x=a$를 포함하는 어떤 열린구간에 속하는 모든 x에 대하여 $f(x)\leq f(a)$이면
함수 $f(x)$는 $x=a$에서 극대이다.   (   )

(4) 함수 $f(x)$가 연속일 때, $x=a$에서 미분가능하지 않으면 $x=a$에서 극값을 가질 수 없다.   (   )

(5) 삼차함수 $f(x)$가 극값을 가지면 이차방정식 $f'(x)=0$은 서로 다른 두 실근을 갖는다.   (   )

(6) 함수 $f(x)$가 닫힌구간 $[a, b]$에서 연속이면 $f(x)$의 극댓값과 극솟값이 각각 최댓값, 최솟값이다.   (   )

Ⅱ. 미분

06

도함수의 활용

06 도함수의 활용

1 방정식에의 활용

(1) 방정식 $f(x)=0$의 서로 다른 실근의 개수는 함수 $y=f(x)$의 그래프와 x축의 교점의 개수와 같다.

(2) 방정식 $f(x)=g(x)$의 서로 다른 실근의 개수는 두 함수 $y=f(x)$, $y=g(x)$의 그래프의 교점의 개수와 같다. ❶

참고 삼차함수 $f(x)$가 극값을 가질 때, 삼차방정식 $f(x)=0$의 실근은 다음과 같다.
　　① (극댓값)×(극솟값)<0 ⟺ 서로 다른 세 실근
　　② (극댓값)×(극솟값)=0 ⟺ 한 실근과 중근 (서로 다른 두 실근)
　　③ (극댓값)×(극솟값)>0 ⟺ 한 실근과 서로 다른 두 허근

2 부등식에의 활용

(1) 어떤 구간에서 부등식 $f(x)\geq0$이 성립함을 보일 때
　➡ 그 구간에서 ($f(x)$의 최솟값)≥0임을 보인다.

(2) 어떤 구간에서 부등식 $f(x)\geq g(x)$가 성립함을 보일 때
　➡ $F(x)=f(x)-g(x)$라 하고 그 구간에서 ($F(x)$의 최솟값)≥0임을 보인다.

3 속도와 가속도

수직선 위를 움직이는 점 P의 시각 t에서의 위치 x가 $x=f(t)$일 때, 시각 t에서의 점 P의 속도 v, 가속도 a는

(1) $v=\dfrac{dx}{dt}=f'(t)$ ← 위치의 순간변화율　　(2) $a=\dfrac{dv}{dt}=v'(t)$ ← 속도의 순간변화율

개념 플러스⁺

▪ 방정식 $f(x)=k$의 서로 다른 실근의 개수는 함수 $y=f(x)$의 그래프와 직선 $y=k$의 교점의 개수와 같다.

❶ 함수 $y=f(x)-g(x)$의 그래프와 x축의 교점의 개수를 조사하여 구할 수 있다.

▪ 삼차함수 $f(x)$의 극값이 존재하지 않으면 삼차방정식 $f(x)=0$은 삼중근을 갖거나 한 실근과 두 허근을 갖는다.

▪ 어떤 구간에서 부등식 $f(x)\leq0$이 성립함을 보일 때
　➡ 그 구간에서 ($f(x)$의 최댓값)≤0임을 보인다.

▪ 　위치
　　⬇ 미분
　　속도
　　⬇ 미분
　　가속도

▪ 속도 v의 절댓값 $|v|$를 시각 t에서의 점 P의 속력이라 한다.

교과서 개념 확인하기 ────────────○ 정답 및 해설 44쪽

1 함수 $f(x)=x^3-3x^2+2$에 대하여 다음 물음에 답하시오.
　(1) 함수 $y=f(x)$의 그래프를 그리시오.
　(2) 방정식 $x^3-3x^2+2=0$의 서로 다른 실근의 개수를 구하시오.

2 다음 방정식의 서로 다른 실근의 개수를 구하시오.
　(1) $2x^3+3x^2-3=0$　　　　　　　　　　(2) $x^4-4x-2=0$

3 오른쪽은 $x\geq0$일 때, 부등식 $2x^3-6x+4\geq0$이 성립함을 증명하는 과정이다. ㈎, ㈏에 알맞은 수를 각각 쓰시오.

> $f(x)=2x^3-6x+4$라 하면 $f'(x)=6x^2-6$
> $f'(x)=0$에서 $x=$ 　㈎　 $(\because x\geq0)$
> $x\geq0$일 때, 함수 $f(x)$의 최솟값은 　㈏　 이므로
> $f(x)\geq0$, 즉 $2x^3-6x+4\geq0$
> 따라서 $x\geq0$일 때, 부등식 $2x^3-6x+4\geq0$이 성립한다.

4 수직선 위를 움직이는 점 P의 시각 t에서의 위치 x가 $x=t^2+6t-3$일 때, 시각 $t=1$에서의 점 P의 속도 v와 가속도 a를 각각 구하시오.

필수 예제 1 방정식의 실근의 개수

방정식 $2x^3 - 3x^2 - 12x - k = 0$의 근이 다음과 같을 때, 실수 k의 값 또는 범위를 구하시오.

(1) 서로 다른 세 실근

(2) 한 실근과 중근

(3) 한 실근과 두 허근

⊙ 다시 정리하는 개념

방정식 $f(x) = k$ (k는 실수)의 실근의 개수

➡ 함수 $y = f(x)$의 그래프와 직선 $y = k$의 교점의 개수

숫자 바꿈

1-1 방정식 $x^3 + 3x^2 - 9x + k = 0$의 근이 다음과 같을 때, 실수 k의 값 또는 범위를 구하시오.

(1) 서로 다른 세 실근

(2) 한 실근과 중근

(3) 한 실근과 두 허근

1-2 방정식 $x^4 - 2x^2 - k = 0$이 서로 다른 네 실근을 갖도록 하는 실수 k의 값의 범위를 구하시오.

1-3 방정식 $x^3 - 12x - k = 0$이 서로 다른 두 개의 음의 실근과 한 개의 양의 실근을 갖도록 하는 실수 k의 값의 범위를 구하시오.

필수 예제 2 두 그래프의 교점의 개수

두 함수 $f(x)=x^3-2x+1$, $g(x)=x+3$에 대하여 방정식 $f(x)=g(x)$의 서로 다른 실근의 개수를 구하시오.

> **◉ 다시 정리하는 개념**
>
> 방정식 $f(x)-g(x)=0$의 서로 다른 실근의 개수
> ➡ 두 함수 $y=f(x)$, $y=g(x)$ 의 그래프의 교점의 개수

숫자 바꾼

2-1 두 함수 $f(x)=x^4+3x^3-1$, $g(x)=-x^3-4x^2$에 대하여 방정식 $f(x)-g(x)=0$의 서로 다른 실근의 개수를 구하시오.

2-2 두 함수 $f(x)=x^3+2x^2-16x$, $g(x)=-x^2+8x$에 대하여 방정식 $f(x)=g(x)+k$가 서로 다른 두 실근을 가지도록 하는 자연수 k의 값을 구하시오.

2-3 두 함수 $f(x)=\frac{1}{3}x^3+x^2$, $g(x)=x^2+3x$에 대하여 방정식 $f(x)+g(x)=k$가 서로 다른 세 실근을 가지도록 하는 정수 k의 개수를 구하시오.

필수 예제 **3** 부등식이 항상 성립할 조건

모든 실수 x에 대하여 부등식 $3x^4+4x^3-k \geq 0$이 성립하도록 하는 실수 k의 값의 범위를 구하시오.

▶ 다시 정리하는 개념

모든 실수 x에 대하여 부등식
$f(x) \geq 0$이 성립
➡ ($f(x)$의 최솟값)≥ 0

숫자 바꾼

3-1 모든 실수 x에 대하여 부등식 $-x^4-4x+k \leq 0$이 성립하도록 하는 실수 k의 값의 범위를 구하시오.

3-2 모든 실수 x에 대하여 부등식 $\dfrac{1}{4}x^4+x^3 > 2x^3+k$가 성립하도록 하는 정수 k의 최댓값을 구하시오.

3-3 두 함수 $f(x)=5x^3-10x^2+k$, $g(x)=5x^2+2$에 대하여 열린구간 $(0, 3)$에서 $f(x) \geq g(x)$가 성립하도록 하는 실수 k의 최솟값을 구하시오.

필수 예제 4 수직선 위를 움직이는 물체의 속도와 가속도

원점을 출발하여 수직선 위를 움직이는 점 P의 시각 t에서의 위치 x가 $x=-t^3+12t$일 때, 다음을 구하시오.

(1) $t=3$에서의 점 P의 속도와 가속도

(2) 점 P가 운동 방향을 바꾸는 시각

● 문제 해결 tip

① (위치)를 미분하면 (속도),
   (속도)를 미분하면 (가속도)
② 점 P가 운동 방향을 바꿀 때의
   속도는 0이다.

숫자 바꾼

4-1 원점을 출발하여 수직선 위를 움직이는 점 P의 시각 t에서의 위치 x가
$x=t^3-4t^2-3t$일 때, 다음을 구하시오.

(1) $t=2$에서의 점 P의 속도와 가속도

(2) 점 P가 운동 방향을 바꾸는 시각

4-2 수직선 위를 움직이는 점 P의 시각 t에서의 위치 x가 $x=t^3-3t^2-3t+1$일 때, 가속도가 12인 순간의 점 P의 위치를 구하시오.

속도와 운동 방향은 $v(t)$의 부호로, 가속도는 $v(t)$의 증가와 감소로 판별해 보자.

4-3 원점을 출발하여 수직선 위를 움직이는 점 P의 시각 t에서의 속도 $v(t)$의 그래프가 오른쪽 그림과 같을 때, 다음 |보기| 중 옳은 것을 모두 고르시오.

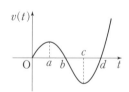

| 보기 |

ㄱ. $t=a$에서의 점 P의 속도는 0이다.

ㄴ. $t=b$에서 점 P는 운동 방향을 바꾼다.

ㄷ. $t=c$에서의 점 P의 가속도는 0보다 작다.

ㄹ. $c<t<d$에서 점 P는 음의 방향으로 움직인다.

필수 예제 **5** 속도와 가속도의 활용

지면에서 $30\,\text{m/s}$의 속도로 지면과 수직으로 위로 쏘아 올린 물체의 t초 후의 높이를 $h\,\text{m}$라 하면 $h=30t-5t^2$인 관계가 성립할 때, 다음을 구하시오.

(1) 물체가 최고 높이에 도달할 때까지 걸린 시간과 그때의 지면으로부터의 높이

(2) 물체가 다시 지면에 떨어지는 순간의 속도

지면에서 수직으로 위로 쏘아 올린 물체가
① 최고 높이에 도달했을 때
  ➡ (속도)=0
② 물체가 지면에 닿을 때
  ➡ (높이)=0

숫자 바꾼

5-1 지면에서 $50\,\text{m/s}$의 속도로 지면과 수직으로 위로 던진 공의 t초 후의 높이를 $h\,\text{m}$라 하면 $h=50t-5t^2$인 관계가 성립할 때, 다음을 구하시오.

(1) 공이 최고 높이에 도달할 때까지 걸린 시간과 그때의 지면으로부터의 높이

(2) 공이 다시 지면에 떨어지는 순간의 속도

5-2 직선 도로 위를 움직이는 자동차가 제동을 건 후 t초 동안 움직인 거리를 $x\,\text{m}$라 하면 $x=27t-0.45t^2$인 관계가 성립한다. 이 자동차가 제동을 건 후 정지할 때까지 움직인 거리를 구하시오.

5-3 키가 $1.6\,\text{m}$인 나영이가 높이가 $3\,\text{m}$인 가로등 바로 밑에서 출발하여 일직선으로 초속 $1.4\,\text{m}$로 걷고 있다. 출발한 지 t초 후의 가로등 바로 밑에서부터 나영이의 그림자 앞 끝까지의 거리를 $x\,\text{m}$라 할 때, 다음에 답하시오.

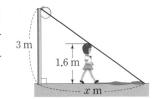

(1) 나영이가 출발한 지 t초 후의 가로등 바로 밑에서부터 나영이까지의 거리를 t에 대한 식으로 나타내시오.

(2) x를 t에 대한 식으로 나타내시오.

(3) 그림자의 앞 끝이 움직이는 속도를 구하시오.

| 필수 예제 01 |

01 방정식 $\frac{1}{4}x^4 + \frac{2}{3}x^3 - k = 0$이 한 중근과 두 허근을 갖도록 하는 실수 k의 값은?

① $-\frac{10}{3}$ ② $-\frac{7}{3}$ ③ $-\frac{4}{3}$ ④ $-\frac{1}{3}$ ⑤ $\frac{2}{3}$

| 필수 예제 01 |

02 방정식 $x^3 - 3x^2 - 9x - n = 0$이 서로 다른 두 개의 양의 실근과 한 개의 음의 실근을 갖도록 하는 정수 n의 개수를 구하시오.

| 필수 예제 02 |

03 두 함수 $f(x) = x^3 + x^2 + 11$, $g(x) = x^2 + 12x + k$에 대하여 방정식 $f(x) = g(x)$가 한 실근과 중근을 가지도록 하는 모든 실수 k의 값의 합을 구하시오.

| 필수 예제 03 |

04 두 함수 $f(x) = x^4 - 8x$, $g(x) = 6x^2 + a$에 대하여 함수 $y = f(x)$의 그래프가 함수 $y = g(x)$의 그래프보다 항상 위쪽에 있을 때, 실수 a의 값의 범위는?

① $a < -24$ ② $a < -12$ ③ $a < 0$ ④ $a > 12$ ⑤ $a > 24$

| 필수 예제 03 |

05 $0 \le x \le 2$일 때, 부등식 $x^3 - 2x^2 - x + 3 > -2x^2 + 2x + a$를 만족시키는 정수 a의 최 댓값을 구하시오.

🔖 **NOTE**

방정식 $f(x) = k$에서 함수 $y = f(x)$의 그래프와 직선 $y = k$를 그려서 교점의 개수를 조사한다.

함수 $y = f(x)$의 그래프가 함수 $y = g(x)$의 그래프보다 항상 위쪽에 있으려면 모든 실수 x에 대하여 $f(x) > g(x)$가 성립해야 한다.

NOTE

| 필수 예제 04 |

06 수직선 위를 움직이는 두 점 P, Q의 시각 t에서의 위치가 각각 $x_P(t)=\dfrac{1}{3}t^3+9t-6$, $x_Q(t)=3t^2-7$이다. 두 점 P, Q의 속도가 같아지는 순간의 두 점 사이의 거리를 구하시오.

| 필수 예제 05 |

07 수면으로부터 30 m 높이의 다이빙대에서 뛰어오른 다이빙 선수의 t초 후 수면으로부터의 높이를 h m라 하면 $h=-5t^2+5t+30$인 관계가 성립한다. 이 선수가 수면에 닿는 순간의 속도는?

① $-35\,\text{m/s}$ ② $-30\,\text{m/s}$ ③ $-25\,\text{m/s}$
④ $-20\,\text{m/s}$ ⑤ $-15\,\text{m/s}$

| 필수 예제 05 |

08 직선 선로를 달리는 열차에 제동을 건 후 t초 동안 움직인 거리를 x m라 하면 $x=-0.5t^2+kt$인 관계가 성립한다. 이 열차에 제동을 건 후 열차가 정지할 때까지 움직인 거리가 450 m일 때, 양수 k의 값을 구하시오.

| 필수 예제 01 |

09 _{평가원 기출} 방정식 $3x^4-4x^3-12x^2+k=0$이 서로 다른 4개의 실근을 갖도록 하는 자연수 k의 개수를 구하시오.

| 필수 예제 04 |

10 _{평가원 기출} 수직선 위를 움직이는 점 P의 시각 $t\,(t\geq0)$에서의 위치 x가 $x=t^3-5t^2+at+5$이다. 점 P가 움직이는 방향이 바뀌지 않도록 하는 자연수 a의 최솟값은?

① 9 ② 10 ③ 11 ④ 12 ⑤ 13

점 P가 움직이는 방향이 바뀌지 않으려면 점 P의 속도의 부호가 바뀌지 않아야 한다.

• 정답 및 해설 49쪽

1 다음 ☐ 안에 알맞은 것을 쓰고, ◯ 안에는 >, =, < 중 알맞은 것을 쓰시오.

(1) ① 방정식 $f(x)=0$의 서로 다른 실근의 개수는

함수 $y=f(x)$의 그래프와 ☐의 교점의 개수와 같다.

② 방정식 $f(x)=g(x)$의 서로 다른 실근의 개수는

두 함수 $y=f(x)$, ☐의 그래프의 교점의 개수와 같다.

(2) 삼차함수 $f(x)$가 극값을 가질 때, 삼차방정식 $f(x)=0$의 실근은 다음과 같다.

① (극댓값)×(극솟값) ◯ 0 ⟺ 서로 다른 세 실근

② (극댓값)×(극솟값) ◯ 0 ⟺ 한 실근과 중근

③ (극댓값)×(극솟값) ◯ 0 ⟺ 한 실근과 서로 다른 두 허근

(3) ① 어떤 구간에서 부등식 $f(x) \geq 0$이 성립함을 보일 때

➡ 그 구간에서 ($f(x)$의 ☐) ≥ 0임을 보인다.

② 어떤 구간에서 부등식 $f(x) \geq g(x)$가 성립함을 보일 때

➡ $F(x)=f(x)-g(x)$라 하고 그 구간에서 $F(x) \geq$ ☐임을 보인다.

(4) 수직선 위를 움직이는 점 P의 시각 t에서의 위치 x가 $x=f(t)$일 때,

시각 t에서의 점 P의 속도 v, 가속도 a는

① $v=$ ☐

② $a=$ ☐

2 다음 문장이 옳으면 ◯표, 옳지 않으면 ×표를 ( ) 안에 쓰시오.

(1) 방정식 $f(x)=g(x)$의 서로 다른 실근의 개수는 함수 $y=f(x)-g(x)$의 그래프와 y축의 교점의

개수와 같다. ( )

(2) 삼차함수 $f(x)$의 극댓값 또는 극솟값이 0이면 방정식 $f(x)=0$은 서로 다른 두 실근을 갖는다. ( )

(3) 어떤 구간에서 부등식 $f(x) \leq 0$이 성립함을 보이려면 그 구간에서 ($f(x)$의 최솟값) ≤ 0임을

보이면 된다. ( )

(4) 수직선 위를 움직이는 점 P의 속도 v에 대하여 $v=0$이면 점 P는 운동 방향을 바꾸거나 정지한다. ( )

07

부정적분

07 부정적분

1 부정적분

(1) 함수 $F(x)$의 도함수가 $f(x)$, 즉 $F'(x)=f(x)$일 때, $F(x)$를 $f(x)$의 **부정적분**이라 하고, 이것을 기호로 $\int f(x)dx$❶와 같이 나타낸다.

(2) 함수 $f(x)$의 한 부정적분을 $F(x)$라 하면 $f(x)$의 임의의 부정적분은

$$\int f(x)dx=F(x)+C❷$$

와 같이 나타낸다. 이때 C를 **적분상수**라 한다.

(3) **부정적분과 미분의 관계**

함수 $f(x)$에 대하여

① $\dfrac{d}{dx}\left\{\int f(x)dx\right\}=f(x)$

② $\int\left\{\dfrac{d}{dx}f(x)\right\}dx=f(x)+C$ (단, C는 적분상수)

2 부정적분의 계산

(1) **함수 $y=x^n$ (n은 양의 정수)의 부정적분**

① n이 양의 정수일 때, $\int x^n dx=\dfrac{1}{n+1}x^{n+1}+C$ (단, C는 적분상수)

② $\int 1dx$❸$=x+C$ (단, C는 적분상수)

(2) **함수의 실수배, 합, 차의 부정적분**

① $\int kf(x)dx=k\int f(x)dx$ (단, k는 0이 아닌 실수)

② $\int\{f(x)\pm g(x)\}dx=\int f(x)dx\pm\int g(x)dx$❹ (복부호동순)

개념 플러스⁺

❶ $\int f(x)dx$를 '적분 $f(x)dx$' 또는 '인티그럴(integral) $f(x)dx$'라 읽는다.

❷ $\int f(x)dx$에서 $f(x)$를 피적분함수라 한다.

▪ 함수 $f(x)$의 부정적분을 구하는 것을 '$f(x)$를 적분한다'고 한다.

▪ 미분과 적분의 계산 순서에 따라 그 결과는 적분상수 C만큼의 차이가 생긴다. 즉,

$$\dfrac{d}{dx}\left\{\int f(x)dx\right\}\neq\int\left\{\dfrac{d}{dx}f(x)\right\}dx$$

임에 유의한다.

❸ $\int 1dx$를 간단히 $\int dx$로 나타내기도 한다.

❹ 세 개 이상의 함수에 대해서도 성립한다.

교과서 개념 확인하기 ○──── 정답 및 해설 50쪽

1 다음 부정적분을 구하시오.

(1) $\int 2xdx$ (2) $\int 12x^2dx$

2 다음 등식을 만족시키는 함수 $f(x)$를 구하시오. (단, C는 적분상수이다.)

(1) $\int f(x)dx=3x^2+5x+C$ (2) $\int f(x)dx=x^3-6x^2+C$

3 다음 부정적분을 구하시오.

(1) $\int x^3dx$ (2) $\int(3x^2-4x+1)dx$

필수 예제 1 부정적분의 정의

다항함수 $f(x)$에 대하여

$$\int x f(x) dx = x^3 - 4x^2 + C$$

일 때, $f(1)$의 값을 구하시오. (단, C는 적분상수이다.)

◐ 다시 정리하는 개념

$F'(x) = f(x)$
$\iff \int f(x) dx = F(x) + C$
(단, C는 적분상수)

숫자 바꿔

1-1 다항함수 $f(x)$에 대하여

$$\int (x-1) f(x) dx = 2x^3 + 3x^2 - 12x + C$$

일 때, $f(2)$의 값을 구하시오. (단, C는 적분상수이다.)

1-2 모든 실수 x에 대하여

$$\int (ax^3 - 9x^2 + 2) dx = x^4 + bx^3 + cx + C$$

가 성립할 때, 세 상수 a, b, c에 대하여 $a+b+c$의 값을 구하시오.

(단, C는 적분상수이다.)

1-3 함수 $F(x) = x^3 + ax^2 + bx$가 함수 $f(x)$의 한 부정적분이고 $f(0) = -6$, $f'(0) = 4$
일 때, 두 상수 a, b에 대하여 ab의 값을 구하시오.

필수 예제 **2** **부정적분과 미분의 관계**

다음 물음에 답하시오.

(1) 다항함수 $f(x)$에 대하여 $\dfrac{d}{dx}\left\{\displaystyle\int f(x)dx\right\}=x^3+5x-2$가 성립할 때, $f(1)$의 값을 구하시오.

(2) 함수 $F(x)=\displaystyle\int\left\{\dfrac{d}{dx}(x^4+3x^2)\right\}dx$에 대하여 $F(1)=3$일 때, $F(2)$의 값을 구하시오.

> ● **다시 정리하는 개념**
>
> 함수 $f(x)$에 대하여
> ① $\dfrac{d}{dx}\left\{\displaystyle\int f(x)dx\right\}=f(x)$
> ② $\displaystyle\int\left\{\dfrac{d}{dx}f(x)\right\}dx=f(x)+C$
> (단, C는 적분상수)

숫자 바꾼

2-1 다음 물음에 답하시오.

(1) 다항함수 $f(x)$에 대하여 $\dfrac{d}{dx}\left\{\displaystyle\int f(x)dx\right\}=-2x^3+6x^2-1$이 성립할 때, $f(-1)$의 값을 구하시오.

(2) 함수 $F(x)=\displaystyle\int\left\{\dfrac{d}{dx}(2x^4-x^3-4x)\right\}dx$에 대하여 $F(2)=12$일 때, $F(1)$의 값을 구하시오.

2-2 모든 실수 x에 대하여

$$\dfrac{d}{dx}\left\{\int(ax^2+bx+6)dx\right\}=3x^2-5x+c$$

가 성립할 때, $a+b+c$의 값을 구하시오. (단, a, b, c는 상수이다.)

2-3 함수 $F(x)=\displaystyle\int\left\{\dfrac{d}{dx}(-x^2+3x)\right\}dx$에 대하여 $F(0)=1$일 때, $F(2)$의 값을 구하시오.

필수 예제 **3** 부정적분의 계산

다음 부정적분을 구하시오.

(1) $\int (x+2)(3x-2)dx$

(2) $\int (x-2)^2 dx$

(3) $\int (x-1)(x^2+x+1)dx$

(4) $\int \dfrac{x^2-9}{x+3}dx$

◑ 문제 해결 tip

피적분함수가 복잡한 경우의 부정적분의 계산

➡ 전개, 인수분해 등을 이용하여 피적분함수를 간단히 한 후 부정적분을 구한다.

숫자 바꿈

3-1 다음 부정적분을 구하시오.

(1) $\int 6x(x-1)^2 dx$

(2) $\int (2x+3)^2 dx$

(3) $\int (x-1)(x+1)(x^2+1)dx$

(4) $\int \dfrac{2x^2-5x-3}{x-3}dx$

3-2 부정적분 $\int \dfrac{x^3}{x-2}dx - \int \dfrac{8}{x-2}dx$를 구하시오.

3-3 함수 $f(x)=\int (\sqrt{x}+1)^2 dx + \int (\sqrt{x}-1)^2 dx$에 대하여 $f(-1)=4$일 때, $f(2)$의 값을 구하시오.

필수 예제 **4** 도함수가 주어진 경우의 부정적분

함수 $f(x)$에 대하여

$$f'(x) = x^2 + 4x - 3$$

이고 $f(0) = -4$일 때, $f(-3)$의 값을 구하시오.

▶ 문제 해결 tip

$f(x) = \int f'(x)dx$임을 이용하여 $f(x)$를 적분상수를 포함한 식으로 나타낸 후 주어진 함숫값을 이용하여 적분상수를 구한다.

숫자 바꾼

4-1 함수 $f(x)$에 대하여

$$f'(x) = 4x^3 - 6x^2 + 2x + 1$$

이고 $f(1) = 2$일 때, $f(2)$의 값을 구하시오.

4-2 함수 $f(x)$에 대하여

$$f'(x) = -3x^2 + ax + 7$$

이고 $f(0) = 1$, $f(-1) = -3$일 때, 상수 a의 값을 구하시오.

4-3 곡선 $y = f(x)$ 위의 임의의 점 $(x, f(x))$에서의 접선의 기울기가 $x^3 - x - 1$이고, 이 곡선이 점 $(2, 3)$을 지날 때, $f(1)$의 값을 구하시오.

필수 예제 **5** 함수와 그 부정적분 사이의 관계식

▶ 문제 해결 tip

주어진 등식의 양변을 x에 대하여 미분한 후 $F'(x)=f(x)$임을 이용하여 $f'(x)$를 구한다.

다항함수 $f(x)$의 한 부정적분 $F(x)$에 대하여

$$F(x)=xf(x)+x^3-2x^2$$

이 성립하고 $f(0)=-3$일 때, 함수 $f(x)$를 구하시오.

숫자 바꿈

5-1 다항함수 $f(x)$의 한 부정적분 $F(x)$에 대하여

$$xf(x)-F(x)=4x^3+3x^2$$

이 성립하고 $f(-1)=-5$일 때, 함수 $f(x)$를 구하시오.

5-2 다항함수 $f(x)$에 대하여 $F'(x)=f(x)$이고

$$F(x)=xf(x)-3x^4+x^2$$

이 성립한다. $f(1)=-8$일 때, $f(2)$의 값을 구하시오.

5-3 다항함수 $f(x)$의 한 부정적분 $F(x)$에 대하여

$$F(x)+\int(x-1)f(x)dx=x^4-8x^3+6x^2$$

이 성립할 때, 함수 $f(x)$의 최솟값을 구하시오.

| 필수 예제 01 |

01   함수 $f(x)$의 부정적분 중 하나가 $3x^2+x-2$일 때, $f(1)$의 값을 구하시오.

📖 NOTE

| 필수 예제 01 |

02   다항함수 $f(x)$에 대하여

$$\int xf(x)dx=-x^3+6x^2+C$$

일 때, $f(2)$의 값을 구하시오. (단, C는 적분상수이다.)

$\int f(x)dx=F(x)+C$
      (단, C는 적분상수)
이면 $F'(x)=f(x)$임을 이용한다.

| 필수 예제 02 |

03   모든 실수 x에 대하여

$$\frac{d}{dx}\left\{\int(2x^2+ax-4)dx\right\}=bx^2-3x+c$$

가 성립할 때, 세 상수 a, b, c에 대하여 $a+b+c$의 값을 구하시오.

| 필수 예제 02 |

04   함수 $f(x)=\int\left\{\frac{d}{dx}(x^2-8x)\right\}dx$의 최솟값이 -10일 때, $f(-1)$의 값을 구하시오.

| 필수 예제 03 |

05   함수 $f(x)=\int(10x^9+9x^8+8x^7+\cdots+2x+1)dx$에 대하여 $f(0)=-2$일 때, $f(1)$의 값을 구하시오.

| 필수 예제 04 |

06 곡선 $y=f(x)$ 위의 점 $(x, f(x))$에서의 접선의 기울기는 $3x^2-2x+3$이다. 곡선 $y=f(x)$가 두 점 $(1, 4)$, $(2, a)$를 지날 때, a의 값을 구하시오.

📖 NOTE
곡선 $y=f(x)$ 위의 임의의 점에서의 접선의 기울기는 $f'(x)$임을 이용한다.

| 필수 예제 04 |

07 함수 $f(x)$를 적분해야 할 것을 잘못하여 미분하였더니 $24x^2+12x+4$가 되었다. $f(0)=1$일 때, 부정적분 $\int f(x)dx$를 구하면? (단, C는 적분상수이다.)

① $2x^4+2x^3+2x^2-x+C$ ② $2x^4+2x^3+2x^2+x+C$

③ $4x^4+2x^3+x^2+x+C$ ④ $8x^3+6x^2-4x+C$

⑤ $8x^3+6x^2+4x+C$

| 필수 예제 05 |

08 다항함수 $f(x)$의 한 부정적분 $F(x)$에 대하여
$$F(x)=xf(x)-2x^3+x^2-1$$
이 성립하고 $f(1)=5$일 때, $f(-2)$의 값을 구하시오.

주어진 등식의 양변을 x에 대하여 미분하여 $f'(x)$를 구한다.

| 필수 예제 03 |

09 함수 $f(x)$가
평가원 기출
$$f(x)=\int\left(\frac{1}{2}x^3+2x+1\right)dx-\int\left(\frac{1}{2}x^3+x\right)dx$$
이고, $f(0)=1$일 때, $f(4)$의 값은?

① $\dfrac{23}{2}$ ② 12 ③ $\dfrac{25}{2}$ ④ 13 ⑤ $\dfrac{27}{2}$

| 필수 예제 04 |

10 다항함수 $f(x)$가
평가원 기출
$$f'(x)=6x^2-2f(1)x, \ f(0)=4$$
를 만족시킬 때, $f(2)$의 값은?

① 5 ② 6 ③ 7 ④ 8 ⑤ 9

다항함수 $f(x)$에 대하여
$f(x)=\int f'(x)dx$이고 상수 a에 대하여 $f(a)=$(상수)임을 이용한다.

• 정답 및 해설 53쪽

1 다음 ☐ 안에 알맞은 것을 쓰시오.

(1) 함수 $F(x)$의 도함수가 $f(x)$, 즉 $F'(x)=f(x)$일 때, $F(x)$를 $f(x)$의 ☐ 이라 하고,

이것을 기호로 ☐ 와 같이 나타낸다.

(2) 함수 $f(x)$의 한 부정적분을 $F(x)$라 하면 $f(x)$의 임의의 부정적분은

$$\int f(x)dx = \boxed{} + C$$

와 같이 나타낸다. 이때 C를 ☐ 라 한다.

(3) n이 양의 정수일 때,

$$\int x^n dx = \frac{1}{n+1}x^{\boxed{}} + C \text{ (단, } C\text{는 적분상수)}$$

(4) ① $\displaystyle\int kf(x)dx = \boxed{}\int f(x)dx$ (단, k는 0이 아닌 실수)

② $\displaystyle\int \{\boxed{}\}dx = \int f(x)dx + \int g(x)dx$

③ $\displaystyle\int \{\boxed{}\}dx = \int f(x)dx - \int g(x)dx$

2 다음 문장이 옳으면 ○표, 옳지 않으면 ×표를 ( ) 안에 쓰시오.

(1) 함수 $F(x)$가 $f(x)$의 한 부정적분이면 $F(x)$의 도함수는 $f(x)$이다. ( )

(2) 함수 $2x$의 부정적분은 무수히 많다. ( )

(3) 함수 $f(x)$에 대하여 $\dfrac{d}{dx}\left\{\displaystyle\int f(x)dx\right\} = \displaystyle\int \left\{\dfrac{d}{dx}f(x)\right\}dx$가 성립한다. ( )

(4) $\displaystyle\int dx = x + C$ (C는 적분상수)이다. ( )

(5) 두 함수 $f(x)$, $g(x)$에 대하여 $\displaystyle\int f(x)g(x)dx = \left\{\displaystyle\int f(x)dx\right\}\left\{\displaystyle\int g(x)dx\right\}$가 성립한다. ( )

Ⅲ. 적분

08

정적분

08 정적분

Ⅲ. 적분

1 정적분❶

(1) 닫힌구간 $[a, b]$에서 연속인 함수 $f(x)$에 대하여 함수 $y=f(x)$의 그래프와 x축 및 두 직선 $x=a$, $x=b$로 둘러싸인 도형 중 $f(x)\geq0$인 부분의 넓이를 S_1, $f(x)\leq0$인 부분의 넓이를 S_2라 할 때, S_1-S_2를 함수 $f(x)$의 a에서 b까지의 **정적분**이라 하고, 기호로 $\displaystyle\int_a^b \boldsymbol{f(x)dx}$❷와 같이 나타낸다.

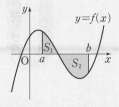

> **참고** ① 정적분 $\displaystyle\int_a^b f(x)dx$의 값을 구하는 것을 함수 $f(x)$를 a에서 b까지 적분한다고 하고, a를 아래끝, b를 위끝이라 한다. 이때 a에서 b까지를 적분 구간이라 한다.
> ② 정적분에서 변수를 x 대신 다른 문자를 사용해도 그 값은 변하지 않는다. 즉
> $$\int_a^b f(x)\,dx = \int_a^b f(t)\,dt = \int_a^b f(u)\,du$$

(2) $a=b$ 또는 $a>b$일 때의 정적분은 다음과 같이 정의한다.

① $\displaystyle\int_a^a f(x)dx=0$ ② $\displaystyle\int_a^b f(x)dx=-\int_b^a f(x)dx$

(3) **정적분과 미분의 관계**

함수 $f(x)$가 닫힌구간 $[a, b]$에서 연속일 때,

$$\frac{d}{dx}\int_a^x f(t)dt=f(x)\ (단,\ a<x<b)$$

(4) **정적분과 부정적분의 관계**

함수 $f(x)$가 닫힌구간 $[a, b]$에서 연속이고 $f(x)$의 한 부정적분을 $F(x)$라 할 때,

$$\int_a^b f(x)dx=F(b)-F(a)$$

가 성립한다. 이때 $F(b)-F(a)$를 기호로 $\Big[F(x)\Big]_a^b$로 나타낸다. 즉,

$$\int_a^b f(x)dx=\Big[F(x)\Big]_a^b=F(b)-F(a)❸$$

> **참고** 정적분 $\displaystyle\int_a^b f(x)dx=F(b)-F(a)$는 a, b의 대소에 관계없이 성립한다.

2 정적분의 성질

(1) **함수의 실수배, 합, 차의 정적분**

두 함수 $f(x)$, $g(x)$가 닫힌구간 $[a, b]$에서 연속일 때

① $\displaystyle\int_a^b kf(x)dx=k\int_a^b f(x)dx$ (단, k는 실수)

② $\displaystyle\int_a^b \{f(x)+g(x)\}dx=\int_a^b f(x)dx+\int_a^b g(x)dx$

③ $\displaystyle\int_a^b \{f(x)-g(x)\}dx=\int_a^b f(x)dx-\int_a^b g(x)dx$

(2) **나누어진 구간에서의 정적분**

함수 $f(x)$가 세 실수 a, b, c를 포함하는 닫힌구간에서 연속일 때

$$\int_a^c f(x)dx+\int_c^b f(x)dx=\int_a^b f(x)dx❹$$

개념 플러스⁺

❶ 닫힌구간 $[a, b]$에서 연속인 함수 $f(x)$에 대하여 함수 $y=f(x)$의 그래프와 x축 및 두 직선 $x=a$, $x=b$로 둘러싸인 도형의 넓이를 S라 하자.

(i) 닫힌구간 $[a, b]$에서 $f(x)\geq0$인 경우

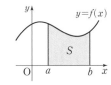

S를 함수 $f(x)$의 a부터 b까지의 정적분이라 한다.

(ii) 닫힌구간 $[a, b]$에서 $f(x)\leq0$인 경우

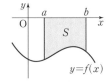

$-S$를 함수 $f(x)$의 a부터 b까지의 정적분이라 한다.

❷ 부정적분 $\displaystyle\int f(x)dx$는 함수이지만 정적분 $\displaystyle\int_a^b f(x)dx$는 실수이다.

❸ $\Big[F(x)+C\Big]_a^b$
$=\{F(b)+C\}-\{F(a)+C\}$
$=F(b)-F(a)$
$=\Big[F(x)\Big]_a^b$

이므로 정적분의 계산에서 적분상수는 고려하지 않는다.

❹ a, b, c의 대소에 관계없이 성립한다.

③ 정적분으로 정의된 함수

(1) 정적분으로 정의된 함수

닫힌구간 $[a, b]$에서 연속인 함수 $f(t)$의 한 부정적분을 $F(t)$라 할 때, 열린구간 (a, b)에 속하는 임의의 x에 대하여 정적분

$$\int_a^x f(t)dt = \left[F(t) \right]_a^x = F(x) - F(a)$$

는 x의 값에 따라 그 값이 하나씩 정해지므로 x에 대한 함수이다.

(2) 정적분으로 정의된 함수의 미분

① $\dfrac{d}{dx} \displaystyle\int_a^x f(t)dt = f(x)$ (단, a는 상수)

② $\dfrac{d}{dx} \displaystyle\int_x^{x+a} f(t)dt = f(x+a) - f(x)$ (단, a는 상수)

(3) 정적분으로 정의된 함수의 극한

① $\displaystyle\lim_{x \to a} \dfrac{1}{x-a} \int_a^x f(t)dt = f(a)$ ❺ (단, a는 상수)

② $\displaystyle\lim_{x \to 0} \dfrac{1}{x} \int_x^{x+a} f(t)dt = f(a)$ (단, a는 상수)

❺ 함수 $f(t)$의 한 부정적분을 $F(t)$라 하면

$$\lim_{x \to a} \dfrac{1}{x-a} \int_a^x f(t)dt$$
$$= \lim_{x \to a} \dfrac{F(x) - F(a)}{x-a}$$
$$= F'(a) = f(a)$$

교과서 개념 확인하기

정답 및 해설 54쪽

1 정적분의 정의를 이용하여 다음 정적분의 값을 구하시오.

(1) $\displaystyle\int_{-1}^3 2x\, dx$

(2) $\displaystyle\int_{-2}^2 (x-1)dx$

2 다음을 구하시오.

(1) $\dfrac{d}{dx} \displaystyle\int_0^x t^2\, dt$

(2) $\dfrac{d}{dx} \displaystyle\int_0^x (2t^2 - t + 3)dt$

3 다음 정적분의 값을 구하시오.

(1) $\displaystyle\int_1^2 4x\, dx$

(2) $\displaystyle\int_{-1}^3 (3x^2 - 1)dx$

(3) $\displaystyle\int_2^2 (6x^2 + 2)dx$

(4) $\displaystyle\int_3^0 (-4x + 5)dx$

4 다음 정적분의 값을 구하시오.

(1) $\displaystyle\int_1^3 (2x-3)dx + \int_1^3 (4x+3)dx$

(2) $\displaystyle\int_{-2}^1 (x^2+x)dx - \int_{-2}^1 (x^2-x)dx$

필수 예제 1 정적분

다음 정적분의 값을 구하시오.

(1) $\displaystyle\int_{-2}^{3}(6x^2-2x+1)dx$

(2) $\displaystyle\int_{1}^{2}(t-3)^2dt$

(3) $\displaystyle\int_{-1}^{0}(x+4)(2x-1)dx$

(4) $\displaystyle\int_{0}^{4}\frac{x^2-4}{x+2}dx$

◐ 다시 정리하는 개념

함수 $f(x)$가 닫힌구간 $[a, b]$에서 연속일 때, $f(x)$의 한 부정적분을 $F(x)$라 하면
$$\int_a^b f(x)dx=\Big[F(x)\Big]_a^b$$
$$=F(b)-F(a)$$

숫자 바꾼

1-1 다음 정적분의 값을 구하시오.

(1) $\displaystyle\int_{0}^{2}(4x^3+3x^2-6)dx$

(2) $\displaystyle\int_{-1}^{3}(x+2)^2dx$

(3) $\displaystyle\int_{1}^{3}(3y-1)(y+5)dy$

(4) $\displaystyle\int_{-2}^{0}\frac{t^3-1}{t-1}dt$

1-2 함수 $f(x)=-x+5$일 때, 정적분 $\displaystyle\int_{-2}^{1}x^2f(x)dx$의 값을 구하시오.

1-3 $\displaystyle\int_{1}^{a}(4x-1)dx=14$를 만족시키는 모든 실수 a의 값의 합을 구하시오.

• 정답 및 해설 54쪽

필수 예제 **2** 정적분의 계산

다음 정적분의 값을 구하시오.

(1) $\int_{-1}^{2}(x^2-2x+5)dx+\int_{-1}^{2}(5x^2+4x-1)dx$

(2) $\int_{-4}^{-2}\dfrac{3x}{x-3}dx-\int_{-4}^{-2}\dfrac{t^2}{t-3}dt$

(3) $\int_{0}^{1}(x^3+x-4)dx+\int_{1}^{4}(y^3+y-4)dy$

> **▶ 다시 정리하는 개념**
>
> 두 함수 $f(x), g(x)$가 임의의 세 실수 a, b, c를 포함하는 구간에서 연속일 때
>
> ① $\int_{a}^{b}f(x)dx\pm\int_{a}^{b}g(x)dx$
> $=\int_{a}^{b}\{f(x)\pm g(x)\}dx$
> (복부호동순)
>
> ② $\int_{a}^{c}f(x)dx+\int_{c}^{b}f(x)dx$
> $=\int_{a}^{b}f(x)dx$

숫자 바꾼

2-1 다음 정적분의 값을 구하시오.

(1) $\int_{-2}^{0}(x+1)^2 dx-\int_{-2}^{0}(t-1)^2 dt$

(2) $\int_{1}^{3}\dfrac{x^3-2}{x+1}dx+\int_{1}^{3}\dfrac{3}{y+1}dy$

(3) $\int_{-1}^{1}(2x^2+x)dx+\int_{1}^{-1}(-x^2+x)dx$

2-2 정적분 $\int_{-1}^{0}(3x-1)^2 dx-\int_{1}^{0}(3x-1)^2 dx+\int_{1}^{2}(3x-1)^2 dx$의 값을 구하시오.

2-3 연속함수 $f(x)$에 대하여

$$\int_{-2}^{2}f(x)dx=5, \ \int_{-2}^{6}f(x)dx=9, \ \int_{0}^{2}f(x)dx=2$$

일 때, 정적분 $\int_{0}^{6}f(x)dx$의 값을 구하시오.

필수 예제 **3** 구간에 따라 다르게 정의된 함수의 정적분

함수 $f(x) = \begin{cases} 3x+1 & (x \geq 0) \\ -x^2+1 & (x \leq 0) \end{cases}$ 에 대하여 $\int_{-3}^{2} f(x)dx$의 값을 구하시오.

▶ **문제 해결 tip**

구간에 따라 다르게 정의된 함수의 정적분은 구간을 나누어 각 구간에서의 정적분의 값을 구한다.

숫자 바꾼

3-1 함수 $f(x) = \begin{cases} (2x+1)^2 & (x \geq 1) \\ 6x+3 & (x \leq 1) \end{cases}$ 에 대하여 $\int_{-1}^{3} f(x)dx$의 값을 구하시오.

3-2 함수 $f(x) = \begin{cases} -4x-1 & (x \geq 0) \\ 3x^2+2x-1 & (x \leq 0) \end{cases}$ 에 대하여 정적분 $\int_{-2}^{a} f(x)dx = -8$을 만족시키는

양수 a의 값을 구하시오.

필수 예제 **4** 절댓값 기호를 포함한 함수의 정적분

다음 정적분의 값을 구하시오.

(1) $\int_{0}^{2} |x-1| dx$

(2) $\int_{-3}^{1} |x(x+2)| dx$

▶ **문제 해결 tip**

절댓값 기호를 포함한 함수의 정적분은 절댓값 기호 안의 식의 값이 0이 되는 x의 값을 경계로 적분 구간을 나누어 각 구간에서의 정적분의 값을 구한다.

숫자 바꾼

4-1 다음 정적분의 값을 구하시오.

(1) $\int_{-2}^{4} (|x|+2)dx$

(2) $\int_{0}^{3} |(x-1)(x-3)| dx$

4-2 $\int_{0}^{a} |x-4| dx = 10$을 만족시키는 실수 a의 값을 구하시오. (단, $a > 4$)

• 정답 및 해설 56쪽

필수 예제 **5** 정적분으로 정의된 함수; 적분 구간이 상수인 경우

모든 실수 x에 대하여 다음 등식을 만족시키는 다항함수 $f(x)$를 구하시오.

(1) $f(x) = 2x - \int_0^3 f(t)dt$

(2) $f(x) = x^2 + 4x + \int_{-1}^2 f(t)dt$

◉ 문제 해결 tip

$f(x) = g(x) + \int_a^b f(t)dt$ 꼴의 등식이 주어지면

$\int_a^b f(t)dt = k$ (k는 상수)라 하고

$f(x) = g(x) + k$임을 이용한다.

숫자 바꾼

5-1 모든 실수 x에 대하여 다음 등식을 만족시키는 다항함수 $f(x)$를 구하시오.

(1) $f(x) = -x + 3 + \int_{-4}^2 f(t)dt$

(2) $f(x) = 4x^3 - 2x - \int_1^3 f(t)dt$

5-2 다항함수 $f(x)$에 대하여 $f(x) = 3x - 6 + \int_0^2 tf(t)dt$가 성립할 때, $f(5)$의 값을 구하시오.

5-3 다항함수 $f(x)$에 대하여 $f(x) = -x^3 + 4x^2 + \int_2^4 f'(t)dt$가 성립할 때, $f(x)$를 구하시오.

필수 예제 6 정적분으로 정의된 함수; 적분 구간에 변수 x가 있는 경우

◑ 문제 해결 tip

$\int_a^x f(t)dt = g(x)$ 꼴의 등식이 주어지면 양변을 x에 대하여 미분하고 $\int_a^a f(t)dt = 0$임을 이용한다.

모든 실수 x에 대하여 다음 등식을 만족시키는 다항함수 $f(x)$를 구하시오. (단, a는 상수이다.)

(1) $\int_1^x f(t)dt = x^2 - ax + 2$

(2) $\int_{-1}^x f(t)dt = ax^3 + 4x + 3$

숫자 바꾼

6-1 모든 실수 x에 대하여 다음 등식을 만족시키는 다항함수 $f(x)$를 구하시오.

(단, a는 상수이다.)

(1) $\int_2^x f(t)dt = x^3 + ax^2 - 4$

(2) $\int_1^x f(t)dt = 2x^3 - 5x^2 + ax - 1$

6-2 다항함수 $f(x)$가 모든 실수 x에 대하여 $\int_1^x (x-t)f(t)dt = x^3 - ax^2 + 3x - 1$을 만족시킬 때, $f(x)$를 구하시오. (단, a는 상수이다.)

6-3 다항함수 $f(x)$가 모든 실수 x에 대하여 $xf(x) = 4x^3 - 3x^2 + \int_{-2}^x f(t)dt$를 만족시킬 때, $f(3)$의 값을 구하시오.

• 정답 및 해설 58쪽

필수 예제 7 정적분으로 정의된 함수의 극한

다음 극한값을 구하시오.

(1) $\lim\limits_{x \to 2} \dfrac{1}{x-2} \displaystyle\int_2^x (3t^2-1)dt$

(2) $\lim\limits_{x \to 0} \dfrac{1}{x} \displaystyle\int_1^{x+1} (t^2-5t+2)dt$

> ▶ 다시 정리하는 개념
>
> ① $\lim\limits_{x \to a} \dfrac{1}{x-a} \displaystyle\int_a^x f(t)dt = f(a)$
>
> ② $\lim\limits_{x \to 0} \dfrac{1}{x} \displaystyle\int_a^{x+a} f(t)dt = f(a)$

숫자 바꿔

7-1 다음 극한값을 구하시오.

(1) $\lim\limits_{x \to -1} \dfrac{1}{x+1} \displaystyle\int_{-1}^x (t^3+2t-6)dt$

(2) $\lim\limits_{x \to 0} \dfrac{1}{x} \displaystyle\int_3^{x+3} (-t^3+8t+10)dt$

7-2 다음 극한값을 구하시오.

(1) $\lim\limits_{x \to 1} \dfrac{1}{x-1} \displaystyle\int_1^{x^2} (3t-1)(t^2+2)dt$

(2) $\lim\limits_{x \to 0} \dfrac{1}{x} \displaystyle\int_{2-x}^{2+x} (t^4-2t^2-3)dt$

7-3 함수 $f(x)=-2x^3+7x^2+3x-1$에 대하여 $\lim\limits_{h \to 0} \dfrac{1}{h} \displaystyle\int_1^{1+3h} f(t)dt$의 값을 구하시오.

| 필수 예제 01 |

01 정적분 $\int_1^1 (-x^2+3)dx + \int_{-1}^2 (y^2+2y-5)dy$의 값은?

① -9 ② -6 ③ -3 ④ 0 ⑤ 3

| 필수 예제 01 |

02 함수 $f(x)=2x^3-kx$가 $\int_0^1 f(x)dx=f(1)$을 만족시킬 때, 상수 k의 값을 구하시오.

| 필수 예제 02 |

03 함수 $f(x)=-3x^2+2x+8$에 대하여 $\int_{-1}^0 f(x)dx + \int_0^1 f(x)dx - \int_2^1 f(x)dx$의 값을 구하시오.

| 필수 예제 03 |

04 함수 $y=f(x)$의 그래프가 오른쪽 그림과 같을 때, 정적분 $\int_{-1}^1 xf(x)dx$의 값을 구하시오.

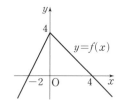

함수 $y=f(x)$의 그래프를 이용하여 함수 $f(x)$의 식을 구한 후 정적분의 값을 계산한다.

| 필수 예제 04 |

05 정적분 $\int_1^4 |6x-2x^2|dx$의 값은?

① 9 ② $\dfrac{28}{3}$ ③ $\dfrac{29}{3}$ ④ 10 ⑤ $\dfrac{31}{3}$

절댓값 기호 안의 식의 값을 0으로 하는 x의 값을 경계로 구간을 나누어 정적분의 값을 구한다.

📖 NOTE

| 필수 예제 05 |

06 다항함수 $f(x)$에 대하여 $f(x)=x^2-2x+3\int_0^1 tf'(t)dt$가 성립할 때, $f(3)$의 값을 구하시오.

| 필수 예제 06 |

07 미분가능한 함수 $f(x)$가 $\int_2^x (x-t)f(t)dt=ax^4+x^3+bx^2$을 만족시킬 때, 두 상수 a, b에 대하여 $a-b$의 값을 구하시오.

주어진 등식의 좌변을 변형한 후 양변을 x에 대하여 미분한다.

| 필수 예제 07 |

08 함수 $f(x)=-x^2+2x+1$에 대하여 $\lim_{h \to 0} \dfrac{1}{h}\int_{-1}^{-1+2h} f(t)dt$의 값을 구하시오.

| 필수 예제 01 |

09 삼차함수 $f(x)$가 모든 실수 x에 대하여
수능 기출
$$xf(x)-f(x)=3x^4-3x$$
를 만족시킬 때, $\int_{-2}^2 f(x)dx$의 값은?

① 12 　　② 16 　　③ 20 　　④ 24 　　⑤ 28

먼저 주어진 등식을 이용하여 함수 $f(x)$를 구한다.

| 필수 예제 06 |

10 다항함수 $f(x)$가 모든 실수 x에 대하여
수능 기출
$$\int_1^x \left\{ \dfrac{d}{dt}f(t) \right\}dt=x^3+ax^2-2$$
를 만족시킬 때, $f'(a)$의 값은? (단, a는 상수이다.)

① 1 　　② 2 　　③ 3 　　④ 4 　　⑤ 5

• 정답 및 해설 60쪽

1 다음 ☐ 안에 알맞은 것을 쓰시오.

(1) 닫힌구간 $[a, b]$에서 연속인 함수 $f(x)$에 대하여 함수 $y=f(x)$의 그래프와 x축 및 두 직선 $x=a$, $x=b$로 둘러싸인 도형 중 $f(x) \geq 0$인 부분의 넓이를 S_1, $f(x) \leq 0$인 부분의 넓이를 S_2라 할 때, S_1-S_2를 함수 $f(x)$의 a에서 b까지의 ☐이라 하고, 기호로 ☐와 같이 나타낸다.

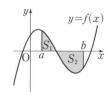

(2) 함수 $f(x)$가 닫힌구간 $[a, b]$에서 연속일 때,

$$\frac{d}{dx}\int_a^x f(t)dt = \boxed{} \text{ (단, } a<x<b)$$

(3) 함수 $f(x)$가 닫힌구간 $[a, b]$에서 연속이고 $f(x)$의 한 부정적분을 $F(x)$라 할 때,

$$\int_a^b f(x)dx = \boxed{} - \boxed{} \text{가 성립한다.}$$

(4) 두 함수 $f(x)$, $g(x)$가 닫힌구간 $[a, b]$에서 연속일 때

① $\int_a^b kf(x)dx = \boxed{}\int_a^b \boxed{}dx$ (단, k는 실수)

② $\int_a^b \{f(x)+g(x)\}dx = \int_a^b f(x)dx + \int_a^b g(x)dx$

③ $\int_a^b \{\boxed{}\}dx = \int_a^b f(x)dx - \int_a^b g(x)dx$

2 다음 문장이 옳으면 ○표, 옳지 않으면 ×표를 ( ) 안에 쓰시오.

(1) 부정적분 $\int f(x)dx$는 함수이지만 정적분 $\int_a^b f(x)dx$는 실수이다. ( )

(2) 함수 $f(x)$가 닫힌구간 $[a, b]$에서 연속이고 $f(x)$의 한 부정적분을 $F(x)$라 할 때, $\int_b^a f(x)dx = F(b)-F(a)$이다. ( )

(3) $f(x)$가 연속함수이고 a가 실수일 때, $\frac{d}{dx}\int_a^x f(t)dt = f(x)-f(a)$가 성립한다. ( )

(4) 함수 $f(x)$가 세 실수 a, b, c를 포함하는 닫힌구간에서 연속일 때, $\int_a^c f(x)dx + \int_c^b f(x)dx = \int_a^b f(x)dx$가 성립한다. ( )

(5) 함수 $f(x)$에 대하여 $\lim_{x \to a}\frac{1}{x-a}\int_a^x f(t)dt = f'(a)$ (a는 상수)이다. ( )

Ⅲ. 적분

09

정적분의 활용

09 정적분의 활용

1 넓이

(1) 곡선과 x축 사이의 넓이

함수 $f(x)$가 닫힌구간 $[a, b]$에서 연속일 때, 곡선 $y=f(x)$와 x축 및 두 직선 $x=a$, $x=b$로 둘러싸인 도형의 넓이 S는

$$S=\int_a^b |f(x)|dx ❶$$

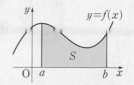

(2) 두 곡선 사이의 넓이

두 함수 $f(x)$, $g(x)$가 닫힌구간 $[a, b]$에서 연속일 때, 두 곡선 $y=f(x)$, $y=g(x)$와 두 직선 $x=a$, $x=b$로 둘러싸인 도형의 넓이 S는

$$S=\int_a^b |f(x)-g(x)|dx ❷$$

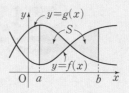

2 속도와 거리

수직선 위를 움직이는 점 P의 시각 t에서의 속도가 $v(t)$❸, 시각 $t=a$에서의 위치가 x_0일 때

(1) 시각 t에서의 점 P의 위치 x는 $x=x_0+\int_a^t v(t)dt$

(2) 시각 $t=a$에서 $t=b$까지 점 P의 위치의 변화량은 $\int_a^b v(t)dt$

(3) 시각 $t=a$에서 $t=b$까지 점 P가 움직인 거리 s는 $s=\int_a^b |v(t)|dt$

개념 플러스⁺

❶ 닫힌구간 $[a, b]$에서 $f(x)$의 값이 양수인 경우와 음수인 경우가 모두 있을 때는 $f(x)$의 값이 양수인 구간과 음수인 구간으로 나누어 넓이를 구한다.

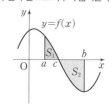

❷ 닫힌구간 $[a, b]$에서 두 함수 $f(x)$와 $g(x)$의 대소 관계가 바뀔 때는 $f(x)-g(x)$의 값이 양수인 구간과 음수인 구간으로 나누어 넓이를 구한다.

❸ $v(t)>0$이면 점 P는 양의 방향으로 움직이고, $v(t)<0$이면 점 P는 음의 방향으로 움직인다.

위치 $\xrightarrow[\text{적분}]{\text{미분}}$ 속도

교과서 개념 확인하기

정답 및 해설 61쪽

1 곡선 $y=x(x-1)$과 x축으로 둘러싸인 도형의 넓이를 구하시오.

2 곡선 $y=-x^2+3$과 직선 $y=2$로 둘러싸인 도형의 넓이를 구하시오.

3 원점을 출발하여 수직선 위를 움직이는 점 P의 시각 t에서의 속도 $v(t)$가 $v(t)=-2t+4$일 때, 다음을 구하시오.
  (1) $t=2$에서의 점 P의 위치
  (2) $t=0$에서 $t=3$까지 점 P의 위치의 변화량
  (3) $t=0$에서 $t=3$까지 점 P가 움직인 거리

교과서 예제로 개념 익히기

필수 예제 **1** 곡선과 x축 사이의 넓이

다음 곡선과 x축으로 둘러싸인 도형의 넓이를 구하시오.

(1) $y=x^2-2x-3$

(2) $y=x^3-x$

> **● 다시 정리하는 개념**
>
> 곡선 $y=f(x)$와 x축 사이의 넓이
> ➡ $f(x) \geq 0$인 구간과 $f(x) \leq 0$인 구간으로 나누어 정적분의 값을 구한다.

숫자 바꿘

1-1 다음 곡선과 x축으로 둘러싸인 도형의 넓이를 구하시오.

(1) $y=-x^2+5x-4$

(2) $y=-x^3+6x^2-8x$

1-2 다음 도형의 넓이를 구하시오.

(1) 곡선 $y=-x^2+4$와 x축 및 두 직선 $x=-1$, $x=3$으로 둘러싸인 도형

(2) 곡선 $y=4x^3$과 x축 및 두 직선 $x=-2$, $x=1$로 둘러싸인 도형

1-3 곡선 $y=x^2-2kx$와 x축으로 둘러싸인 도형의 넓이가 36일 때, 양수 k의 값을 구하시오.

필수 예제 **2** **두 곡선 사이의 넓이**

다음 도형의 넓이를 구하시오.

(1) 곡선 $y=x^2-x$와 직선 $y=2x$로 둘러싸인 도형

(2) 두 곡선 $y=x^2+2x$, $y=-x^2+4$로 둘러싸인 도형

> ● **다시 정리하는 개념**
>
> 두 곡선 사이의 넓이
> ➡ 두 곡선의 교점의 x좌표를 구
> 하여 적분 구간을 정한 후 이
> 적분 구간에서
> ((위쪽 곡선의 식)
>   －(아래쪽 곡선의 식))
> 의 정적분의 값을 구한다.

숫자 바꾼

2-1 다음 도형의 넓이를 구하시오.

(1) 곡선 $y=-x^2+2x+3$과 직선 $y=-x-1$로 둘러싸인 도형

(2) 두 곡선 $y=2x^2-2x-9$, $y=-x^2-2x+3$으로 둘러싸인 도형

2-2 두 곡선 $y=x^3-3x$, $y=-x^2-x$로 둘러싸인 도형의 넓이를 구하시오.

> 곡선 $y=f(x)$ 위의 점 $(a, f(a))$에서의 접선의 방정식은
> $y-f(a)=f'(a)(x-a)$임을 이용하자.

2-3 곡선 $y=-x^3+4x$ 위의 점 $(1, 3)$에서의 접선과 이 곡선으로 둘러싸인 도형의 넓이를 구하시오.

필수 예제 **3** 역함수의 그래프와 넓이

함수 $f(x)=x^2\,(x\geq0)$의 역함수를 $g(x)$라 할 때, 두 곡선 $y=f(x)$, $y=g(x)$로 둘러싸인 도형의 넓이를 구하시오.

숫자 바꾼

3-1 함수 $f(x)=x^3+2x^2+x$의 역함수를 $g(x)$라 할 때, 두 곡선 $y=f(x)$, $y=g(x)$로 둘러싸인 도형의 넓이를 구하시오.

3-2 오른쪽 그림은 함수 $y=f(x)\,(x\geq1)$와 그 역함수 $y=g(x)$의 그래프이다. 두 함수 $y=f(x)$, $y=g(x)$의 그래프가 두 점 $(1,\,1)$, $(5,\,5)$에서 만나고 $\displaystyle\int_1^5 f(x)dx=9$일 때, 두 곡선 $y=f(x)$, $y=g(x)$로 둘러싸인 도형의 넓이를 구하시오.

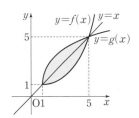

> 두 함수 $y=f(x),y=g(x)$의 그래프가 직선 $y=x$에 대하여 대칭임을 이용하여 넓이가 같은 도형을 찾아보자.

3-3 함수 $f(x)=x^3+x+3$의 역함수를 $g(x)$라 할 때, $\displaystyle\int_0^1 f(x)dx+\int_3^5 g(x)dx$의 값을 구하시오.

좌표가 2인 점을 출발하여 수직선 위를 움직이는 점 P의 시각 t에서의 속도 $v(t)$가
$v(t)=t^2-4t$일 때, 다음을 구하시오.

(1) 처음으로 운동 방향이 바뀌는 시각에서의 점 P의 위치

(2) 점 P가 좌표가 2인 점으로 되돌아오는 데 걸리는 시간

(3) 점 P가 좌표가 2인 점으로 되돌아올 때까지 움직인 거리

● 문제 해결 tip

① 점 P의 운동 방향이 바뀔 때의 속도는 0이다.

② 점 P가 출발점으로 되돌아올 때의 위치의 변화량은 0이다.

숫자 바꿈

4-1 원점을 출발하여 수직선 위를 움직이는 점 P의 시각 t에서의 속도 $v(t)$가
$v(t)=-3t^2+6t$일 때, 다음을 구하시오.

(1) 처음으로 운동 방향이 바뀌는 시각에서의 점 P의 위치

(2) 점 P가 원점으로 되돌아오는 데 걸리는 시간

(3) 점 P가 원점으로 되돌아올 때까지 움직인 거리

4-2 원점에서 출발하여 수직선 위를 움직이는 점 P의 시각 t에서의 속도 $v(t)$가
$$v(t)=\begin{cases} 2t & (0\le t\le 4) \\ -t^2+6t & (4<t\le 6) \end{cases}$$
일 때, $t=5$에서의 점 P의 위치를 구하시오.

4-3 원점에서 출발하여 수직선 위를 움직이는 점 P의 시각
$t\,(0\le t\le 5)$에서의 속도 $v(t)$의 그래프가 오른쪽 그림과
같을 때, 다음을 구하시오.

(1) 시각 $t=5$에서의 점 P의 위치

(2) 시각 $t=0$에서 $t=5$까지 점 P가 움직인 거리

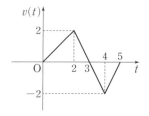

• 정답 및 해설 64쪽

필수 예제 **5** 움직인 거리의 활용

● 문제 해결 tip

지면에서 30 m/s의 속도로 지면과 수직으로 위로 쏘아 올린 물체의 t초 후의 속도 $v(t)$ m/s가 $v(t)=30-10t\,(0\leq t\leq6)$일 때, 다음을 구하시오.

(1) 물체를 쏘아 올린 후 2초가 지났을 때, 물체의 지면으로부터의 높이

(2) 물체가 최고 높이에 도달했을 때의 지면으로부터의 높이

(3) 물체를 쏘아 올린 후 4초 동안 물체가 움직인 거리

지면에서 수직으로 위로 쏘아 올린 물체가 최고 높이에 도달했을 때
➡ (속도)=0

숫자 바꿈

5-1 지면으로부터 10 m의 높이에서 20 m/s의 속도로 지면과 수직으로 위로 던진 공의 t초 후의 속도 $v(t)$ m/s가 $v(t)=20-10t\,(0\leq t\leq5)$일 때, 다음을 구하시오.

(1) 공을 던진 후 1초가 지났을 때, 공의 지면으로부터의 높이

(2) 공이 최고 높이에 도달했을 때의 지면으로부터의 높이

(3) 공을 던진 후 3초 동안 공이 움직인 거리

5-2 직선 도로를 14 m/s의 속도로 달리는 자동차에 제동을 건 지 t초 후의 속도 $v(t)$ m/s가 $v(t)=14-2t\,(0\leq t\leq7)$이다. 제동을 건 후 자동차가 정지할 때까지 달린 거리를 구하시오.

5-3 지면에서 a m/s의 속도로 지면과 수직으로 위로 쏘아 올린 물체의 t초 후의 속도 $v(t)$ m/s가 $v(t)=a-10t\,(0\leq t\leq11)$일 때, 이 물체가 최고 높이에 도달했을 때의 지면으로부터의 높이가 125 m일 때, 양수 a의 값을 구하시오.

| 필수 예제 01 |

01 곡선 $y=3x^2+kx$와 x축 및 두 직선 $x=-1$, $x=2$로 둘러싸인 도형의 넓이가 22일 때, 상수 k의 값을 구하시오. (단, $k>3$)

📖 **NOTE**

$y \geq 0$인 구간과 $y \leq 0$인 구간으로 나누어 정적분의 값을 구한다.

| 필수 예제 01 |

02 곡선 $y=x^3$과 x축 및 두 직선 $x=-1$, $x=a$로 둘러싸인 도형의 넓이가 $\dfrac{17}{4}$일 때, 양수 a의 값을 구하시오.

| 필수 예제 02 |

03 두 곡선 $y=x^2-4$, $y=-x^2+2x+8$과 두 직선 $x=-2$, $x=4$로 둘러싸인 도형의 넓이를 구하시오.

두 곡선의 교점의 x좌표를 구한 후 두 곡선의 위치 관계를 파악한다.

| 필수 예제 02 |

04 곡선 $y=-x^2+2x$와 x축으로 둘러싸인 도형의 넓이를 직선 $y=mx$가 이등분할 때, $(2-m)^3$의 값은? (단, $0<m<2$)

① $\dfrac{8}{3}$　　② 3　　③ $\dfrac{10}{3}$　　④ $\dfrac{11}{3}$　　⑤ 4

| 필수 예제 03 |

05 함수 $f(x)=\sqrt{x-2}$의 역함수를 $g(x)$라 할 때, $\displaystyle\int_2^6 f(x)dx + \int_0^2 g(x)dx$의 값을 구하시오.

역함수 관계인 두 함수의 그래프는 직선 $y=x$에 대하여 대칭임을 이용한다.

• 정답 및 해설 66쪽

06 원점을 동시에 출발하여 수직선 위를 움직이는 두 점 P, Q의 시각 t에서의 속도가 각각
$$v_{\mathrm{P}}(t)=10t-1,\ v_{\mathrm{Q}}(t)=4t+8$$
일 때, 두 점 P, Q가 출발 후 다시 만나는 위치를 구하시오.

📖 NOTE

시각 t에서의 두 점 P, Q의 위치를 t에 대한 식으로 나타낸 후, 두 점이 만나는 시각을 구한다.

| 필수 예제 05 |

07 직선 철로를 따라 $30\,\mathrm{m/s}$의 속도로 움직이는 기차가 제동을 건 지 t초 후의 속도 $v(t)\,\mathrm{m/s}$가 $v(t)=30-2t\ (0\le t\le15)$일 때, 이 기차가 제동을 건 후 정지할 때까지 움직인 거리를 구하시오.

| 필수 예제 05 |

08 직선 위를 움직이는 어떤 물체가 출발 후 $12\,\mathrm{m}$까지 $v(t)=t^2+\dfrac{2}{3}t\,(\mathrm{m/s})$의 속도로 움직이고, 그 후에는 일정한 속도로 움직인다. 이 물체가 출발 후 5초 동안 움직인 거리는 몇 m인지 구하시오.

| 필수 예제 02 |

09
두 곡선 $y=x^3+x^2$, $y=-x^2+k$와 y축으로 둘러싸인 부분의 넓이를 A, 두 곡선 $y=x^3+x^2$, $y=-x^2+k$와 직선 $x=2$로 둘러싸인 부분의 넓이를 B라 하자. $A=B$일 때, 상수 k의 값은? (단, $4<k<5$)

① $\dfrac{25}{6}$ ② $\dfrac{13}{3}$ ③ $\dfrac{9}{2}$

④ $\dfrac{14}{3}$ ⑤ $\dfrac{29}{6}$

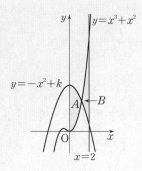

| 필수 예제 04 |

10 수직선 위를 움직이는 점 P의 시각 $t\,(t\ge0)$에서의 속도 $v(t)$가 $v(t)=3t^2-4t+k$이다. 시각 $t=0$에서 점 P의 위치는 0이고, 시각 $t=1$에서 점 P의 위치는 -3이다. 시각 $t=1$에서 $t=3$까지 점 P의 위치의 변화량을 구하시오. (단, k는 상수이다.)

• 정답 및 해설 68쪽

1 다음 ☐ 안에 알맞은 것을 쓰시오.

(1) 함수 $f(x)$가 닫힌구간 $[a, b]$에서 연속일 때, 곡선 $y=f(x)$와 x축 및 두 직선 $x=a$, $x=b$로 둘러싸인 도형의 넓이 S는

$$S=\int_a^b \boxed{}\, dx$$

(2) 두 함수 $f(x)$, $g(x)$가 닫힌구간 $[a, b]$에서 연속일 때, 두 곡선 $y=f(x)$, $y=\boxed{}$와 두 직선 $x=a$, $x=\boxed{}$로 둘러싸인 도형의 넓이 S는

$$S=\int_a^b |f(x)-g(x)|\, dx$$

(3) 수직선 위를 움직이는 점 P의 시각 t에서의 속도가 $v(t)$, 시각 $t=a$에서의 위치가 x_0일 때

① 시각 t에서의 점 P의 위치 x ➡ $x=x_0+\int_{\boxed{}}^t \boxed{}\, dt$

② 시각 $t=a$에서 $t=b$까지 점 P의 위치의 변화량 ➡ $\int_a^b \boxed{}\, dt$

③ 시각 $t=a$에서 $t=b$까지 점 P가 움직인 거리 s ➡ $s=\int_a^b \boxed{}\, dt$

2 다음 문장이 옳으면 ○표, 옳지 않으면 ×표를 ( ) 안에 쓰시오.

(1) 연속함수 $f(x)$에 대하여 닫힌구간 $[a, b]$에서 $f(x)\leq 0$이면 곡선 $y=f(x)$와 x축 및 두 직선 $x=a$, $x=b$로 둘러싸인 도형의 넓이는 $\int_a^b f(x)dx$이다. ( )

(2) 두 함수 $f(x)$, $g(x)$가 닫힌구간 $[a, b]$에서 연속일 때, 두 곡선 $y=f(x)$, $y=g(x)$와 두 직선 $x=a$, $x=b$로 둘러싸인 도형의 넓이는 $\int_a^b \{f(x)-g(x)\}dx$이다. ( )

(3) 오른쪽 그림과 같이 두 곡선 $y=f(x)$, $y=g(x)$로 둘러싸인 두 도형의 넓이를 각각 S_1, S_2라 할 때, $S_1=S_2$이면 $\int_a^\gamma \{f(x)-g(x)\}dx=0$이다.

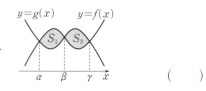

( )

(4) 수직선 위를 움직이는 점 P가 출발점으로 되돌아올 때의 위치의 변화량은 0이다. ( )

(5) 오른쪽 그림과 같이 속도 $v(t)$의 그래프와 t축으로 둘러싸인 두 도형의 넓이를 각각 S_1, S_2라 하면 시각 $t=0$에서 $t=a$까지 점 P가 움직인 거리는 S_1-S_2이다.

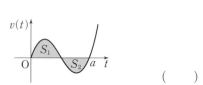

( )

MEMO

MEMO

수학이 쉬워지는
완벽한 **솔**루션

완쏠

개념 라이트

미적분 I

정답 및 해설

메가스터디BOOKS

수학이 쉬워지는
완벽한 솔루션

완쏠

개념 라이트

미적분 I

정답 및 해설

SPEED CHECK

I. 함수의 극한과 연속

01 함수의 극한

교과서 개념 확인하기
본문 008쪽

1 (1) 3 (2) 2 (3) ∞ (4) $-\infty$

2 (1) 0 (2) 2 (3) $-\infty$ (4) ∞

3 (1) 0 (2) 0 (3) 2 (4) 1

4 (1) 8 (2) 6 (3) -8 (4) -2

5 (1) 2 (2) $\frac{1}{4}$ (3) $\frac{5}{2}$ (4) ∞

교과서 예제로 개념 익히기
본문 009~016쪽

필수 예제 1 (1) 4 (2) 1 (3) ∞ (4) $\frac{3}{2}$

1-1 (1) -4 (2) 3 (3) $-\infty$ (4) ∞

1-2 (1) ∞ (2) 0 (3) $-\infty$ (4) -2

1-3 ㄴ, ㄹ

필수 예제 2 0

2-1 3   **2-2** 2

필수 예제 3 (1) 존재하지 않는다. (2) 0

3-1 (1) 존재하지 않는다. (2) 존재하지 않는다.

3-2 ㄱ, ㄴ

필수 예제 4 -2

4-1 -4 **4-2** -2

4-3 -9

필수 예제 5 (1) 6 (2) $\frac{1}{2}$

5-1 (1) -1 (2) -2 **5-2** 2

5-3 24

필수 예제 6 (1) $\frac{5}{3}$ (2) $\frac{1}{2}$

6-1 (1) 0 (2) $\frac{1}{3}$ **6-2** (1) -1 (2) $-\frac{1}{2}$

6-3 -4

필수 예제 7 (1) ∞ (2) $\frac{1}{2}$

7-1 (1) $-\infty$ (2) 4   **7-2** 8

7-3 (1) -1 (2) $\frac{1}{2}$

필수 예제 8 (1) $a=6$, $b=-7$ (2) $a=4$, $b=-1$

8-1 (1) $a=3$, $b=6$ (2) $a=3$, $b=3$

8-2 4   **8-3** -6

필수 예제 9 $f(x)=2x-3$

9-1 $f(x)=-2x+10$ **9-2** -3

필수 예제 10 1

10-1 -1 **10-2** 3

실전 문제로 단원 마무리
본문 017~019쪽

01 ⑤   **02** 3   **03** 2   **04** ①

05 ①   **06** ㄱ, ㄷ   **07** 6   **08** ④

09 3   **10** -4 **11** 8   **12** 2

13 30   **14** ②

개념으로 단원 마무리
본문 020쪽

1 (1) 수렴, 극한값, 발산 (2) $\lim\limits_{x \to a-} f(x)$

(3) $c \lim\limits_{x \to a} f(x)$, $f(x)g(x)$ (4) α

2 (1) × (2) ○ (3) × (4) ○ (5) ×

02 함수의 연속

교과서 개념 확인하기
본문 023쪽

1 (1) 연속 (2) 불연속 (3) 연속 (4) 불연속

2 (1) $(-\infty, \infty)$ (2) $(-\infty, \infty)$

(3) $(-\infty, -3), (-3, \infty)$ (4) $\left(-\infty, \frac{1}{2}\right), \left(\frac{1}{2}, \infty\right)$

3 (1) 최댓값: 3, 최솟값: -1 (2) 최댓값: 1, 최솟값: $\frac{1}{3}$

4 연속, 4, 7, 5

교과서 예제로 **개념 익히기**
본문 024~027쪽

필수 예제 1 (1) 불연속 (2) 연속

1-1 (1) 연속 (2) 불연속   **1-2** 불연속

1-3 3

필수 예제 2 -1

2-1 4   **2-2** -12

2-3 4

필수 예제 3 3

3-1 6   **3-2** 10

필수 예제 4 ④

4-1 ③   **4-2** -12

필수 예제 5 (1) 최댓값: 2, 최솟값: -2

    (2) 최댓값: $\dfrac{4}{5}$, 최솟값: -4

5-1 (1) 최댓값: 3, 최솟값: -1

    (2) 최댓값: $\sqrt{6}$, 최솟값: $\sqrt{2}$

5-2 ③

필수 예제 6 해설 참조

6-1 해설 참조   **6-2** ④

실전 문제로 **단원 마무리**
본문 028~029쪽

01 ㄴ, ㄹ   **02** 2   **03** -4 **04** 7

05 ⑤   **06** -3 **07** ⑤   **08** 2

09 6   **10** ⑤

개념으로 **단원 마무리**
본문 030쪽

1 (1) $x=a$, $\displaystyle\lim_{x \to a}f(x)$, $f(a)$ (2) 불연속 (3) 연속함수

    (4) $f(a)$, $f(b)$ (5) 연속 (6) $f(a) \neq f(b)$, 하나

2 (1) ○ (2) ○ (3) ✕ (4) ✕ (5) ○

Ⅱ. 미분

03 미분계수와 도함수

교과서 **개념 확인하기**
본문 033쪽

1 (1) 3 (2) -2 **2** (1) 5 (2) -2

3 (1) -3 (2) 1

4 (1) $f'(x)=1$ (2) $f'(x)=2x$

5 (1) $y'=4x^3$ (2) $y'=12x^5$ (3) $y'=-6x+5$

    (4) $y'=3x^2-4x$

6 (1) $y'=4x+2$ (2) $y'=4x+9$

    (3) $y'=9x^2+10x-26$ (4) $y'=18x+24$

교과서 예제로 **개념 익히기**
본문 034~039쪽

필수 예제 1 1

1-1 2   **1-2** 4

1-3 1

필수 예제 2 (1) 9 (2) 6

2-1 (1) -5 (2) 2   **2-2** 8

필수 예제 3 (1) 1 (2) 4

3-1 (1) 1 (2) $8\sqrt{2}$ **3-2** 5

필수 예제 4 (1) 연속이고 미분가능하다.

    (2) 연속이지만 미분가능하지 않다.

4-1 (1) 연속이지만 미분가능하지 않다.

    (2) 연속이고 미분가능하다.

4-2 ㄴ, ㄹ   **4-3** 5

필수 예제 5 (1) $y'=6x^2-2x+4$ (2) $y'=4x^3+12x^2-10x$

    (3) $y'=18x^2+14x-29$

    (4) $y'=4(x^2-3x)^3(2x-3)$

5-1 (1) $y'=2x^3+x^2-6$ (2) $y'=9x^2+20x-2$

    (3) $y'=-8x^3+9x^2-2x+9$

    (4) $y'=5(x^2-5x+2)^4(2x-5)$

5-2 104   **5-3** 7

필수 예제 6 (1) 18 (2) 3

6-1 (1) 12 (2) -6 **6-2** 28

6-3 -1

SPEED CHECK

필수 예제 7 -8

7-1 -10 **7-2** 9

필수 예제 8 -20

8-1 14 **8-2** $7x+5$

실전 문제로 단원 마무리   본문 040~041쪽

01 2 **02** ①   **03** ④   **04** ②

05 7 **06** 270 **07** 20 **08** 2

09 11 **10** 24

개념으로 단원 마무리   본문 042쪽

1 (1) 평균변화율 (2) 미분계수, $f'(a)$ (3) 기울기
  (4) 도함수 (5) nx^{n-1}, 0
  (6) $cf'(x)$, $f'(x)+g'(x)$, $f'(x)-g'(x)$, $f(x)g'(x)$,
    $n\{f(x)\}^{n-1}f'(x)$

2 (1) ◯ (2) ✕ (3) ✕ (4) ✕ (5) ◯

04 접선의 방정식

교과서 개념 확인하기   본문 045쪽

1 (1) -2 (2) 4 **2** (1) 2 (2) $y=2x+7$

3 (1) 2 (2) $y=7x-11$

4 (1) $a=0$ 또는 $a=2$
  (2) $y=-x-1$, $y=3x-5$

5 3 **6** 4

교과서 예제로 개념 익히기   본문 046~049쪽

필수 예제 1 (1) $y=5x-8$ (2) $y=-\dfrac{1}{5}x-\dfrac{14}{5}$

1-1 (1) $y=-2x+4$ (2) $y=\dfrac{1}{2}x+\dfrac{13}{2}$

1-2 1 **1-3** -16

필수 예제 2 (1) $y=3x-6$ (2) $y=x-3$

2-1 (1) $y=-2x-2$ (2) $y=-5x+7$

2-2 11 **2-3** 2

필수 예제 3 $y=-6x-1$, $y=2x-1$

3-1 $y=2x-2$, $y=10x-10$

3-2 3 **3-3** $2\sqrt{10}$

필수 예제 4 (1) 1 (2) $-\dfrac{1}{3}$

4-1 (1) $-\dfrac{3}{2}$ (2) 3 **4-2** 3

필수 예제 5 (1) $\dfrac{3}{2}$ (2) 1

5-1 (1) $\dfrac{1}{2}$ (2) $-\dfrac{1}{3}$ **5-2** 2

실전 문제로 단원 마무리   본문 050~051쪽

01 3 **02** ④   **03** ①   **04** 15

05 -5 **06** 3 **07** 1 **08** ②

09 ①   **10** ④

개념으로 단원 마무리   본문 052쪽

1 (1) $f'(a)$ (2) $f'(a)$ (3) 0 (4) $f'(c)$

2 (1) ✕ (2) ◯ (3) ✕ (4) ◯ (5) ✕ (6) ✕

05 함수의 그래프

교과서 개념 확인하기   본문 055쪽

1 구간 $(-\infty, a]$, $[b, c]$에서 증가,
  구간 $[a, b]$, $[c, \infty)$에서 감소

2 (1) 구간 $\left[-\dfrac{1}{2}, \infty\right)$에서 증가, 구간 $\left(-\infty, -\dfrac{1}{2}\right]$에서 감소
  (2) 구간 $(-\infty, -1]$, $[1, \infty)$에서 증가,
    구간 $[-1, 1]$에서 감소

3 극댓값: 3, 극솟값: -4

4 (1) $f'(x)=3x^2-12$ (2) $x=-2$ 또는 $x=2$
  (3) 극댓값: 20, 극솟값: -12

5
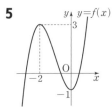

교과서 예제로 **개념 익히기**

본문 056~061쪽

필수 예제 1 (1) 구간 $(-\infty, 0]$, $[4, \infty)$에서 증가,
구간 $[0, 4]$에서 감소
(2) 구간 $(-\infty, -2]$, $[0, 2]$에서 증가,
구간 $[-2, 0]$, $[2, \infty)$에서 감소

1-1 (1) 구간 $[-3, 1]$에서 증가,
구간 $(-\infty, -3]$, $[1, \infty)$에서 감소
(2) 구간 $[-\sqrt{3}, 0]$, $[\sqrt{3}, \infty)$에서 증가,
구간 $(-\infty, -\sqrt{3}]$, $[0, \sqrt{3}]$에서 감소

1-2 -1 **1-3** ⑤

필수 예제 2 (1) 극댓값: 5, 극솟값: -3
(2) 극댓값: 없다., 극솟값: -15

2-1 (1) 극댓값: 0, 극솟값: -4
(2) 극댓값: 2, 극솟값: -2

2-2 -10 **2-3** 12

필수 예제 3 (1) 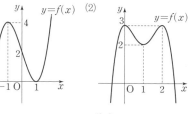 (2)

3-1 (1) 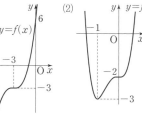 (2)

3-2 ①   **3-3** ㄴ, ㄷ

필수 예제 4 $a<-6$ 또는 $a>0$

4-1 $a<-5$ 또는 $a>1$ **4-2** 7

4-3 4

필수 예제 5 (1) 최댓값: 22, 최솟값: -10
(2) 최댓값: 4, 최솟값: -4

5-1 (1) 최댓값: 3, 최솟값: -6
(2) 최댓값: 15, 최솟값: 6

5-2 34   **5-3** -15

필수 예제 6 (1) $\overline{AD}=-a^2+6$, $\overline{CD}=2a$ (2) $0<a<\sqrt{6}$
(3) $S(a)=-2a^3+12a$ (4) $8\sqrt{2}$

6-1 32   **6-2** 54 cm³

6-3 4 cm

실전 문제로 **단원 마무리**

본문 062~063쪽

01 ①   **02** 7   **03** -2 **04** 2

05 ③   **06** 3   **07** ⑤   **08** ③

09 3   **10** 6

개념으로 **단원 마무리**

본문 064쪽

1 (1) 증가, 감소 (2) 0 (3) 극대, 극소 (4) 최댓값, 최솟값

2 (1) ✕ (2) ✕ (3) ○ (4) ✕ (5) ○ (6) ✕

06 도함수의 활용

교과서 **개념 확인하기**

본문 066쪽

1 (1) 해설 참조 (2) 3   **2** (1) 1 (2) 2

3 (개) 1 (내) 0   **4** $v=8$, $a=2$

교과서 예제로 **개념 익히기**

본문 067~071쪽

필수 예제 1 (1) $-20<k<7$ (2) $k=-20$ 또는 $k=7$
(3) $k<-20$ 또는 $k>7$

1-1 (1) $-27<k<5$ (2) $k=-27$ 또는 $k=5$
(3) $k<-27$ 또는 $k>5$

1-2 $-1<k<0$ **1-3** $0<k<16$

필수 예제 2 2

2-1 3   **2-2** 80

2-3 1

필수 예제 3 $k\leq-1$

3-1 $k\leq-3$ **3-2** -7

3-3 22

SPEED CHECK

필수 예제 4 (1) 속도: -15, 가속도: -18 (2) 2

4-1 (1) 속도: -7, 가속도: 4 (2) 3

4-2 -8 **4-3** ㄴ, ㄹ

필수 예제 5 (1) 3초, 45 m (2) -30 m/s

5-1 (1) 5초, 125 m (2) -50 m/s

5-2 405 m

5-3 (1) $1.4t$ m (2) $x=3t$ (3) 3 m/s

실전 문제로 단원 마무리
본문 072~073쪽

01 ③ **02** 26 **03** 22 **04** ①

05 0 **06** 10 **07** ③ **08** 30

09 4 **10** ①

개념으로 단원 마무리
본문 074쪽

1 (1) x축, $y=g(x)$ (2) $<$, $=$, $>$ (3) 최솟값, 0

(4) $\dfrac{dx}{dt}$, $\dfrac{dv}{dt}$

2 (1) $\times$ (2) $\bigcirc$ (3) $\times$ (4) $\bigcirc$

Ⅲ. 적분

07 부정적분

교과서 개념 확인하기
본문 076쪽

1 (1) x^2+C (2) $4x^3+C$

2 (1) $f(x)=6x+5$ (2) $f(x)=3x^2-12x$

3 (1) $\dfrac{1}{4}x^4+C$ (2) x^3-2x^2+x+C

교과서 예제로 개념 익히기
본문 077~081쪽

필수 예제 1 -5

1-1 24 **1-2** 3

1-3 -12

필수 예제 2 (1) 4 (2) 27

2-1 (1) 7 (2) -7 **2-2** 4

2-3 3

필수 예제 3 (1) x^3+2x^2-4x+C (2) $\dfrac{1}{3}x^3-2x^2+4x+C$

(3) $\dfrac{1}{4}x^4-x+C$ (4) $\dfrac{1}{2}x^2-3x+C$

3-1 (1) $\dfrac{3}{2}x^4-4x^3+3x^2+C$ (2) $\dfrac{4}{3}x^3+6x^2+9x+C$

(3) $\dfrac{1}{5}x^5-x+C$ (4) x^2+x+C

3-2 $\dfrac{1}{3}x^3+x^2+4x+C$ **3-3** 13

필수 예제 4 14

4-1 7 **4-2** 4

4-3 $\dfrac{7}{4}$

필수 예제 5 $f(x)=-\dfrac{3}{2}x^2+4x-3$

5-1 $f(x)=6x^2+6x-5$ **5-2** 18

5-3 -24

실전 문제로 단원 마무리
본문 082~083쪽

01 7 **02** 6 **03** -5 **04** 15

05 8 **06** 11 **07** ② **08** 20

09 ④ **10** ④

개념으로 단원 마무리
본문 084쪽

1 (1) 부정적분, $\displaystyle\int f(x)dx$ (2) $F(x)$, 적분상수 (3) $n+1$

(4) k, $f(x)+g(x)$, $f(x)-g(x)$

2 (1) $\bigcirc$ (2) $\bigcirc$ (3) $\times$ (4) $\bigcirc$ (5) $\times$

08 정적분

교과서 개념 확인하기
본문 087쪽

1 (1) 8 (2) -4 **2** (1) x^2 (2) $2x^2-x+3$

3 (1) 6 (2) 24 (3) 0 (4) 3 **4** (1) 24 (2) -3

교과서 예제로 개념 익히기
본문 088~093쪽

필수 예제 1 (1) 70 (2) $\dfrac{7}{3}$ (3) $-\dfrac{41}{6}$ (4) 0

1-1 (1) 12 (2) $\dfrac{124}{3}$ (3) 72 (4) $\dfrac{8}{3}$

1-2 $\dfrac{75}{4}$ 　　　　**1-3** $\dfrac{1}{2}$

필수 예제 2 (1) 33 (2) 6 (3) 56

2-1 (1) -8 (2) $\dfrac{20}{3}$ (3) 2 **2-2** 21

2-3 6

필수 예제 3 2

3-1 $\dfrac{176}{3}$ 　　　　**3-2** 2

필수 예제 4 (1) 1 (2) 4

4-1 (1) 22 (2) $\dfrac{8}{3}$ 　　**4-2** 6

필수 예제 5 (1) $f(x)=2x-\dfrac{9}{4}$ (2) $f(x)=x^2+4x-\dfrac{9}{2}$

5-1 (1) $f(x)=-x-\dfrac{9}{5}$ (2) $f(x)=4x^3-2x-24$

5-2 13 　　　　**5-3** $f(x)=-x^3+4x^2-8$

필수 예제 6 (1) $f(x)=2x-3$ (2) $f(x)=-3x^2+4$

6-1 (1) $f(x)=3x^2-2x$ (2) $f(x)=6x^2-10x+4$

6-2 $f(x)=6x-6$ 　　**6-3** 22

필수 예제 7 (1) 11 (2) -2

7-1 (1) -9 (2) 7 **7-2** (1) 12 (2) 10

7-3 21

실전 문제로 단원 마무리
본문 094~095쪽

01 ① **02** 3 **03** 18 **04** $\dfrac{1}{3}$

05 ⑤ **06** 2 **07** $\dfrac{3}{4}$ **08** -4

09 ② **10** ⑤

개념으로 단원 마무리
본문 096쪽

1 (1) 정적분, $\displaystyle\int_a^b f(x)dx$ (2) $f(x)$ (3) $F(b)$, $F(a)$
(4) k, $f(x)$, $f(x)-g(x)$

2 (1) ○ (2) × (3) × (4) ○ (5) ×

---

09 정적분의 활용

교과서 개념 확인하기
본문 098쪽

1 $\dfrac{1}{6}$ 　　　　　　**2** $\dfrac{4}{3}$

3 (1) 4 (2) 3 (3) 5

교과서 예제로 개념 익히기
본문 099~103쪽

필수 예제 1 (1) $\dfrac{32}{3}$ (2) $\dfrac{1}{2}$

1-1 (1) $\dfrac{9}{2}$ (2) 8 **1-2** (1) $\dfrac{34}{3}$ (2) 17

1-3 3

필수 예제 2 (1) $\dfrac{9}{2}$ (2) 9

2-1 (1) $\dfrac{125}{6}$ (2) 32 **2-2** $\dfrac{37}{12}$

2-3 $\dfrac{27}{4}$

필수 예제 3 $\dfrac{1}{3}$

3-1 $\dfrac{8}{3}$ 　　　　**3-2** 6

3-3 5

필수 예제 4 (1) $-\dfrac{26}{3}$ (2) 6 (3) $\dfrac{64}{3}$

4-1 (1) 4 (2) 3 (3) 8 **4-2** $\dfrac{68}{3}$

4-3 (1) 1 (2) 5

필수 예제 5 (1) 40 m (2) 45 m (3) 50 m

5-1 (1) 25 m (2) 30 m (3) 25 m

5-2 49 m 　　　　**5-3** 50

실전 문제로 단원 마무리
본문 104~105쪽

01 6 **02** 2 **03** $\dfrac{142}{3}$ **04** ⑤

05 12 **06** 42 **07** 225 m **08** 34 m

09 ④ **10** 6

개념으로 단원 마무리
본문 106쪽

1 (1) $|f(x)|$ (2) $g(x)$, b (3) a, $v(t)$, $v(t)$, $|v(t)|$

2 (1) × (2) × (3) ○ (4) ○ (5) ×

01 함수의 극한

본문 008쪽

교과서 개념 확인하기

1 답 (1) 3 (2) 2 (3) ∞ (4) −∞

(1) $f(x)=x+1$이라 하면 함수
$y=f(x)$의 그래프는 오른쪽 그림과
같다.
따라서 x의 값이 2가 아니면서 2에
한없이 가까워질 때, $f(x)$의 값은 3에
한없이 가까워지므로
$$\lim_{x\to 2}(x+1)=3$$

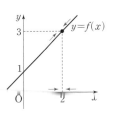

(2) $f(x)=\sqrt{x}$라 하면 함수 $y=f(x)$의
그래프는 오른쪽 그림과 같다.
따라서 x의 값이 4가 아니면서 4에 한
없이 가까워질 때, $f(x)$의 값은 2에
한없이 가까워지므로
$$\lim_{x\to 4}\sqrt{x}=2$$

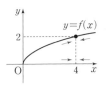

(3) $f(x)=\dfrac{1}{x^2}$이라 하면 함수 $y=f(x)$의
그래프는 오른쪽 그림과 같다.
따라서 x의 값이 0이 아니면서 0에 한
없이 가까워질 때, $f(x)$의 값은 한없이
커지므로
$$\lim_{x\to 0}\frac{1}{x^2}=\infty$$

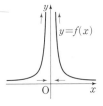

(4) $f(x)=-\dfrac{1}{x^2}$이라 하면 함수 $y=f(x)$
의 그래프는 오른쪽 그림과 같다.
따라서 x의 값이 0이 아니면서 0에 한
없이 가까워질 때, $f(x)$의 값은 음수이
면서 그 절댓값이 한없이 커지므로
$$\lim_{x\to 0}\left(-\frac{1}{x^2}\right)=-\infty$$

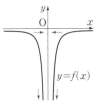

2 답 (1) 0 (2) 2 (3) −∞ (4) ∞

(1) $f(x)=\dfrac{1}{x-1}$이라 하면 함수 $y=f(x)$
의 그래프는 오른쪽 그림과 같다.
따라서 x의 값이 한없이 커질 때, $f(x)$
의 값은 0에 한없이 가까워지므로
$$\lim_{x\to\infty}\frac{1}{x-1}=0$$

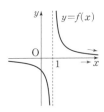

(2) $f(x)=2+\dfrac{1}{x}$이라 하면 함수
$y=f(x)$의 그래프는 오른쪽 그림과 같
다.
따라서 x의 값이 음수이면서 그 절댓
값이 한없이 커질 때, $f(x)$의 값은 2에
한없이 가까워지므로
$$\lim_{x\to-\infty}\left(2+\frac{1}{x}\right)=2$$

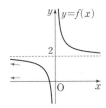

(3) $f(x)=-x^2+x$라 하면 함수 $y=f(x)$
의 그래프는 오른쪽 그림과 같다.
따라서 x의 값이 한없이 커질 때, $f(x)$
의 값은 음수이면서 그 절댓값이 한없이
커지므로
$$\lim_{x\to\infty}(-x^2+x)=-\infty$$

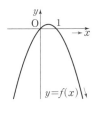

(4) $f(x)=\sqrt{-x}$라 하면 함수 $y=f(x)$의
그래프는 오른쪽 그림과 같다.
따라서 x의 값이 음수이면서 그 절댓값
이 한없이 커질 때, $f(x)$의 값은 한없
이 커지므로
$$\lim_{x\to-\infty}\sqrt{-x}=\infty$$

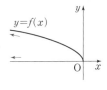

3 답 (1) 0 (2) 0 (3) 2 (4) 1

(1) 함수 $y=f(x)$의 그래프에서 x의 값이 0보다 크면서 0에 한
없이 가까워질 때, $f(x)$의 값은 0에 한없이 가까워지므로
$$\lim_{x\to 0+}f(x)=0$$

(2) 함수 $y=f(x)$의 그래프에서 x의 값이 0보다 작으면서 0에
한없이 가까워질 때, $f(x)$의 값은 0에 한없이 가까워지므로
$$\lim_{x\to 0-}f(x)=0$$

(3) 함수 $y=f(x)$의 그래프에서 x의 값이 1보다 크면서 1에 한
없이 가까워질 때, $f(x)$의 값은 2에 한없이 가까워지므로
$$\lim_{x\to 1+}f(x)=2$$

(4) 함수 $y=f(x)$의 그래프에서 x의 값이 1보다 작으면서 1에
한없이 가까워질 때, $f(x)$의 값은 1에 한없이 가까워지므로
$$\lim_{x\to 1-}f(x)=1$$

4 답 (1) 8 (2) 6 (3) −8 (4) −2

(1) $\displaystyle\lim_{x\to 1}2f(x)=2\lim_{x\to 1}f(x)=2\times 4=8$

(2) $\displaystyle\lim_{x\to 1}\{f(x)-g(x)\}=\lim_{x\to 1}f(x)-\lim_{x\to 1}g(x)=4-(-2)=6$

(3) $\displaystyle\lim_{x\to 1}f(x)g(x)=\lim_{x\to 1}f(x)\times\lim_{x\to 1}g(x)=4\times(-2)=-8$

(4) $\displaystyle\lim_{x\to 1}\frac{f(x)}{g(x)}=\frac{\lim_{x\to 1}f(x)}{\lim_{x\to 1}g(x)}=\frac{4}{-2}=-2$

5 답 (1) 2 (2) $\dfrac{1}{4}$ (3) $\dfrac{5}{2}$ (4) ∞

(1) $\displaystyle\lim_{x\to 1}\frac{x^2-1}{x-1}=\lim_{x\to 1}\frac{(x+1)(x-1)}{x-1}$
$\displaystyle\qquad=\lim_{x\to 1}(x+1)=2$

(2) $\displaystyle\lim_{x\to 4}\frac{\sqrt{x}-2}{x-4}=\lim_{x\to 4}\frac{(\sqrt{x}-2)(\sqrt{x}+2)}{(x-4)(\sqrt{x}+2)}$
$\displaystyle\qquad=\lim_{x\to 4}\frac{x-4}{(x-4)(\sqrt{x}+2)}$
$\displaystyle\qquad=\lim_{x\to 4}\frac{1}{\sqrt{x}+2}$
$\displaystyle\qquad=\frac{1}{2+2}=\frac{1}{4}$

(3) $\displaystyle\lim_{x\to\infty}\frac{5x+2}{2x-1}=\lim_{x\to\infty}\frac{5+\dfrac{2}{x}}{2-\dfrac{1}{x}}=\frac{5}{2}$

(4) $\lim\limits_{x\to\infty}\dfrac{x^2+3}{x+2}=\lim\limits_{x\to\infty}\dfrac{x+\dfrac{3}{x}}{1+\dfrac{2}{x}}=\infty$

교과서 예제로 개념 익히기　　　　　　• 본문 009~016쪽

필수 예제 1 답 (1) 4　(2) 1　(3) ∞　(4) $\dfrac{3}{2}$

(1) $f(x)=\dfrac{x^2-4}{x-2}$라 하면 $x\neq2$일 때

$\dfrac{x^2-4}{x-2}=\dfrac{(x+2)(x-2)}{x-2}=x+2$

따라서 함수 $y=f(x)$의 그래프는 오른쪽 그림과 같으므로 x의 값이 2가 아니면서 2에 한없이 가까워질 때, $f(x)$의 값은 4에 한없이 가까워진다.

$\therefore \lim\limits_{x\to2}\dfrac{x^2-4}{x-2}=4$

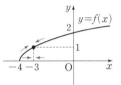

(2) $f(x)=\sqrt{x+4}$라 하면 함수 $y=f(x)$의 그래프는 오른쪽 그림과 같으므로 x의 값이 -3이 아니면서 -3에 한없이 가까워질 때, $f(x)$의 값은 1에 한없이 가까워진다.

$\therefore \lim\limits_{x\to-3}\sqrt{x+4}=1$

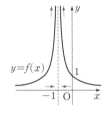

(3) $f(x)=\dfrac{1}{|x+1|}$이라 하면 함수 $y=f(x)$의 그래프는 오른쪽 그림과 같으므로 x의 값이 -1이 아니면서 -1에 한없이 가까워질 때, $f(x)$의 값은 한없이 커진다.

$\therefore \lim\limits_{x\to-1}\dfrac{1}{|x+1|}=\infty$

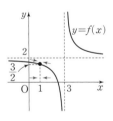

(4) $f(x)=\dfrac{1}{x-3}+2$라 하면 함수 $y=f(x)$의 그래프는 오른쪽 그림과 같으므로 x의 값이 1이 아니면서 1에 한없이 가까워질 때, $f(x)$의 값은 $\dfrac{3}{2}$에 한없이 가까워진다.

$\therefore \lim\limits_{x\to1}\left(\dfrac{1}{x-3}+2\right)=\dfrac{3}{2}$

1-1 답 (1) -4　(2) 3　(3) $-\infty$　(4) ∞

(1) $f(x)=\dfrac{x^2+2x-3}{x+3}$이라 하면 $x\neq-3$일 때

$\dfrac{x^2+2x-3}{x+3}=\dfrac{(x+3)(x-1)}{x+3}=x-1$

따라서 함수 $y=f(x)$의 그래프는 오른쪽 그림과 같으므로 x의 값이 -3이 아니면서 -3에 한없이 가까워질 때, $f(x)$의 값은 -4에 한없이 가까워진다.

$\therefore \lim\limits_{x\to-3}\dfrac{x^2+2x-3}{x+3}=-4$

(2) $f(x)=\sqrt{3x+6}$이라 하면 함수 $y=f(x)$의 그래프는 오른쪽 그림과 같으므로 x의 값이 1이 아니면서 1에 한없이 가까워질 때, $f(x)$의 값은 3에 한없이 가까워진다.

$\therefore \lim\limits_{x\to1}\sqrt{3x+6}=3$

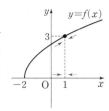

(3) $f(x)=1-\dfrac{1}{|x|}$이라 하면 함수 $y=f(x)$의 그래프는 오른쪽 그림과 같으므로 x의 값이 0이 아니면서 0에 한없이 가까워질 때, $f(x)$의 값은 음수이면서 그 절댓값이 한없이 커진다.

$\therefore \lim\limits_{x\to0}\left(1-\dfrac{1}{|x|}\right)=-\infty$

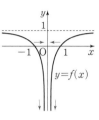

(4) $f(x)=\dfrac{1}{(x+2)^2}$이라 하면 함수 $y=f(x)$의 그래프는 오른쪽 그림과 같으므로 x의 값이 -2가 아니면서 -2에 한없이 가까워질 때, $f(x)$의 값은 한없이 커진다.

$\therefore \lim\limits_{x\to-2}\dfrac{1}{(x+2)^2}=\infty$

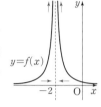

1-2 답 (1) ∞　(2) 0　(3) $-\infty$　(4) -2

(1) $f(x)=x^2-2x$라 하면 함수 $y=f(x)$의 그래프는 오른쪽 그림과 같으므로 x의 값이 한없이 커질 때, $f(x)$의 값도 한없이 커진다.

$\therefore \lim\limits_{x\to\infty}(x^2-2x)=\infty$

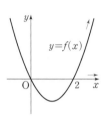

(2) $f(x)=\dfrac{4}{x+1}$라 하면 함수 $y=f(x)$의 그래프는 오른쪽 그림과 같으므로 x의 값이 음수이면서 그 절댓값이 한없이 커질 때, $f(x)$의 값은 0에 한없이 가까워진다.

$\therefore \lim\limits_{x\to-\infty}\dfrac{4}{x+1}=0$

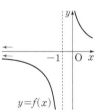

(3) $f(x)=-\sqrt{x-3}$이라 하면 함수 $y=f(x)$의 그래프는 오른쪽 그림과 같으므로 x의 값이 한없이 커질 때, $f(x)$의 값은 음수이면서 그 절댓값이 한없이 커진다.

$\therefore \lim\limits_{x\to\infty}(-\sqrt{x-3})=-\infty$

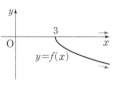

(4) $f(x)=\dfrac{1}{|x|}-2$라 하면 함수 $y=f(x)$의 그래프는 오른쪽 그림과 같으므로 x의 값이 음수이면서 그 절댓값이 한없이 커질 때, $f(x)$의 값은 -2에 한없이 가까워진다.

$\therefore \lim\limits_{x\to-\infty}\left(\dfrac{1}{|x|}-2\right)=-2$

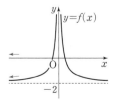

1-3 답 ㄴ, ㄹ

ㄱ. 함수 $y=\dfrac{1}{(x-1)^2}$의 그래프는
오른쪽 그림과 같으므로
$$\lim_{x\to 1}\frac{1}{(x-1)^2}=\infty$$

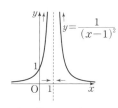

ㄴ. $x\neq -1$일 때
$$\frac{x^3+1}{x+1}=\frac{(x+1)(x^2-x+1)}{x+1}$$
$$=x^2-x+1$$
함수 $y=\dfrac{x^3+1}{x+1}$의 그래프는 오
른쪽 그림과 같으므로
$$\lim_{x\to 1}\frac{x^3+1}{x+1}=3$$

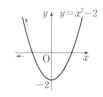

ㄷ. 함수 $y=x^2-2$의 그래프는 오른쪽
그림과 같으므로
$$\lim_{x\to -\infty}(x^2-2)=\infty$$

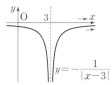

ㄹ. 함수 $y=-\dfrac{1}{|x-3|}$의 그래프는
오른쪽 그림과 같으므로
$$\lim_{x\to \infty}\left(-\frac{1}{|x-3|}\right)=0$$

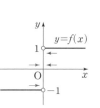

따라서 극한값이 존재하는 것은 ㄴ, ㄹ이다.

필수 예제 2 답 0
$$\lim_{x\to 1-}f(x)+\lim_{x\to 1+}f(x)+f(1)=-1+2+(-1)=0$$

2-1 답 3
$$\lim_{x\to -1+}f(x)+\lim_{x\to 2-}f(x)+f(0)=0+2+1=3$$

2-2 답 2
$$\lim_{x\to 1+}f(x)=\lim_{x\to 1+}(x^2-x+3)=1-1+3=3$$
$$\lim_{x\to 1-}f(x)=\lim_{x\to 1-}(-x^2+2x)=-1+2=1$$
$$\therefore \lim_{x\to 1+}f(x)-\lim_{x\to 1-}f(x)=3-1=2$$

필수 예제 3 답 (1) 존재하지 않는다. (2) 0

(1) $f(x)=\dfrac{|x|}{x}$라 하면

$x>0$일 때, $f(x)=\dfrac{x}{x}=1$

$x<0$일 때, $f(x)=\dfrac{-x}{x}=-1$

함수 $y=f(x)$의 그래프가 오른쪽 그
림과 같으므로

$$\lim_{x\to 0+}\frac{|x|}{x}=1,\ \lim_{x\to 0-}\frac{|x|}{x}=-1$$
따라서 $\lim\limits_{x\to 0+}\dfrac{|x|}{x}\neq \lim\limits_{x\to 0-}\dfrac{|x|}{x}$이므로

$\lim\limits_{x\to 0}\dfrac{|x|}{x}$의 값은 존재하지 않는다.

(2) $f(x)=\dfrac{(x+1)^2}{|x+1|}$이라 하면

$x>-1$일 때, $f(x)=\dfrac{(x+1)^2}{x+1}=x+1$

$x<-1$일 때, $f(x)=\dfrac{(x+1)^2}{-(x+1)}=-x-1$

함수 $y=f(x)$의 그래프가 오른쪽
그림과 같으므로

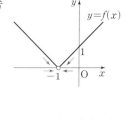

$$\lim_{x\to -1+}\frac{(x+1)^2}{|x+1|}=0,$$
$$\lim_{x\to -1-}\frac{(x+1)^2}{|x+1|}=0$$
$$\therefore \lim_{x\to -1}\frac{(x+1)^2}{|x+1|}=0$$

3-1 답 (1) 존재하지 않는다. (2) 존재하지 않는다.

(1) $f(x)=\dfrac{|1-x|}{x-1}$라 하면

$x>1$일 때, $f(x)=\dfrac{-(1-x)}{x-1}=1$

$x<1$일 때, $f(x)=\dfrac{1-x}{x-1}=-1$

함수 $y=f(x)$의 그래프가 오른쪽 그림
과 같으므로

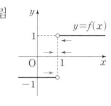

$$\lim_{x\to 1+}\frac{|1-x|}{x-1}=1,$$
$$\lim_{x\to 1-}\frac{|1-x|}{x-1}=-1$$
따라서 $\lim\limits_{x\to 1+}\dfrac{|1-x|}{x-1}\neq \lim\limits_{x\to 1-}\dfrac{|1-x|}{x-1}$이므로 $\lim\limits_{x\to 1}\dfrac{|1-x|}{x-1}$의
값은 존재하지 않는다.

(2) $f(x)=\dfrac{x^2-4}{|x+2|}$라 하면

$x>-2$일 때,
$$f(x)=\frac{x^2-4}{|x+2|}=\frac{(x+2)(x-2)}{x+2}=x-2$$
$x<-2$일 때,
$$f(x)=\frac{x^2-4}{|x+2|}=\frac{(x+2)(x-2)}{-(x+2)}=-x+2$$
함수 $y=f(x)$의 그래프가 오른쪽 그
림과 같으므로

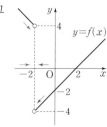

$$\lim_{x\to -2+}\frac{x^2-4}{|x+2|}=-4,$$
$$\lim_{x\to -2-}\frac{x^2-4}{|x+2|}=4$$
따라서
$$\lim_{x\to -2+}\frac{x^2-4}{|x+2|}\neq \lim_{x\to -2-}\frac{x^2-4}{|x+2|}$$이므로 $\lim\limits_{x\to -2}\dfrac{x^2-4}{|x+2|}$의 값
은 존재하지 않는다.

3-2 답 ㄱ, ㄴ

ㄱ. 함수 $y=f(x)$의 그래프는 오른쪽
그림과 같으므로
$$\lim_{x\to 1+}f(x)=\lim_{x\to 1-}f(x)=0$$
$$\therefore \lim_{x\to 1}f(x)=0$$

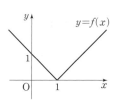

ㄴ. 함수 $y=f(x)$의 그래프는 오른쪽
   그림과 같으므로
   $$\lim_{x\to 1+}f(x)=\lim_{x\to 1-}f(x)=2$$
   $$\therefore \lim_{x\to 1}f(x)=2$$

ㄷ. 함수 $y=f(x)$의 그래프는 오른쪽 그
   림과 같으므로
   $$\lim_{x\to 1+}f(x)=0, \ \lim_{x\to 1-}f(x)=-1$$
   즉, $\lim_{x\to 1+}f(x)\neq\lim_{x\to 1-}f(x)$이므로
   $x=1$에서의 극한값은 존재하지 않는다.

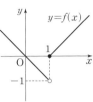

따라서 $x=1$에서의 극한값이 존재하는 것은 ㄱ, ㄴ이다.

필수 예제 4 답 -2

$2f(x)+5g(x)=h(x)$라 하면
$$\lim_{x\to 1}h(x)=-4$$
이때 $g(x)=\dfrac{h(x)-2f(x)}{5}$이므로

$$\lim_{x\to 1}g(x)=\lim_{x\to 1}\frac{h(x)-2f(x)}{5}=\frac{\lim_{x\to 1}h(x)-2\lim_{x\to 1}f(x)}{\lim_{x\to 1}5}$$

$$=\frac{-4-2\times 3}{5}=-2$$

4-1 답 -4

$4f(x)-3g(x)=h(x)$라 하면
$$\lim_{x\to 2}h(x)=8$$
이때 $g(x)=\dfrac{4f(x)-h(x)}{3}$이므로

$$\lim_{x\to 2}g(x)=\lim_{x\to 2}\frac{4f(x)-h(x)}{3}=\frac{4\lim_{x\to 2}f(x)-\lim_{x\to 2}h(x)}{\lim_{x\to 2}3}$$

$$=\frac{4\times(-1)-8}{3}=-4$$

4-2 답 -2

$$\lim_{x\to -1}\frac{f(x)-2g(x)}{f(x)g(x)+6}=\frac{4-2\times a}{4\times a+6}$$이므로
$$\frac{4-2a}{4a+6}=-4, \ 4-2a=-16a-24$$
$$14a=-28 \qquad \therefore a=-2$$

4-3 답 -9

$$\lim_{x\to 0}\frac{x+4f(x)}{x-f(x)}=\lim_{x\to 0}\frac{1+4\times\dfrac{f(x)}{x}}{1-\dfrac{f(x)}{x}}$$

$$=\frac{\lim_{x\to 0}1+4\lim_{x\to 0}\dfrac{f(x)}{x}}{\lim_{x\to 0}1-\lim_{x\to 0}\dfrac{f(x)}{x}}$$

$$=\frac{1+4\times 2}{1-2}=-9$$

필수 예제 5 답 (1) 6 (2) $\dfrac{1}{2}$

(1) $$\lim_{x\to 1}\frac{x^2+4x-5}{x-1}=\lim_{x\to 1}\frac{(x+5)(x-1)}{x-1}$$
$$=\lim_{x\to 1}(x+5)=6$$

(2) $$\lim_{x\to 3}\frac{\sqrt{x-2}-1}{x-3}=\lim_{x\to 3}\frac{(\sqrt{x-2}-1)(\sqrt{x-2}+1)}{(x-3)(\sqrt{x-2}+1)}$$

$$=\lim_{x\to 3}\frac{x-3}{(x-3)(\sqrt{x-2}+1)}$$

$$=\lim_{x\to 3}\frac{1}{\sqrt{x-2}+1}$$

$$=\frac{1}{1+1}=\frac{1}{2}$$

5-1 답 (1) -1 (2) -2

(1) $$\lim_{x\to -1}\frac{x^3+x^2+x+1}{x^2-1}=\lim_{x\to -1}\frac{(x+1)(x^2+1)}{(x+1)(x-1)}$$

$$=\lim_{x\to -1}\frac{x^2+1}{x-1}$$

$$=\frac{1+1}{-1-1}=-1$$

(2) $$\lim_{x\to 2}\frac{x-2}{1-\sqrt{x-1}}=\lim_{x\to 2}\frac{(x-2)(1+\sqrt{x-1})}{(1-\sqrt{x-1})(1+\sqrt{x-1})}$$

$$=\lim_{x\to 2}\frac{(x-2)(1+\sqrt{x-1})}{2-x}$$

$$=\lim_{x\to 2}(-1-\sqrt{x-1})$$

$$=-1-1=-2$$

5-2 답 2

$$\lim_{x\to 1}\frac{x^4-1}{(x-1)f(x)}=\lim_{x\to 1}\frac{(x^2+1)(x+1)(x-1)}{(x-1)f(x)}$$

$$=\lim_{x\to 1}\frac{(x^2+1)(x+1)}{f(x)}$$

$$=\frac{(1+1)\times 2}{f(1)}=\frac{4}{f(1)}$$

따라서 $\dfrac{4}{f(1)}=2$이므로
$$f(1)=2$$

5-3 답 24

$$\lim_{x\to 4}\frac{(x-4)f(x)}{\sqrt{x}-2}=\lim_{x\to 4}\frac{(x-4)(\sqrt{x}+2)f(x)}{(\sqrt{x}-2)(\sqrt{x}+2)}$$

$$=\lim_{x\to 4}\frac{(x-4)(\sqrt{x}+2)f(x)}{x-4}$$

$$=\lim_{x\to 4}(\sqrt{x}+2)f(x)$$

$$=(2+2)\times 6$$

$$=24$$

필수 예제 6 답 (1) $\dfrac{5}{3}$ (2) $\dfrac{1}{2}$

(1) $$\lim_{x\to\infty}\frac{(x+1)(5x-2)}{3x^2-4}=\lim_{x\to\infty}\frac{5x^2+3x-2}{3x^2-4}$$

$$=\lim_{x\to\infty}\frac{5+\dfrac{3}{x}-\dfrac{2}{x^2}}{3-\dfrac{4}{x^2}}=\frac{5}{3}$$

(2) $$\lim_{x\to\infty}\frac{2x}{\sqrt{x^2+x}+\sqrt{9x^2-3}}=\lim_{x\to\infty}\frac{2}{\sqrt{1+\dfrac{1}{x}}+\sqrt{9-\dfrac{3}{x^2}}}$$

$$=\frac{2}{1+3}=\frac{1}{2}$$

6-1 답 (1) 0 (2) $\dfrac{1}{3}$

(1) $\displaystyle\lim_{x\to\infty}\dfrac{4-x}{2x^2+3x-1}=\lim_{x\to\infty}\dfrac{\dfrac{4}{x^2}-\dfrac{1}{x}}{2+\dfrac{3}{x}-\dfrac{1}{x^2}}=\dfrac{0}{2}=0$

(2) $\displaystyle\lim_{x\to\infty}\dfrac{\sqrt{4x^2+x}+3}{6x-1}=\lim_{x\to\infty}\dfrac{\sqrt{4+\dfrac{1}{x}}+\dfrac{3}{x}}{6-\dfrac{1}{x}}=\dfrac{2}{6}=\dfrac{1}{3}$

6-2 답 (1) -1 (2) $-\dfrac{1}{2}$

(1) $x=-t$라 하면 $x\to-\infty$일 때 $t\to\infty$이므로

$\displaystyle\lim_{x\to-\infty}\dfrac{\sqrt{x^2+3}}{x-5}=\lim_{t\to\infty}\dfrac{\sqrt{t^2+3}}{-t-5}$

$\displaystyle=\lim_{t\to\infty}\dfrac{\sqrt{1+\dfrac{3}{t^2}}}{-1-\dfrac{5}{t}}$

$=\dfrac{1}{-1}=-1$

(2) $x=-t$라 하면 $x\to-\infty$일 때 $t\to\infty$이므로

$\displaystyle\lim_{x\to-\infty}\dfrac{\sqrt{x^2+5x}-1}{2x+1}=\lim_{t\to\infty}\dfrac{\sqrt{t^2-5t}-1}{-2t+1}$

$\displaystyle=\lim_{t\to\infty}\dfrac{\sqrt{1-\dfrac{5}{t}}-\dfrac{1}{t}}{-2+\dfrac{1}{t}}$

$=\dfrac{1}{-2}=-\dfrac{1}{2}$

6-3 답 -4

$\displaystyle\lim_{x\to\infty}\dfrac{x^2-\{f(x)\}^2}{2x^2+f(x)}=\lim_{x\to\infty}\dfrac{1-\left\{\dfrac{f(x)}{x}\right\}^2}{2+\dfrac{f(x)}{x}\times\dfrac{1}{x}}$

$=\dfrac{1-3^2}{2+3\times0}=-4$

필수 예제 7 답 (1) ∞ (2) $\dfrac{1}{2}$

(1) $\displaystyle\lim_{x\to\infty}(x^2-2x+6)=\lim_{x\to\infty}x^2\left(1-\dfrac{2}{x}+\dfrac{6}{x^2}\right)=\infty$

(2) $\displaystyle\lim_{x\to\infty}(\sqrt{x^2+x}-x)$

$\displaystyle=\lim_{x\to\infty}\dfrac{(\sqrt{x^2+x}-x)(\sqrt{x^2+x}+x)}{\sqrt{x^2+x}+x}$

$\displaystyle=\lim_{x\to\infty}\dfrac{x}{\sqrt{x^2+x}+x}$

$\displaystyle=\lim_{x\to\infty}\dfrac{1}{\sqrt{1+\dfrac{1}{x}}+1}$

$=\dfrac{1}{1+1}=\dfrac{1}{2}$

7-1 답 (1) $-\infty$ (2) 4

(1) $\displaystyle\lim_{x\to\infty}(5+3x-x^3)=\lim_{x\to\infty}x^3\left(\dfrac{5}{x^3}+\dfrac{3}{x^2}-1\right)=-\infty$

(2) $\displaystyle\lim_{x\to\infty}\dfrac{6}{\sqrt{x^2+3x}-x}$

$\displaystyle=\lim_{x\to\infty}\dfrac{6(\sqrt{x^2+3x}+x)}{(\sqrt{x^2+3x}-x)(\sqrt{x^2+3x}+x)}$

$\displaystyle=\lim_{x\to\infty}\dfrac{2(\sqrt{x^2+3x}+x)}{x}$

$\displaystyle=\lim_{x\to\infty}\dfrac{2\left(\sqrt{1+\dfrac{3}{x}}+1\right)}{1}$

$=2\times(1+1)=4$

7-2 답 8

$\displaystyle\lim_{x\to\infty}(\sqrt{x^2+ax}-\sqrt{x^2-ax})$

$\displaystyle=\lim_{x\to\infty}\dfrac{(\sqrt{x^2+ax}-\sqrt{x^2-ax})(\sqrt{x^2+ax}+\sqrt{x^2-ax})}{\sqrt{x^2+ax}+\sqrt{x^2-ax}}$

$\displaystyle=\lim_{x\to\infty}\dfrac{2ax}{\sqrt{x^2+ax}+\sqrt{x^2-ax}}$

$\displaystyle=\lim_{x\to\infty}\dfrac{2a}{\sqrt{1+\dfrac{a}{x}}+\sqrt{1-\dfrac{a}{x}}}$

$=\dfrac{2a}{1+1}=a$

이므로 $a=8$

7-3 답 (1) -1 (2) $\dfrac{1}{2}$

(1) $\displaystyle\lim_{x\to0}\dfrac{1}{x}\left(1+\dfrac{1}{x-1}\right)=\lim_{x\to0}\left(\dfrac{1}{x}\times\dfrac{x}{x-1}\right)$

$\displaystyle=\lim_{x\to0}\dfrac{1}{x-1}=-1$

(2) $\displaystyle\lim_{x\to\infty}x\left(\dfrac{\sqrt{x+1}}{\sqrt{x}}-1\right)$

$\displaystyle=\lim_{x\to\infty}\dfrac{x(\sqrt{x+1}-\sqrt{x})}{\sqrt{x}}$

$\displaystyle=\lim_{x\to\infty}\dfrac{x(\sqrt{x+1}-\sqrt{x})(\sqrt{x+1}+\sqrt{x})}{\sqrt{x}(\sqrt{x+1}+\sqrt{x})}$

$\displaystyle=\lim_{x\to\infty}\dfrac{x}{\sqrt{x^2+x}+x}$

$\displaystyle=\lim_{x\to\infty}\dfrac{1}{\sqrt{1+\dfrac{1}{x}}+1}$

$=\dfrac{1}{1+1}=\dfrac{1}{2}$

필수 예제 8 답 (1) $a=6$, $b=-7$ (2) $a=4$, $b=-1$

(1) $x\to1$일 때 극한값이 존재하고 (분모) $\to0$이므로 (분자) $\to0$이다.

즉, $\displaystyle\lim_{x\to1}(x^2+ax+b)=0$이므로

$1+a+b=0$ $\therefore b=-a-1$ $\cdots\cdots$ ㉠

㉠을 주어진 식의 좌변에 대입하면

$\displaystyle\lim_{x\to1}\dfrac{x^2+ax+b}{x-1}=\lim_{x\to1}\dfrac{x^2+ax-a-1}{x-1}$

$\displaystyle=\lim_{x\to1}\dfrac{(x-1)(x+a+1)}{x-1}$

$\displaystyle=\lim_{x\to1}(x+a+1)$

$=a+2$

$a+2=8$이므로 $a=6$

$a=6$을 ㉠에 대입하면 $b=-7$

(2) $x \to -3$일 때 0이 아닌 극한값이 존재하고 (분자) $\to 0$이므로 (분모) $\to 0$이다.

즉, $\lim_{x \to -3}(\sqrt{x+a}+b)=0$이므로 $\sqrt{-3+a}+b=0$

$\therefore b=-\sqrt{-3+a}$ ...... ㉠

㉠을 주어진 식의 좌변에 대입하면

$\lim_{x \to -3} \dfrac{x+3}{\sqrt{x+a}+b}$

$=\lim_{x \to -3} \dfrac{x+3}{\sqrt{x+a}-\sqrt{-3+a}}$

$=\lim_{x \to -3} \dfrac{(x+3)(\sqrt{x+a}+\sqrt{-3+a})}{(\sqrt{x+a}-\sqrt{-3+a})(\sqrt{x+a}+\sqrt{-3+a})}$

$=\lim_{x \to -3} \dfrac{(x+3)(\sqrt{x+a}+\sqrt{-3+a})}{x+3}$

$=\lim_{x \to -3}(\sqrt{x+a}+\sqrt{-3+a})$

$=2\sqrt{-3+a}$

$2\sqrt{-3+a}=2$이므로 $\sqrt{-3+a}=1$

$-3+a=1$ $\therefore a=4$

$a=4$를 ㉠에 대입하면 $b=-1$

8-1 답 (1) $a=3$, $b=6$ (2) $a=5$, $b=-3$

(1) $x \to -2$일 때 0이 아닌 극한값이 존재하고 (분자) $\to 0$이므로 (분모) $\to 0$이다.

즉, $\lim_{x \to -2}(ax+b)=0$이므로

$-2a+b=0$ $\therefore b=2a$ ...... ㉠

㉠을 주어진 식의 좌변에 대입하면

$\lim_{x \to -2} \dfrac{x^2-5x-14}{ax+b}=\lim_{x \to -2} \dfrac{x^2-5x-14}{ax+2a}$

$=\lim_{x \to -2} \dfrac{(x+2)(x-7)}{a(x+2)}$

$=\lim_{x \to -2} \dfrac{x-7}{a}=-\dfrac{9}{a}$

$-\dfrac{9}{a}=-3$이므로 $a=3$

$a=3$을 ㉠에 대입하면 $b=6$

(2) $x \to 4$일 때 극한값이 존재하고 (분모) $\to 0$이므로 (분자) $\to 0$이다.

즉, $\lim_{x \to 4}(\sqrt{x+a}+b)=0$이므로 $\sqrt{4+a}+b=0$

$\therefore b=-\sqrt{4+a}$ ...... ㉠

㉠을 주어진 식의 좌변에 대입하면

$\lim_{x \to 4} \dfrac{\sqrt{x+a}+b}{x-4}$

$=\lim_{x \to 4} \dfrac{\sqrt{x+a}-\sqrt{4+a}}{x-4}$

$=\lim_{x \to 4} \dfrac{(\sqrt{x+a}-\sqrt{4+a})(\sqrt{x+a}+\sqrt{4+a})}{(x-4)(\sqrt{x+a}+\sqrt{4+a})}$

$=\lim_{x \to 4} \dfrac{x-4}{(x-4)(\sqrt{x+a}+\sqrt{4+a})}$

$=\lim_{x \to 4} \dfrac{1}{\sqrt{x+a}+\sqrt{4+a}}=\dfrac{1}{2\sqrt{4+a}}$

$\dfrac{1}{2\sqrt{4+a}}=\dfrac{1}{6}$이므로 $\sqrt{4+a}=3$

$4+a=9$ $\therefore a=5$

$a=5$를 ㉠에 대입하면 $b=-3$

8-2 답 4

$x \to 2$일 때 0이 아닌 극한값이 존재하고 (분자) $\to 0$이므로 (분모) $\to 0$이다.

즉, $\lim_{x \to 2}(x^2+ax+b)=0$이므로

$4+2a+b=0$ $\therefore b=-2a-4$ ...... ㉠

㉠을 주어진 식의 좌변에 대입하면

$\lim_{x \to 2} \dfrac{x^2-4}{x^2+ax+b}=\lim_{x \to 2} \dfrac{x^2-4}{x^2+ax-2a-4}$

$=\lim_{x \to 2} \dfrac{(x+2)(x-2)}{(x-2)(x+a+2)}$

$=\lim_{x \to 2} \dfrac{x+2}{x+a+2}=\dfrac{4}{a+4}$

$\dfrac{4}{a+4}=-1$이므로 $a+4=-4$

$\therefore a=-8$

$a=-8$을 ㉠에 대입하면 $b=12$

$\therefore a+b=-8+12=4$

8-3 답 -6

$x \to -1$일 때 0이 아닌 극한값이 존재하고 (분자) $\to 0$이므로 (분모) $\to 0$이다.

즉, $\lim_{x \to -1}(\sqrt{x^2+a}+b)=0$이므로

$\sqrt{1+a}+b=0$ $\therefore b=-\sqrt{1+a}$ ...... ㉠

㉠을 주어진 식의 좌변에 대입하면

$\lim_{x \to -1} \dfrac{x+1}{\sqrt{x^2+a}+b}$

$=\lim_{x \to -1} \dfrac{x+1}{\sqrt{x^2+a}-\sqrt{1+a}}$

$=\lim_{x \to -1} \dfrac{(x+1)(\sqrt{x^2+a}+\sqrt{1+a})}{(\sqrt{x^2+a}-\sqrt{1+a})(\sqrt{x^2+a}+\sqrt{1+a})}$

$=\lim_{x \to -1} \dfrac{(x+1)(\sqrt{x^2+a}+\sqrt{1+a})}{x^2-1}$

$=\lim_{x \to -1} \dfrac{(x+1)(\sqrt{x^2+a}+\sqrt{1+a})}{(x+1)(x-1)}$

$=\lim_{x \to -1} \dfrac{\sqrt{x^2+a}+\sqrt{1+a}}{x-1}$

$=\dfrac{2\sqrt{1+a}}{-2}=-\sqrt{1+a}$

$-\sqrt{1+a}=-2$이므로 $1+a=4$

$\therefore a=3$

$a=3$을 ㉠에 대입하면 $b=-2$이므로

$ab=3\times(-2)=-6$

필수 예제 9 답 $f(x)=2x-3$

$\lim_{x \to \infty} \dfrac{f(x)}{x-4}=2$에서 $f(x)$는 일차항의 계수가 2인 일차함수이다.

$f(x)=2x+a$ (a는 상수)라 하면

$\lim_{x \to -1}f(x)=\lim_{x \to -1}(2x+a)=-2+a$

따라서 $-2+a=-5$이므로 $a=-3$

$\therefore f(x)=2x-3$

9-1 답 $f(x)=-2x+10$

$\lim\limits_{x\to\infty}\dfrac{f(x)}{2x+1}=-1$에서 $f(x)$는 일차항의 계수가 -2인 일차함수이다.

$f(x)=-2x+a\,(a$는 상수$)$라 하면
$\lim\limits_{x\to3}f(x)=\lim\limits_{x\to3}(-2x+a)=-6+a$

따라서 $-6+a=4$이므로 $a=10$

$\therefore f(x)=-2x+10$

9-2 답 -3

$\lim\limits_{x\to\infty}\dfrac{f(x)}{x^2+2x-1}=3$에서 $f(x)$는 이차항의 계수가 3인 이차함수이다.

또한, $\lim\limits_{x\to-2}\dfrac{f(x)}{x^2+2x}=5$에서 $x\to-2$일 때 극한값이 존재하고
(분모)$\to0$이므로 (분자)$\to0$이다.

즉, $\lim\limits_{x\to-2}f(x)=0$이므로 $f(-2)=0$

$f(x)=(x+2)(3x+a)\,(a$는 상수$)$라 하면

$\lim\limits_{x\to-2}\dfrac{f(x)}{x^2+2x}=\lim\limits_{x\to-2}\dfrac{(x+2)(3x+a)}{x(x+2)}$

$\qquad\qquad\qquad=\lim\limits_{x\to-2}\dfrac{3x+a}{x}$

$\qquad\qquad\qquad=\dfrac{-6+a}{2}$

$\dfrac{-6+a}{2}=5$이므로 $-6+a=-10$

$\therefore a=-4$

따라서 $f(x)=(x+2)(3x-4)$이므로
$f(1)=3\times(-1)=-3$

필수 예제 10 답 1

모든 실수 x에 대하여 $-x^2+2\le f(x)\le x^2-4x+4$이고
$\lim\limits_{x\to1}(-x^2+2)=1$, $\lim\limits_{x\to1}(x^2-4x+4)=1$
이므로 함수의 극한의 대소 관계에 의하여
$\lim\limits_{x\to1}f(x)=1$

10-1 답 -1

모든 실수 x에 대하여 $x^2-2x-4\le f(x)\le 2x^2-3$이고
$\lim\limits_{x\to-1}(x^2-2x-4)=-1$, $\lim\limits_{x\to-1}(2x^2-3)=-1$
이므로 함수의 극한의 대소 관계에 의하여
$\lim\limits_{x\to-1}f(x)=-1$

10-2 답 3

$3x+2<f(x)<3x+8$의 각 변을 $x+2$로 나누면

$\dfrac{3x+2}{x+2}<\dfrac{f(x)}{x+2}<\dfrac{3x+8}{x+2}\ (\because x+2>2)$

이때

$\lim\limits_{x\to\infty}\dfrac{3x+2}{x+2}=3$, $\lim\limits_{x\to\infty}\dfrac{3x+8}{x+2}=3$

이므로 함수의 극한의 대소 관계에 의하여
$\lim\limits_{x\to\infty}\dfrac{f(x)}{x+2}=3$

01 ⑤	**02** 3	**03** 2	**04** ①
05 ①	**06** ㄱ, ㄷ	**07** 6	**08** ④
09 3	**10** -4	**11** 8	**12** 2
13 30	**14** ②		

01

② 함수 $y=\dfrac{5}{|x-2|}$의 그래프는 오른쪽 그림과 같으므로

$\lim\limits_{x\to2}\dfrac{5}{|x-2|}=\infty$

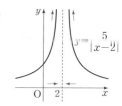

③ 함수 $y=6-\dfrac{1}{x}$의 그래프는 오른쪽 그림과 같으므로

$\lim\limits_{x\to\infty}\left(6-\dfrac{1}{x}\right)=6$

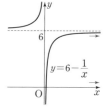

④ 함수 $y=\sqrt{x-4}$의 그래프는 오른쪽 그림과 같으므로

$\lim\limits_{x\to\infty}\sqrt{x-4}=\infty$

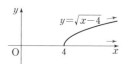

⑤ 함수 $y=\dfrac{1}{x-5}$의 그래프는 오른쪽 그림과 같으므로

$\lim\limits_{x\to-\infty}\dfrac{1}{x-5}=0$

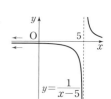

따라서 옳지 않은 것은 ⑤이다.

02

$\lim\limits_{x\to-1-}f(x)=-1$, $\lim\limits_{x\to1+}f(x)=2$, $f(0)=2$이므로
$\lim\limits_{x\to-1-}f(x)+\lim\limits_{x\to1+}f(x)+f(0)=-1+2+2=3$

03

$f(x)=\dfrac{|x-3|}{x-3}$에서

$x>3$일 때, $f(x)=\dfrac{x-3}{x-3}=1$

$x<3$일 때, $f(x)=\dfrac{-(x-3)}{x-3}=-1$

따라서 $\lim\limits_{x\to3+}f(x)=1$, $\lim\limits_{x\to3-}f(x)=-1$이므로
$a=1$, $b=-1$
$\therefore a^2+b^2=1^2+(-1)^2=2$

플러스 강의

함수 $f(x)=\dfrac{|x-3|}{x-3}$의 그래프는 오른쪽 그림과 같다.

04

$\lim\limits_{x \to -1} f(x)$의 값이 존재하려면

$\lim\limits_{x \to -1+} f(x) = \lim\limits_{x \to -1-} f(x)$이어야 한다.

$\lim\limits_{x \to -1+} f(x) = \lim\limits_{x \to -1+} (ax - 4) = -a - 4$,

$\lim\limits_{x \to -1-} f(x) = \lim\limits_{x \to -1-} (2x^2 + 3x - 1) = 2 - 3 - 1 = -2$

이므로

$-a - 4 = -2$

$\therefore a = -2$

05

$\lim\limits_{x \to 2} \{f(x) + g(x)\} = 4$에서 $\alpha + \beta = 4$

$\lim\limits_{x \to 2} \dfrac{g(x)}{f(x)} = 3$에서 $\dfrac{\beta}{\alpha} = 3$ $\therefore \beta = 3\alpha$

$\beta = 3\alpha$를 $\alpha + \beta = 4$에 대입하여 정리하면

$\alpha = 1$ $\therefore \beta = 3$

$\therefore \lim\limits_{x \to 2} \dfrac{4f(x) - g(x)}{f(x)g(x)} = \dfrac{\lim\limits_{x \to 2}\{4f(x) - g(x)\}}{\lim\limits_{x \to 2} f(x)g(x)}$

$= \dfrac{4\lim\limits_{x \to 2} f(x) - \lim\limits_{x \to 2} g(x)}{\lim\limits_{x \to 2} f(x) \times \lim\limits_{x \to 2} g(x)}$

$= \dfrac{4 \times 1 - 3}{1 \times 3} = \dfrac{1}{3}$

06

ㄱ. $\lim\limits_{x \to 0} \dfrac{\sqrt{x+4} - 2}{x} = \lim\limits_{x \to 0} \dfrac{(\sqrt{x+4} - 2)(\sqrt{x+4} + 2)}{x(\sqrt{x+4} + 2)}$

$= \lim\limits_{x \to 0} \dfrac{x}{x(\sqrt{x+4} + 2)}$

$= \lim\limits_{x \to 0} \dfrac{1}{\sqrt{x+4} + 2}$

$= \dfrac{1}{2+2} = \dfrac{1}{4}$ (참)

ㄴ. $\lim\limits_{x \to \infty} \dfrac{2x^2 + x - 1}{x^2 + 3} = \lim\limits_{x \to \infty} \dfrac{2 + \dfrac{1}{x} - \dfrac{1}{x^2}}{1 + \dfrac{3}{x^2}} = 2$ (거짓)

ㄷ. $\lim\limits_{x \to \infty} (\sqrt{x^2 + 5x} - x)$

$= \lim\limits_{x \to \infty} \dfrac{(\sqrt{x^2 + 5x} - x)(\sqrt{x^2 + 5x} + x)}{\sqrt{x^2 + 5x} + x}$

$= \lim\limits_{x \to \infty} \dfrac{5x}{\sqrt{x^2 + 5x} + x}$

$= \lim\limits_{x \to \infty} \dfrac{5}{\sqrt{1 + \dfrac{5}{x}} + 1}$

$= \dfrac{5}{1+1} = \dfrac{5}{2}$ (참)

ㄹ. $\lim\limits_{x \to 2} \dfrac{1}{x^2 - 4}\left(\dfrac{2}{x} - 1\right) = \lim\limits_{x \to 2}\left(\dfrac{1}{x^2 - 4} \times \dfrac{2 - x}{x}\right)$

$= \lim\limits_{x \to 2}\left\{\dfrac{1}{(x+2)(x-2)} \times \dfrac{-(x-2)}{x}\right\}$

$= \lim\limits_{x \to 2}\left\{-\dfrac{1}{x(x+2)}\right\}$

$= -\dfrac{1}{2 \times 4} = -\dfrac{1}{8}$ (거짓)

따라서 옳은 것은 ㄱ, ㄷ이다.

07

$\lim\limits_{x \to -2} \dfrac{\sqrt{x+3} - 1}{(x+2)f(x)} = \lim\limits_{x \to -2} \dfrac{(\sqrt{x+3} - 1)(\sqrt{x+3} + 1)}{(x+2)(\sqrt{x+3} + 1)f(x)}$

$= \lim\limits_{x \to -2} \dfrac{x+2}{(x+2)(\sqrt{x+3} + 1)f(x)}$

$= \lim\limits_{x \to -2} \dfrac{1}{(\sqrt{x+3} + 1)f(x)}$

$= \dfrac{1}{2f(-2)}$

따라서 $\dfrac{1}{2f(-2)} = \dfrac{1}{12}$이므로

$f(-2) = 6$

08

$A(t, \sqrt{2t})$, $B(t, \sqrt{t})$이므로

$\overline{OA} = \sqrt{t^2 + 2t}$, $\overline{OB} = \sqrt{t^2 + t}$

$\therefore \lim\limits_{t \to \infty} \dfrac{\overline{OB}}{2\overline{OA}} = \lim\limits_{t \to \infty} \dfrac{\sqrt{t^2 + t}}{2\sqrt{t^2 + 2t}}$

$= \lim\limits_{t \to \infty} \dfrac{\sqrt{1 + \dfrac{1}{t}}}{2\sqrt{1 + \dfrac{2}{t}}}$

$= \dfrac{1}{2 \times 1} = \dfrac{1}{2}$

09

$x = -t$라 하면 $x \to -\infty$일 때 $t \to \infty$이므로

$\lim\limits_{x \to -\infty} (\sqrt{4x^2 + ax} + 2x)$

$= \lim\limits_{t \to \infty} (\sqrt{4t^2 - at} - 2t)$

$= \lim\limits_{t \to \infty} \dfrac{(\sqrt{4t^2 - at} - 2t)(\sqrt{4t^2 - at} + 2t)}{\sqrt{4t^2 - at} + 2t}$

$= \lim\limits_{t \to \infty} \dfrac{-at}{\sqrt{4t^2 - at} + 2t}$

$= \lim\limits_{t \to \infty} \dfrac{-a}{\sqrt{4 - \dfrac{a}{t}} + 2}$

$= \dfrac{-a}{2+2} = -\dfrac{a}{4}$

따라서 $-\dfrac{a}{4} = -\dfrac{3}{4}$이므로

$a = 3$

10

$x \to 3$일 때 극한값이 존재하고 (분모) $\to 0$이므로

(분자) $\to 0$이다.

즉, $\lim\limits_{x \to 3} f(x) = \lim\limits_{x \to 3} (x^2 + ax + b) = 0$이므로

$9 + 3a + b = 0$

$\therefore b = -3a - 9$ ····· ㉠

㉠을 주어진 등식의 좌변에 대입하면

$\lim\limits_{x \to 3} \dfrac{f(x)}{x - 3} = \lim\limits_{x \to 3} \dfrac{x^2 + ax - 3a - 9}{x - 3}$

$= \lim\limits_{x \to 3} \dfrac{(x-3)(x+a+3)}{x - 3}$

$= \lim\limits_{x \to 3} (x + a + 3)$

$= 6 + a$

$6+a=4$이므로 $a=-2$

$a=-2$를 ㉠에 대입하면 $b=-3$이므로

$f(x)=x^2-2x-3$

$\therefore f(1)=1-2-3=-4$

11

$x \to 1$일 때 극한값이 존재하고 (분모) $\to 0$이므로
(분자) $\to 0$이다.

즉, $\displaystyle\lim_{x \to 1}(ax+b)=0$이므로

$a+b=0$ $\quad\therefore b=-a$ $\quad\cdots\cdots$ ㉠

㉠을 주어진 식의 좌변에 대입하면

$$\begin{aligned}
\lim_{x \to 1}\frac{ax+b}{\sqrt{x+2}-\sqrt{3}} &= \lim_{x \to 1}\frac{ax-a}{\sqrt{x+2}-\sqrt{3}}\\
&= \lim_{x \to 1}\frac{a(x-1)(\sqrt{x+2}+\sqrt{3})}{(\sqrt{x+2}-\sqrt{3})(\sqrt{x+2}+\sqrt{3})}\\
&= \lim_{x \to 1}\frac{a(x-1)(\sqrt{x+2}+\sqrt{3})}{x-1}\\
&= \lim_{x \to 1}a(\sqrt{x+2}+\sqrt{3})\\
&= 2a\sqrt{3}
\end{aligned}$$

$2a\sqrt{3}=8\sqrt{3}$이므로 $a=4$

$a=4$를 ㉠에 대입하면 $b=-4$이므로

$a-b=4-(-4)=8$

12

$x>0$일 때, $2x+1<f(x)<2x+5$에서

$(2x+1)^2<\{f(x)\}^2<(2x+5)^2$

$\therefore \dfrac{(2x+1)^2}{2x^2+3}<\dfrac{\{f(x)\}^2}{2x^2+3}<\dfrac{(2x+5)^2}{2x^2+3}$ $(\because 2x^2+3>3)$

이때 $\displaystyle\lim_{x \to \infty}\frac{(2x+1)^2}{2x^2+3}=\lim_{x \to \infty}\frac{4x^2+4x+1}{2x^2+3}=2$,

$\displaystyle\lim_{x \to \infty}\frac{(2x+5)^2}{2x^2+3}=\lim_{x \to \infty}\frac{4x^2+20x+25}{2x^2+3}=2$

이므로 함수의 극한의 대소 관계에 의하여

$\displaystyle\lim_{x \to \infty}\frac{\{f(x)\}^2}{2x^2+3}=2$

13

$(x+1)f(x)=g(x)$라 하면 $f(x)=\dfrac{g(x)}{x+1}$이고

$\displaystyle\lim_{x \to 1}g(x)=1$

이때

$$\begin{aligned}
\lim_{x \to 1}(2x^2+1)f(x) &= \lim_{x \to 1}\left\{(2x^2+1)\times\frac{g(x)}{x+1}\right\}\\
&= 3\times\frac{1}{2}=\frac{3}{2}
\end{aligned}$$

이므로 $a=\dfrac{3}{2}$

$\therefore 20a=20\times\dfrac{3}{2}=30$

14

$\displaystyle\lim_{x \to 0}\frac{f(x)}{x}=1$에서 $x \to 0$일 때 극한값이 존재하고 (분모) $\to 0$

이므로 (분자) $\to 0$이다.

즉, $\displaystyle\lim_{x \to 0}f(x)=0$이므로 $f(0)=0$

또한, $\displaystyle\lim_{x \to 1}\frac{f(x)}{x-1}=1$에서 $x \to 1$일 때

극한값이 존재하고 (분모) $\to 0$이므로 (분자) $\to 0$이다.

즉, $\displaystyle\lim_{x \to 1}f(x)=0$이므로 $f(1)=0$

$f(x)=x(x-1)(ax+b)$ (a, b는 상수, $a \neq 0$)라 하면

$\displaystyle\lim_{x \to 0}\frac{f(x)}{x}=1$에서

$$\begin{aligned}
\lim_{x \to 0}\frac{f(x)}{x} &= \lim_{x \to 0}\frac{x(x-1)(ax+b)}{x}\\
&= \lim_{x \to 0}(x-1)(ax+b)\\
&= -b
\end{aligned}$$

이므로 $-b=1$ $\quad\therefore b=-1$

$\displaystyle\lim_{x \to 1}\frac{f(x)}{x-1}=1$에서

$$\begin{aligned}
\lim_{x \to 1}\frac{f(x)}{x-1} &= \lim_{x \to 1}\frac{x(x-1)(ax-1)}{x-1}\\
&= \lim_{x \to 1}x(ax-1)\\
&= a-1
\end{aligned}$$

이므로 $a-1=1$ $\quad\therefore a=2$

따라서 $f(x)=x(x-1)(2x-1)$이므로

$f(2)=2\times1\times3=6$

개념으로 단원 마무리

• 본문 020쪽

1 답 (1) 수렴, 극한값, 발산 (2) $\displaystyle\lim_{x \to a-}f(x)$

(3) $c\displaystyle\lim_{x \to a}f(x)$, $f(x)g(x)$ (4) α

2 답 (1) × (2) ○ (3) × (4) ○ (5) ×

(1) 함수 $f(x)=\dfrac{x^2-1}{x-1}$은 $x=1$에서 정의되지 않지만

$$\begin{aligned}
\lim_{x \to 1}f(x) &= \lim_{x \to 1}\frac{x^2-1}{x-1}=\lim_{x \to 1}\frac{(x+1)(x-1)}{x-1}\\
&= \lim_{x \to 1}(x+1)=2
\end{aligned}$$

이므로 $\displaystyle\lim_{x \to 1}f(x)$의 값이 존재한다.

(3) $\dfrac{\infty}{\infty}$ 꼴의 함수의 극한에서 (분자의 차수) > (분모의 차수)이면
극한값은 없다.

(5) $f(x)=\dfrac{1}{2}x^2$, $g(x)=x^2$이면 0에 가까운 모든 실수 x에

대하여 $f(x)<g(x)$이지만

$\displaystyle\lim_{x \to 0}f(x)=\lim_{x \to 0}\frac{1}{2}x^2=0$, $\displaystyle\lim_{x \to 0}g(x)=\lim_{x \to 0}x^2=0$

이므로 $\displaystyle\lim_{x \to 0}f(x)=\lim_{x \to 0}g(x)$이다.

02 함수의 연속

교과서 개념 확인하기

○ 본문 023쪽

1 답 (1) 연속 (2) 불연속 (3) 연속 (4) 불연속

(1) $f(1)=1$, $\lim\limits_{x\to1}f(x)=1$이므로

$\lim\limits_{x\to1}f(x)=f(1)$

따라서 함수 $f(x)$는 $x=1$에서 연속이다.

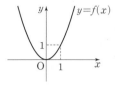

(2) 함수 $f(x)$가 $x=1$에서 정의되어 있지 않으므로 함수 $f(x)$는 $x=1$에서 불연속이다.

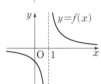

(3) $f(1)=\sqrt{2}$, $\lim\limits_{x\to1}f(x)=\sqrt{2}$이므로

$\lim\limits_{x\to1}f(x)=f(1)$

따라서 함수 $f(x)$는 $x=1$에서 연속이다.

(4) $\lim\limits_{x\to1+}f(x)=\lim\limits_{x\to1+}(x-1)=0$,

$\lim\limits_{x\to1-}f(x)=\lim\limits_{x\to1-}(-x)=-1$

이므로 $\lim\limits_{x\to1+}f(x)\neq\lim\limits_{x\to1-}f(x)$

따라서 극한값 $\lim\limits_{x\to1}f(x)$가 존재하지 않으므로 함수 $f(x)$는 $x=1$에서 불연속이다.

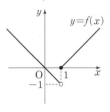

2 답 (1) $(-\infty,\ \infty)$ (2) $(-\infty,\ \infty)$

(3) $(-\infty,\ -3)$, $(-3,\ \infty)$ (4) $\left(-\infty,\ \dfrac{1}{2}\right)$, $\left(\dfrac{1}{2},\ \infty\right)$

(1) 함수 $f(x)=x^2-2$는 모든 실수, 즉 구간 $(-\infty,\ \infty)$에서 연속이다.

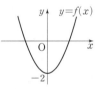

(2) 함수 $f(x)=(x+1)(x-5)$는 모든 실수, 즉 구간 $(-\infty,\ \infty)$에서 연속이다.

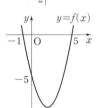

(3) 함수 $f(x)=\dfrac{1}{x+3}$은 $x\neq-3$, 즉 $x<-3$ 또는 $x>-3$인 모든 실수에서 연속이므로 구간 $(-\infty,\ -3)$, $(-3,\ \infty)$에서 연속이다.

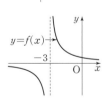

(4) 함수 $f(x)=\dfrac{x}{2x-1}$는 $x\neq\dfrac{1}{2}$, 즉 $x<\dfrac{1}{2}$ 또는 $x>\dfrac{1}{2}$인 모든 실수에서 연속이므로 구간 $\left(-\infty,\ \dfrac{1}{2}\right)$, $\left(\dfrac{1}{2},\ \infty\right)$에서 연속이다.

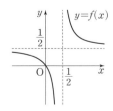

3 답 (1) 최댓값: 3, 최솟값: -1 (2) 최댓값: 1, 최솟값: $\dfrac{1}{3}$

(1) 함수 $f(x)=2x-1$은 닫힌구간 $[0,\ 2]$에서 연속이고 이 구간에서 함수 $y=f(x)$의 그래프는 오른쪽 그림과 같다.

따라서 함수 $f(x)$는 $x=0$에서 최솟값 -1, $x=2$에서 최댓값 3을 갖는다.

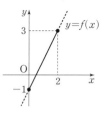

(2) 함수 $f(x)=\dfrac{1}{x+2}$은 닫힌구간 $[-1,\ 1]$에서 연속이고 이 구간에서 함수 $y=f(x)$의 그래프는 오른쪽 그림과 같다.

따라서 함수 $f(x)$는 $x=-1$에서 최댓값 1, $x=1$에서 최솟값 $\dfrac{1}{3}$을 갖는다.

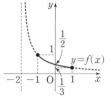

4 답 연속, 4, 7, 5

교과서 예제로 개념 익히기

• 본문 024~027쪽

필수 예제 1 답 (1) 불연속 (2) 연속

(1) $\lim\limits_{x\to0+}f(x)=\lim\limits_{x\to0+}(x^2-x+2)=2$,

$\lim\limits_{x\to0-}f(x)=\lim\limits_{x\to0-}(2x+1)=1$

이므로 $\lim\limits_{x\to0+}f(x)\neq\lim\limits_{x\to0-}f(x)$

따라서 극한값 $\lim\limits_{x\to0}f(x)$가 존재하지 않으므로 함수 $f(x)$는 $x=0$에서 불연속이다.

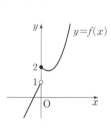

(2) (ⅰ) $f(0)=-1$

(ⅱ) $\lim\limits_{x\to0}f(x)=\lim\limits_{x\to0}\dfrac{x^2-x}{x}$

$=\lim\limits_{x\to0}\dfrac{x(x-1)}{x}$

$=\lim\limits_{x\to0}(x-1)$

$=-1$

(ⅲ) $\lim\limits_{x\to0}f(x)=f(0)$

따라서 함수 $f(x)$는 $x=0$에서 연속이다.

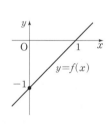

1-1 답 (1) 연속 (2) 불연속

(1) (ⅰ) $f(-1)=-2$

(ⅱ) $\lim\limits_{x\to-1+}f(x)$

$=\lim\limits_{x\to-1+}(x^2+2x-1)$

$=1-2-1=-2$

$\lim\limits_{x\to-1-}f(x)=\lim\limits_{x\to-1-}(-x-3)$

$=-2$

$\therefore \lim\limits_{x\to-1}f(x)=-2$

(ⅲ) $\lim\limits_{x\to-1}f(x)=f(-1)$

따라서 함수 $f(x)$는 $x=-1$에서 연속이다.

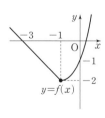

(2) (i) $f(-1)=2$

(ii) $\lim\limits_{x \to -1} f(x)$

$\qquad = \lim\limits_{x \to -1} \dfrac{x^3+1}{x+1}$

$\qquad = \lim\limits_{x \to -1} \dfrac{(x+1)(x^2-x+1)}{x+1}$

$\qquad = \lim\limits_{x \to -1}(x^2-x+1)=1+1+1=3$

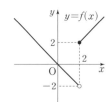

(iii) $\lim\limits_{x \to -1} f(x) \neq f(-1)$

따라서 함수 $f(x)$는 $x=-1$에서 불연속이다.

1-2 답 불연속

$\lim\limits_{x \to 2+} f(x) = \lim\limits_{x \to 2+} \dfrac{x^2-2x}{|x-2|}$

$\qquad = \lim\limits_{x \to 2+} \dfrac{x(x-2)}{x-2}$

$\qquad = \lim\limits_{x \to 2+} x=2$

$\lim\limits_{x \to 2-} f(x) = \lim\limits_{x \to 2-} \dfrac{x^2-2x}{|x-2|}$

$\qquad = \lim\limits_{x \to 2-} \dfrac{x(x-2)}{-(x-2)}$

$\qquad = \lim\limits_{x \to 2-}(-x)=-2$

$\therefore \lim\limits_{x \to 2+} f(x) \neq \lim\limits_{x \to 2-} f(x)$

따라서 극한값 $\lim\limits_{x \to 2} f(x)$가 존재하지 않으므로 함수 $f(x)$는

$x=2$에서 불연속이다.

1-3 답 3

(i) $\lim\limits_{x \to -1+} f(x)=1$, $\lim\limits_{x \to -1-} f(x)=0$이므로

$\qquad \lim\limits_{x \to -1+} f(x) \neq \lim\limits_{x \to -1-} f(x)$

즉, 극한값 $\lim\limits_{x \to -1} f(x)$가 존재하지 않는다.

$x \neq -1$인 x에서는 모두 극한값이 존재하므로

$a=1$

(ii) (i)에서 함수 $f(x)$는 $x=-1$에서 불연속이다.

또한, $\lim\limits_{x \to 1} f(x)=1$, $f(1)=0$에서 $\lim\limits_{x \to 1} f(x) \neq f(1)$이므로

함수 $f(x)$는 $x=1$에서 불연속이고

$x \neq \pm 1$인 x에서는 모두 연속이므로

$b=2$

(i), (ii)에서 $a+b=1+2=3$

필수 예제 2 답 -1

함수 $f(x)$가 실수 전체의 집합에서 연속이려면 $x=1$에서 연속이어야 하므로

$\lim\limits_{x \to 1+} f(x) = \lim\limits_{x \to 1-} f(x)=f(1)$

이때

$\lim\limits_{x \to 1+} f(x) = \lim\limits_{x \to 1+}(2x-5)=2-5=-3$,

$\lim\limits_{x \to 1-} f(x) = \lim\limits_{x \to 1-}(x^2-3x+k)=1-3+k=-2+k$,

$f(1)=-3$

이므로 $-2+k=-3$ $\qquad \therefore k=-1$

2-1 답 4

함수 $f(x)$가 $x=-2$에서 연속이려면

$\lim\limits_{x \to -2+} f(x) = \lim\limits_{x \to -2-} f(x)=f(-2)$

이어야 한다.

이때

$\lim\limits_{x \to -2+} f(x) = \lim\limits_{x \to -2+}(k-x)=k+2$,

$\lim\limits_{x \to -2-} f(x) = \lim\limits_{x \to -2-}(x^2+x+4)=4-2+4=6$,

$f(-2)=k+2$

이므로 $k+2=6$

$\therefore k=4$

2-2 답 -12

함수 $f(x)$가 모든 실수 x에서 연속이려면 $x=1$에서 연속이어야 하므로

$\lim\limits_{x \to 1} f(x)=f(1)$

$\therefore \lim\limits_{x \to 1} \dfrac{x^2-5x+a}{x-1}=b$ $\qquad$ …… ㉠

㉠에서 $x \to 1$일 때 극한값이 존재하고 (분모) $\to 0$이므로

(분자) $\to 0$이다.

즉, $\lim\limits_{x \to 1}(x^2-5x+a)=0$이므로

$-4+a=0$ $\qquad \therefore a=4$

$a=4$를 ㉠에 대입하면

$b = \lim\limits_{x \to 1} \dfrac{x^2-5x+4}{x-1}$

$\quad = \lim\limits_{x \to 1} \dfrac{(x-1)(x-4)}{x-1}$

$\quad = \lim\limits_{x \to 1}(x-4)=-3$

$\therefore ab=4 \times (-3)=-12$

2-3 답 4

함수 $f(x)$가 모든 실수 x에서 연속이려면 $x=2$에서 연속이어야 하므로

$\lim\limits_{x \to 2+} f(x) = \lim\limits_{x \to 2-} f(x)=f(2)$

$\therefore \lim\limits_{x \to 2+} \dfrac{a\sqrt{x+2}-b}{x-2}=1$ $\qquad$ …… ㉠

㉠에서 $x \to 2+$일 때 극한값이 존재하고 (분모) $\to 0$이므로

(분자) $\to 0$이다.

즉, $\lim\limits_{x \to 2+}(a\sqrt{x+2}-b)=0$이므로

$2a-b=0$ $\qquad \therefore b=2a$

$b=2a$를 ㉠에 대입하면

$\lim\limits_{x \to 2+} \dfrac{a\sqrt{x+2}-b}{x-2} = \lim\limits_{x \to 2+} \dfrac{a(\sqrt{x+2}-2)}{x-2}$

$\qquad = \lim\limits_{x \to 2+} \dfrac{a(\sqrt{x+2}-2)(\sqrt{x+2}+2)}{(x-2)(\sqrt{x+2}+2)}$

$\qquad = \lim\limits_{x \to 2+} \dfrac{a(x-2)}{(x-2)(\sqrt{x+2}+2)}$

$\qquad = \lim\limits_{x \to 2+} \dfrac{a}{\sqrt{x+2}+2}$

$\qquad = \dfrac{a}{2+2}$

$\qquad = \dfrac{a}{4}$

이므로 $\dfrac{a}{4}=1$ $\qquad \therefore a=4$

따라서 $b=2a=8$이므로

$b-a=8-4=4$

필수 예제 3 답 3

$x \neq 1$일 때,
$$f(x) = \frac{x^3 - 1}{x-1} = \frac{(x-1)(x^2+x+1)}{x-1} = x^2+x+1$$
함수 $f(x)$가 모든 실수 x에서 연속이면 $x=1$에서도 연속이므로
$$f(1) = \lim_{x \to 1} f(x) = \lim_{x \to 1}(x^2+x+1) = 1+1+1 = 3$$

3-1 답 6

$x \neq -2$일 때,
$$f(x) = \frac{x^3-6x-4}{x+2} = \frac{(x+2)(x^2-2x-2)}{x+2} = x^2-2x-2$$
함수 $f(x)$가 모든 실수 x에서 연속이면 $x=-2$에서도 연속이므로
$$f(-2) = \lim_{x \to -2} f(x) = \lim_{x \to -2}(x^2-2x-2) = 4+4-2 = 6$$

3-2 답 10

$x \neq 3$일 때, $f(x) = \dfrac{x^2+ax-21}{x-3}$

함수 $f(x)$가 모든 실수 x에서 연속이면 $x=3$에서도 연속이므로
$$f(3) = \lim_{x \to 3} f(x) = \lim_{x \to 3}\frac{x^2+ax-21}{x-3}$$
$x \to 3$일 때 극한값이 존재하고 (분모) $\to 0$이므로
(분자) $\to 0$이다.
즉, $\lim\limits_{x \to 3}(x^2+ax-21) = 0$이므로
$$9+3a-21 = 0, \ 3a=12$$
$$\therefore a = 4$$
$$\therefore f(3) = \lim_{x \to 3}\frac{x^2+4x-21}{x-3}$$
$$= \lim_{x \to 3}\frac{(x+7)(x-3)}{x-3}$$
$$= \lim_{x \to 3}(x+7)$$
$$= 10$$

필수 예제 4 답 ④

두 함수 $f(x)$, $g(x)$는 다항함수이므로 모든 실수 x에서 연속이다.

① 함수 $f(x)$가 모든 실수 x에서 연속이므로
$\{f(x)\}^2 = f(x) \times f(x)$도 모든 실수 x에서 연속이다.

② 두 함수 $f(x)$, $g(x)$가 모든 실수 x에서 연속이므로
$f(x)+g(x)$도 모든 실수 x에서 연속이다.

③ 두 함수 $f(x)$, $g(x)$가 모든 실수 x에서 연속이므로
$f(x)g(x)$도 모든 실수에서 연속이다.

④ 두 함수 $f(x)$, $g(x)$가 모든 실수 x에서 연속이므로 $\dfrac{g(x)}{f(x)}$
는 $f(x)=0$인 x에서만 불연속이다.
$f(x)=0$에서 $x-1=0$ $\therefore x=1$
즉, 함수 $\dfrac{g(x)}{f(x)}$는 $x=1$에서 불연속이다.

⑤ 두 함수 $f(x)$, $g(x)$가 모든 실수 x에서 연속이므로 $\dfrac{f(x)}{g(x)}$
는 $g(x)=0$인 x에서만 불연속이다.
그런데 실수 x에 대하여 $g(x)=x^2+3>0$이므로 함수
$\dfrac{f(x)}{g(x)}$는 모든 실수 x에서 연속이다.

따라서 모든 실수 x에서 연속인 함수가 아닌 것은 ④이다.

4-1 답 ③

두 함수 $f(x)$, $g(x)$는 다항함수이므로 실수 전체의 집합에서 연속이다.

① 두 함수 $f(x)$, $g(x)$가 실수 전체의 집합에서 연속이므로
$f(x)+g(x)$도 실수 전체의 집합에서 연속이다.

② 두 함수 $f(x)$, $g(x)$가 실수 전체의 집합에서 연속이므로
두 함수 $3f(x)$, $2g(x)$도 실수 전체의 집합에서 연속이다.
즉, $3f(x)-2g(x)$도 실수 전체의 집합에서 연속이다.

③ 두 함수 $f(x)$, $g(x)$가 실수 전체의 집합에서 연속이므로
$\dfrac{1}{f(x)+g(x)}$은 $f(x)+g(x)=0$인 x에서만 불연속이다.
$f(x)+g(x)=0$에서 $2x^2+(x^2-6)=0$
$3x^2=6, \ x^2=2$ $\therefore x = \pm\sqrt{2}$
즉, 함수 $\dfrac{1}{f(x)+g(x)}$은 $x=\sqrt{2}$, $x=-\sqrt{2}$에서 불연속이다.

④ 두 함수 $f(x)$, $g(x)$가 실수 전체의 집합에서 연속이므로
$\dfrac{1}{f(x)-g(x)}$은 $f(x)-g(x)=0$인 x에서만 불연속이다.
이때 실수 x에 대하여
$f(x)-g(x) = 2x^2-(x^2-6) = x^2+6 > 0$이므로
함수 $\dfrac{1}{f(x)-g(x)}$은 실수 전체의 집합에서 연속이다.

⑤ 두 함수 $f(x)$, $g(x)$가 실수 전체의 집합에서 연속이므로
$f(x)g(x)$도 실수 전체의 집합에서 연속이다.

따라서 실수 전체의 집합에서 연속인 함수가 아닌 것은 ③이다.

4-2 답 -12

두 함수 $f(x)$, $g(x)$가 모든 실수에서 연속이므로 $\dfrac{f(x)}{g(x)}$는
$g(x)=0$인 x에서만 불연속이다.
$g(x)=0$에서 $x^2-x-12=0$
$(x+3)(x-4)=0$ $\therefore x=-3$ 또는 $x=4$
따라서 함수 $\dfrac{f(x)}{g(x)}$는 $x=-3$, $x=4$에서 불연속이므로 구하
는 곱은
$$-3 \times 4 = -12$$

필수 예제 5 답 (1) 최댓값: 2, 최솟값: -2
　　　　　　 (2) 최댓값: $\dfrac{4}{5}$, 최솟값: -4

(1) 함수 $f(x)=x^2-4x+2=(x-2)^2-2$
는 닫힌구간 $[0, 3]$에서 연속이고 이
구간에서 함수 $y=f(x)$의 그래프는
오른쪽 그림과 같다.
따라서 함수 $f(x)$는 $x=0$에서 최댓값
2, $x=2$에서 최솟값 -2를 갖는다.

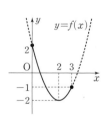

(2) 함수 $f(x)=\dfrac{2x}{x+3}=2-\dfrac{6}{x+3}$은
닫힌구간 $[-2, 2]$에서 연속이고 이
구간에서 함수 $y=f(x)$의 그래프는
오른쪽 그림과 같다.
따라서 함수 $f(x)$는 $x=2$에서 최댓값
$\dfrac{4}{5}$, $x=-2$에서 최솟값 -4를 갖는다.

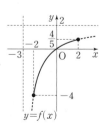

5-1 目 (1) 최댓값: 3, 최솟값: -1　(2) 최댓값: $\sqrt{6}$, 최솟값: $\sqrt{2}$

(1) 함수 $f(x)=-x^2-2x+2=-(x+1)^2+3$은 닫힌구간 $[-2, 1]$에서 연속이고 이 구간에서 함수 $y=f(x)$의 그래프는 오른쪽 그림과 같다.

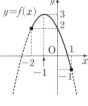

따라서 함수 $f(x)$는 $x=-1$에서 최댓값 3, $x=1$에서 최솟값 -1을 갖는다.

(2) 함수 $f(x)=\sqrt{5-x}$는 닫힌구간 $[-1, 3]$에서 연속이고 이 구간에서 함수 $y=f(x)$의 그래프는 오른쪽 그림과 같다.

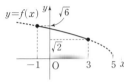

따라서 함수 $f(x)$는 $x=-1$에서 최댓값 $\sqrt{6}$, $x=3$에서 최솟값 $\sqrt{2}$를 갖는다.

5-2 目 ③

함수 $f(x)=\dfrac{1}{x-2}$은 $x=2$에서 불연속이고, $x\neq2$인 모든 실수 x에서 연속이다.

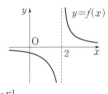

①, ④, ⑤ 함수 $f(x)$는 주어진 닫힌구간에서 연속이므로 최대·최소 정리에 의하여 반드시 최댓값과 최솟값을 갖는다.

② 구간 $[0, 2)$에서 x의 값이 증가할 때 $f(x)$의 값은 감소하므로 이 구간에서 함수 $f(x)$는 최댓값 $f(0)=-\dfrac{1}{2}$을 갖고, 최솟값은 없다.

③ 함수 $y=f(x)$의 그래프의 개형이 위의 그림과 같으므로 구간 $(2, 3]$에서 함수 $f(x)$는 최솟값 $f(3)=1$을 갖고, 최댓값은 없다.

따라서 최댓값을 갖지 않는 구간은 ③이다.

필수 예제 6 目 해설 참조

(1) $f(x)=x^3-3x-1$이라 하면 함수 $f(x)$는 닫힌구간 $[1, 2]$에서 연속이다.

또한, $f(1)=-3$, $f(2)=1$에서 $f(1)f(2)<0$이므로 사잇값 정리에 의하여 $f(c)=0$인 c가 열린구간 $(1, 2)$에 적어도 하나 존재한다.

따라서 방정식 $x^3-3x-1=0$은 열린구간 $(1, 2)$에서 적어도 하나의 실근을 갖는다.

(2) $f(x)=x^4+2x^3-2$라 하면 함수 $f(x)$는 닫힌구간 $[-2, 1]$에서 연속이다.

또한, $f(-2)=-2$, $f(1)=1$에서 $f(-2)f(1)<0$이므로 사잇값 정리에 의하여 $f(c)=0$인 c가 열린구간 $(-2, 1)$에 적어도 하나 존재한다.

따라서 방정식 $x^4+2x^3-2=0$은 열린구간 $(-2, 1)$에서 적어도 하나의 실근을 갖는다.

6-1 目 해설 참조

(1) $f(x)=x^3-x^2-2x-3$이라 하면 함수 $f(x)$는 닫힌구간 $[0, 3]$에서 연속이다.

또한, $f(0)=-3$, $f(3)=9$에서 $f(0)f(3)<0$이므로 사잇값 정리에 의하여 $f(c)=0$인 c가 열린구간 $(0, 3)$에 적어도 하나 존재한다.

따라서 방정식 $x^3-x^2-2x-3=0$은 열린구간 $(0, 3)$에서 적어도 하나의 실근을 갖는다.

(2) $f(x)=x^4-x^3+4x-5$라 하면 함수 $f(x)$는 닫힌구간 $[-1, 2]$에서 연속이다.

또한, $f(-1)=-7$, $f(2)=11$에서 $f(-1)f(2)<0$이므로 사잇값 정리에 의하여 $f(c)=0$인 c가 열린구간 $(-1, 2)$에 적어도 하나 존재한다.

따라서 방정식 $x^4-x^3+4x-5=0$은 열린구간 $(-1, 2)$에서 적어도 하나의 실근을 갖는다.

6-2 目 ④

$f(x)=-x^3+2x+3$이라 하면 함수 $f(x)$는 모든 실수 x에서 연속이고 $f(-2)=7$, $f(-1)=2$, $f(0)=3$, $f(1)=4$, $f(2)=-1$, $f(3)=-18$에서 $f(-2)f(-1)>0$, $f(-1)f(0)>0$, $f(0)f(1)>0$, $f(1)f(2)<0$, $f(2)f(3)>0$이므로 사잇값 정리에 의하여 방정식 $f(x)=0$은 열린구간 $(1, 2)$에서 적어도 하나의 실근을 갖는다.

그런데 방정식 $f(x)=0$은 오직 하나의 실근을 가지므로 주어진 방정식의 실근이 존재하는 구간은 $(1, 2)$이다.

실전 문제로 단원 마무리　　• 본문 028~029쪽

01 ㄴ, ㄹ	**02** 2	**03** -4	**04** 7
05 ⑤	**06** -3	**07** ⑤	**08** 2
09 6	**10** ⑤		

01

ㄱ. $f(x)=\dfrac{1}{2x-1}$은 $x=\dfrac{1}{2}$에서 정의되지 않으므로 함수 $f(x)$는 $x=\dfrac{1}{2}$에서 불연속이다.

ㄴ. 함수 $f(x)$가 모든 실수 x에서 연속이려면 $x=1$에서 연속이어야 한다.

이때 $f(1)=2-1=1$이고

$$\lim_{x\to1+}f(x)=\lim_{x\to1+}(\sqrt{x+3}-1)$$
$$=2-1=1,$$
$$\lim_{x\to1-}f(x)=\lim_{x\to1-}(x^2+x-1)$$
$$=1+1-1=1$$

$\therefore \lim_{x\to1}f(x)=f(1)$

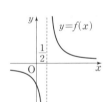

즉, 함수 $f(x)$가 $x=1$에서 연속이므로 함수 $f(x)$는 모든 실수 x에서 연속이다.

ㄷ. $\lim_{x\to3+}f(x)=\lim_{x\to3+}\dfrac{x^2-9}{x-3}$

$$=\lim_{x\to3+}\dfrac{(x+3)(x-3)}{x-3}$$
$$=\lim_{x\to3+}(x+3)=6,$$

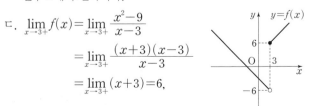

$$\lim_{x \to 3^-} f(x) = \lim_{x \to 3^-} \frac{x^2-9}{-(x-3)}$$
$$= \lim_{x \to 3^-} \frac{(x+3)(x-3)}{-(x-3)}$$
$$= \lim_{x \to 3^-} \{-(x+3)\} = -6$$

이므로 $\lim_{x \to 3^+} f(x) \neq \lim_{x \to 3^-} f(x)$

즉, 극한값 $\lim_{x \to 3} f(x)$가 존재하지 않으므로 함수 $f(x)$는

$x=3$에서 불연속이다.

ㄹ. 함수 $f(x)$가 모든 실수 x에서 연속 이려면 $x=1$에서 연속이어야 한다.

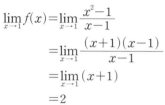

이때 $f(1)=2$이고
$$\lim_{x \to 1} f(x) = \lim_{x \to 1} \frac{x^2-1}{x-1}$$
$$= \lim_{x \to 1} \frac{(x+1)(x-1)}{x-1}$$
$$= \lim_{x \to 1} (x+1)$$
$$= 2$$

$\therefore \lim_{x \to 1} f(x) = f(1)$

즉, 함수 $f(x)$가 $x=1$에서 연속이므로 함수 $f(x)$는 모든 실수 x에서 연속이다.

따라서 모든 실수 x에서 연속인 함수는 ㄴ, ㄹ이다.

02

함수 $f(x)$가 $x=1$에서 연속이므로

$\lim_{x \to 1} f(x) = f(1)$

$\therefore \lim_{x \to 1} \frac{x^2+ax}{x-1} = b$ ...... ㉠

㉠에서 극한값이 존재하고 (분모) $\to 0$이므로 (분자) $\to 0$이다.

즉, $\lim_{x \to 1} (x^2+ax) = 0$이므로

$1+a=0$ $\therefore a=-1$

$a=-1$을 ㉠에 대입하면

$\lim_{x \to 1} \frac{x^2-x}{x-1} = \lim_{x \to 1} \frac{x(x-1)}{x-1} = \lim_{x \to 1} x = 1$

$\therefore b=1$

$\therefore b-a = 1-(-1) = 2$

03

함수 $f(x)g(x)$가 실수 전체의 집합에서 연속이므로 $x=-2$에서도 연속이다. 즉,

$\lim_{x \to -2} f(x)g(x) = f(-2)g(-2)$

이때

$$\lim_{x \to -2^+} f(x)g(x) = \lim_{x \to -2^+} (x+1)(x^2+a)$$
$$= -1 \times (a+4)$$
$$= -a-4,$$

$$\lim_{x \to -2^-} f(x)g(x) = \lim_{x \to -2^-} (-x)(x^2+a)$$
$$= 2 \times (4+a)$$
$$= 2a+8,$$

$f(-2)g(-2) = -1 \times (a+4) = -a-4$

에서

$-a-4 = 2a+8$, $3a = -12$

$\therefore a = -4$

04

$x \neq -4$일 때, $f(x) = \frac{x^2+ax+b}{x+4}$

함수 $f(x)$가 모든 실수 x에서 연속이면 $x=-4$에서도 연속이므로

$f(-4) = \lim_{x \to -4} f(x) = \lim_{x \to -4} \frac{x^2+ax+b}{x+4}$

$x \to -4$일 때 극한값이 존재하고 (분모) $\to 0$이므로 (분자) $\to 0$이다.

즉, $\lim_{x \to -4} (x^2+ax+b) = 0$이므로

$16-4a+b=0$

$\therefore 4a-b=16$ ...... ㉠

또한, $f(1)=0$이므로 주어진 식의 양변에 $x=1$을 대입하면

$5f(1) = 1+a+b$, $1+a+b=0$

$\therefore a+b=-1$ ...... ㉡

㉠, ㉡을 연립하여 풀면

$a=3$, $b=-4$

$\therefore a-b = 3-(-4) = 7$

05

① 함수 $f(x)$가 $x=a$에서 연속이므로 $2f(x)$도 $x=a$에서 연속이다.

② 두 함수 $f(x)$, $g(x)$가 $x=a$에서 연속이므로 $f(x)+g(x)$도 $x=a$에서 연속이다.

③ 두 함수 $f(x)$, $g(x)$가 $x=a$에서 연속이므로 $f(x)g(x)$도 $x=a$에서 연속이다.

④ 함수 $g(x)$가 $x=a$에서 연속이므로 $\{g(x)\}^2$도 $x=a$에서 연속이다.

⑤ 두 함수 $f(x)$, $g(x)$가 $x=a$에서 연속이지만 $\frac{1}{f(x)-g(x)}$은 $f(x)-g(x)=0$, 즉 $f(x)=g(x)$인 x에서 불연속인 경우가 존재한다.

즉, $f(a)=g(a)$이면 함수 $\frac{1}{f(x)-g(x)}$은 $x=a$에서 불연속이다.

따라서 $x=a$에서 항상 연속인 함수가 아닌 것은 ⑤이다.

06

$f(x) = \frac{2x-3}{x+1} = -\frac{5}{x+1} + 2$이므로

닫힌구간 $[0, 4]$에서 함수 $y=f(x)$의 그래프는 오른쪽 그림과 같다.

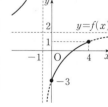

즉, 함수 $f(x)$가 닫힌구간 $[0, 4]$에서 연속이므로 함수 $f(x)$는 이 구간에서 반드시 최댓값과 최솟값을 갖는다.

$f(0)=-3$, $f(4)=1$이므로 함수 $f(x)$는 최댓값 $M=1$, 최솟 값 $m=-3$을 갖는다.

$\therefore Mm = 1 \times (-3) = -3$

07

② $\lim_{x \to -1^+} f(x) = 1$, $\lim_{x \to -1^-} f(x) = 2$

$\therefore \lim_{x \to -1^+} f(x) \neq \lim_{x \to -1^-} f(x)$

즉, 극한값 $\lim_{x \to -1} f(x)$가 존재하지 않는다.

③ 함수 $f(x)$가 불연속이 되는 x의 값은 -1, 3의 2개이다.

④ 함수 $f(x)$는 닫힌구간 $[-1,\ 2]$에서 $x=0$일 때 최솟값 $f(0)=0$을 갖는다.

⑤ 함수 $f(x)$는 닫힌구간 $[0,\ 3]$에서 최댓값을 갖지 않는다.
따라서 옳지 않은 것은 ⑤이다.

08

함수 $f(x)$가 연속함수이고 $f(-1)=1$, $f(0)=-2$, $f(1)=3$
에서 $f(-1)f(0)<0$, $f(0)f(1)<0$이므로 사잇값 정리에 의
하여 방정식 $f(x)=0$은 열린구간 $(-1,\ 0)$, $(0,\ 1)$에서 각각
적어도 하나의 실근을 갖는다.
따라서 열린구간 $(-1,\ 1)$에서 적어도 2개의 실근을 가지므로
$n=2$

09

함수 $f(x)$는 $x=2$에서 연속이므로
$\displaystyle\lim_{x \to 2+} f(x)=\lim_{x \to 2-} f(x)=f(2)$이다.
즉, $3a-2=a+2=f(2)$이므로
$3a-2=a+2$
$\therefore a=2$
따라서 $f(2)=a+2=2+2=4$이므로
$a+f(2)=2+4=6$

10

함수 $|f(x)|$가 실수 전체의 집합에서 연속이므로 $x=-1$,
$x=3$에서도 연속이다.
즉, $\displaystyle\lim_{x \to -1+} |f(x)|=\lim_{x \to -1-} |f(x)|=|f(-1)|$,
$\displaystyle\lim_{x \to 3+} |f(x)|=\lim_{x \to 3-} |f(x)|=|f(3)|$
이어야 한다.
$\displaystyle\lim_{x \to -1+} |f(x)|=\lim_{x \to -1+} |x|=|-1|=1$,
$\displaystyle\lim_{x \to -1-} |f(x)|=\lim_{x \to -1-} |x+a|=|-1+a|$,
$|f(-1)|=1$
에서 $1=|-1+a|$이어야 하므로
$-1+a=\pm 1$
$\therefore a=2\ (\because a>0)$
$\displaystyle\lim_{x \to 3+} |f(x)|=\lim_{x \to 3+} |bx-2|=|3b-2|$,
$\displaystyle\lim_{x \to 3-} |f(x)|=\lim_{x \to 3-} |x|=|3|=3$,
$|f(3)|=|3b-2|$
에서 $|3b-2|=3$이어야 하므로
$3b-2=\pm 3$
$\therefore b=\dfrac{5}{3}\ (\because b>0)$
$\therefore a+b=2+\dfrac{5}{3}=\dfrac{11}{3}$

개념으로 단원 마무리　　　　• 본문 030쪽

1 답 (1) $x=a$, $\displaystyle\lim_{x \to a} f(x)$, $f(a)$　(2) 불연속　(3) 연속함수
　　　(4) $f(a)$, $f(b)$　(5) 연속　(6) $f(a) \neq f(b)$, 하나

2 답 (1) ◯　(2) ◯　(3) ✕　(4) ✕　(5) ◯

(3) 함수 $f(x)=\sqrt{2-x}$는 $2-x \geq 0$, 즉 $x \leq 2$에서 연속이므로
　구간 $(-\infty,\ 2]$에서 연속이다.

(4) 닫힌구간 $[-2,\ 2]$에서 함수
$y=f(x)$의 그래프는 오른쪽 그림과
같으므로 최댓값과 최솟값은 없다.

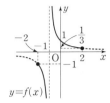

03 미분계수와 도함수

교과서 **개념 확인하기** ──────○ 본문 033쪽

1 답 (1) 3 (2) −2

(1) $\dfrac{\Delta y}{\Delta x}=\dfrac{f(1)-f(-1)}{1-(-1)}=\dfrac{4-(-2)}{2}=3$

(2) $\dfrac{\Delta y}{\Delta x}=\dfrac{f(1)-f(-1)}{1-(-1)}=\dfrac{-1-3}{2}=-2$

2 답 (1) 5 (2) −2

(1) $f'(1)=\displaystyle\lim_{\Delta x\to0}\dfrac{f(1+\Delta x)-f(1)}{\Delta x}$

$=\displaystyle\lim_{\Delta x\to0}\dfrac{\{5(1+\Delta x)-4\}-1}{\Delta x}$

$=\displaystyle\lim_{\Delta x\to0}\dfrac{5\Delta x}{\Delta x}$

$=5$

(2) $f'(1)=\displaystyle\lim_{\Delta x\to0}\dfrac{f(1+\Delta x)-f(1)}{\Delta x}$

$=\displaystyle\lim_{\Delta x\to0}\dfrac{\{-(1+\Delta x)^2+3\}-2}{\Delta x}$

$=\displaystyle\lim_{\Delta x\to0}\dfrac{-(\Delta x)^2-2\Delta x}{\Delta x}$

$=\displaystyle\lim_{\Delta x\to0}(-\Delta x-2)$

$=-2$

3 답 (1) −3 (2) 1

(1) 곡선 $y=f(x)$ 위의 점 $(2,\,-2)$에서의 접선의 기울기는

$f'(2)=\displaystyle\lim_{\Delta x\to0}\dfrac{f(2+\Delta x)-f(2)}{\Delta x}$

$=\displaystyle\lim_{\Delta x\to0}\dfrac{\{-(2+\Delta x)^2+(2+\Delta x)\}-(-2)}{\Delta x}$

$=\displaystyle\lim_{\Delta x\to0}\dfrac{-(\Delta x)^2-3\Delta x}{\Delta x}$

$=\displaystyle\lim_{\Delta x\to0}(-\Delta x-3)$

$=-3$

(2) 곡선 $y=f(x)$ 위의 점 $(1,\,3)$에서의 접선의 기울기는

$f'(1)=\displaystyle\lim_{\Delta x\to0}\dfrac{f(1+\Delta x)-f(1)}{\Delta x}$

$=\displaystyle\lim_{\Delta x\to0}\dfrac{\{(1+\Delta x)^3-2(1+\Delta x)+4\}-3}{\Delta x}$

$=\displaystyle\lim_{\Delta x\to0}\dfrac{(\Delta x)^3+3(\Delta x)^2+\Delta x}{\Delta x}$

$=\displaystyle\lim_{\Delta x\to0}\{(\Delta x)^2+3\Delta x+1\}=1$

4 답 (1) $f'(x)=1$ (2) $f'(x)=2x$

(1) $f'(x)=\displaystyle\lim_{h\to0}\dfrac{f(x+h)-f(x)}{h}$

$=\displaystyle\lim_{h\to0}\dfrac{\{(x+h)+2\}-(x+2)}{h}$

$=\displaystyle\lim_{h\to0}\dfrac{h}{h}=1$

(2) $f'(x)=\displaystyle\lim_{h\to0}\dfrac{f(x+h)-f(x)}{h}$

$=\displaystyle\lim_{h\to0}\dfrac{\{(x+h)^2-4\}-(x^2-4)}{h}$

$=\displaystyle\lim_{h\to0}\dfrac{2xh+h^2}{h}$

$=\displaystyle\lim_{h\to0}(2x+h)=2x$

5 답 (1) $y'=4x^3$ (2) $y'=12x^5$ (3) $y'=-6x+5$

(4) $y'=3x^2-4x$

(1) $y'=(x^4)'=4x^3$

(2) $y'=(2x^6)'=2(x^6)'=2\times6x^5=12x^5$

(3) $y'=(-3x^2+5x)'$

$=(-3x^2)'+(5x)'$

$=-6x+5$

(4) $y'=(x^3-2x^2+1)'$

$=(x^3)'-(2x^2)'+(1)'$

$=3x^2-4x$

6 답 (1) $y'=4x+2$ (2) $y'=4x+9$

(3) $y'=9x^2+10x-26$ (4) $y'=18x+24$

(1) $y'=(2x)'(x+1)+2x(x+1)'$

$=2(x+1)+2x\times1$

$=4x+2$

(2) $y'=(x+5)'(2x-1)+(x+5)(2x-1)'$

$=1\times(2x-1)+(x+5)\times2$

$=4x+9$

(3) $y'=(x-2)'(x+4)(3x-1)+(x-2)(x+4)'(3x-1)$

$\qquad\qquad\qquad\quad+(x-2)(x+4)(3x-1)'$

$=1\times(x+4)(3x-1)+(x-2)\times1\times(3x-1)$

$\qquad\qquad\qquad\quad+(x-2)(x+4)\times3$

$=(3x^2+11x-4)+(3x^2-7x+2)+(3x^2+6x-24)$

$=9x^2+10x-26$

(4) $y'=2(3x+4)(3x+4)'$

$=2(3x+4)\times3$

$=18x+24$

교과서 예제로 **개념 익히기** • 본문 034~039쪽

필수 예제 1 답 1

x의 값이 0에서 2까지 변할 때의 함수 $f(x)$의 평균변화율은

$\dfrac{\Delta y}{\Delta x}=\dfrac{f(2)-f(0)}{2-0}=\dfrac{13-1}{2}=6$

함수 $f(x)$의 $x=a$에서의 미분계수는

$f'(a)=\displaystyle\lim_{\Delta x\to0}\dfrac{f(a+\Delta x)-f(a)}{\Delta x}$

$=\displaystyle\lim_{\Delta x\to0}\dfrac{\{3(a+\Delta x)^2+1\}-(3a^2+1)}{\Delta x}$

$=\displaystyle\lim_{\Delta x\to0}\dfrac{3(\Delta x)^2+6a\Delta x}{\Delta x}$

$=\displaystyle\lim_{\Delta x\to0}(3\Delta x+6a)=6a$

따라서 $6a=6$이므로 $a=1$

1-1 답 2

x의 값이 1에서 3까지 변할 때의 함수 $f(x)$의 평균변화율은

$$\frac{\Delta y}{\Delta x}=\frac{f(3)-f(1)}{3-1}=\frac{3-7}{2}=-2$$

함수 $f(x)$의 $x=a$에서의 미분계수는

$f'(a)$
$$=\lim_{\Delta x\to 0}\frac{f(a+\Delta x)-f(a)}{\Delta x}$$
$$=\lim_{\Delta x\to 0}\frac{\{-(a+\Delta x)^2+2(a+\Delta x)+6\}-(-a^2+2a+6)}{\Delta x}$$
$$=\lim_{\Delta x\to 0}\frac{-(\Delta x)^2-2a\Delta x+2\Delta x}{\Delta x}$$
$$=\lim_{\Delta x\to 0}(-\Delta x-2a+2)=-2a+2$$

따라서 $-2a+2=-2$이므로

$$-2a=-4 \quad \therefore a=2$$

1-2 답 4

x의 값이 -2에서 a까지 변할 때의 함수 $f(x)$의 평균변화율은

$$\frac{\Delta y}{\Delta x}=\frac{f(a)-f(-2)}{a-(-2)}=\frac{(a^3+4)-(-4)}{a+2}$$
$$=\frac{a^3+8}{a+2}=\frac{(a+2)(a^2-2a+4)}{a+2}$$
$$=a^2-2a+4$$

함수 $f(x)$의 $x=2$에서의 순간변화율은

$$f'(2)=\lim_{\Delta x\to 0}\frac{f(2+\Delta x)-f(2)}{\Delta x}$$
$$=\lim_{\Delta x\to 0}\frac{\{(2+\Delta x)^3+4\}-12}{\Delta x}$$
$$=\lim_{\Delta x\to 0}\frac{(\Delta x)^3+6(\Delta x)^2+12\Delta x}{\Delta x}$$
$$=\lim_{\Delta x\to 0}\{(\Delta x)^2+6\Delta x+12\}=12$$

따라서 $a^2-2a+4=12$이므로

$$a^2-2a-8=0, \ (a+2)(a-4)=0$$
$$\therefore a=4 \ (\because a>0)$$

1-3 답 1

x의 값이 1에서 a까지 변할 때의 함수 $f(x)$의 평균변화율은

$$\frac{\Delta y}{\Delta x}=\frac{f(a)-f(1)}{a-1}=\frac{f(a)-3}{a-1}=-a+2$$

이므로

$$f(a)-3=(a-1)(-a+2) \quad \therefore f(a)=-a^2+3a+1$$

따라서 $x=1$에서의 미분계수는

$$f'(1)=\lim_{\Delta x\to 0}\frac{f(1+\Delta x)-f(1)}{\Delta x}$$
$$=\lim_{\Delta x\to 0}\frac{-(1+\Delta x)^2+3(1+\Delta x)+1-3}{\Delta x}$$
$$=\lim_{\Delta x\to 0}\frac{-(\Delta x)^2+\Delta x}{\Delta x}$$
$$=\lim_{\Delta x\to 0}(-\Delta x+1)=1$$

필수 예제 2 답 (1) 9 (2) 6

(1) $\displaystyle\lim_{h\to 0}\frac{f(1+3h)-f(1)}{h}=\lim_{h\to 0}\frac{f(1+3h)-f(1)}{3h}\times 3$
$$=3f'(1)=3\times 3=9$$

(2) $\displaystyle\lim_{h\to 0}\frac{f(1+h)-f(1-h)}{h}$
$$=\lim_{h\to 0}\frac{\{f(1+h)-f(1)\}-\{f(1-h)-f(1)\}}{h}$$
$$=\lim_{h\to 0}\frac{f(1+h)-f(1)}{h}+\lim_{h\to 0}\frac{f(1-h)-f(1)}{-h}$$
$$=f'(1)+f'(1)$$
$$=2f'(1)$$
$$=2\times 3=6$$

2-1 답 (1) -5 (2) 2

(1) $\displaystyle\lim_{h\to 0}\frac{f(3+5h)-f(3)}{2h}=\lim_{h\to 0}\frac{f(3+5h)-f(3)}{5h}\times\frac{5}{2}$
$$=\frac{5}{2}f'(3)$$
$$=\frac{5}{2}\times(-2)=-5$$

(2) $\displaystyle\lim_{h\to 0}\frac{f(3+2h)-f(3+3h)}{h}$
$$=\lim_{h\to 0}\frac{\{f(3+2h)-f(3)\}-\{f(3+3h)-f(3)\}}{h}$$
$$=\lim_{h\to 0}\frac{f(3+2h)-f(3)}{2h}\times 2-\lim_{h\to 0}\frac{f(3+3h)-f(3)}{3h}\times 3$$
$$=2f'(3)-3f'(3)$$
$$=-f'(3)$$
$$=-(-2)=2$$

2-2 답 8

$$\lim_{h\to 0}\frac{f(2+5h)-f(2)}{h}=\lim_{h\to 0}\frac{f(2+5h)-f(2)}{5h}\times 5$$
$$=5f'(2)$$

즉, $5f'(2)=10$이므로 $f'(2)=2$

$$\therefore \lim_{h\to 0}\frac{f(2+3h)-f(2-h)}{h}$$
$$=\lim_{h\to 0}\frac{\{f(2+3h)-f(2)\}-\{f(2-h)-f(2)\}}{h}$$
$$=\lim_{h\to 0}\frac{f(2+3h)-f(2)}{3h}\times 3+\lim_{h\to 0}\frac{f(2-h)-f(2)}{-h}$$
$$=3f'(2)+f'(2)$$
$$=4f'(2)=4\times 2=8$$

필수 예제 3 답 (1) 1 (2) 4

(1) $\displaystyle\lim_{x\to 1}\frac{f(x)-f(1)}{x^2-1}=\lim_{x\to 1}\frac{f(x)-f(1)}{(x+1)(x-1)}$
$$=\lim_{x\to 1}\left\{\frac{f(x)-f(1)}{x-1}\times\frac{1}{x+1}\right\}$$
$$=\frac{1}{2}f'(1)$$
$$=\frac{1}{2}\times 2=1$$

(2) $\displaystyle\lim_{x\to 1}\frac{f(x^2)-f(1)}{x-1}=\lim_{x\to 1}\left\{\frac{f(x^2)-f(1)}{(x-1)(x+1)}\times(x+1)\right\}$
$$=\lim_{x\to 1}\left\{\frac{f(x^2)-f(1)}{x^2-1}\times(x+1)\right\}$$
$$=2f'(1)$$
$$=2\times 2=4$$

3-1 답 (1) 1　(2) $8\sqrt{2}$

(1) $\displaystyle\lim_{x\to 2}\frac{x^2-4}{f(x)-f(2)}=\lim_{x\to 2}\frac{(x+2)(x-2)}{f(x)-f(2)}$

$\qquad\qquad\qquad\quad=\displaystyle\lim_{x\to 2}\left\{\frac{x-2}{f(x)-f(2)}\times(x+2)\right\}$

$\qquad\qquad\qquad\quad=\displaystyle\lim_{x\to 2}\left\{\frac{1}{\dfrac{f(x)-f(2)}{x-2}}\times(x+2)\right\}$

$\qquad\qquad\qquad\quad=\dfrac{1}{f'(2)}\times 4$

$\qquad\qquad\qquad\quad=\dfrac{1}{4}\times 4=1$

(2) $\displaystyle\lim_{x\to 2}\frac{f(x)-f(2)}{\sqrt{x}-\sqrt{2}}$

$\quad=\displaystyle\lim_{x\to 2}\left\{\frac{f(x)-f(2)}{(\sqrt{x}-\sqrt{2})(\sqrt{x}+\sqrt{2})}\times(\sqrt{x}+\sqrt{2})\right\}$

$\quad=\displaystyle\lim_{x\to 2}\left\{\frac{f(x)-f(2)}{x-2}\times(\sqrt{x}+\sqrt{2})\right\}$

$\quad=f'(2)\times 2\sqrt{2}$

$\quad=4\times 2\sqrt{2}=8\sqrt{2}$

3-2 답 5

$\displaystyle\lim_{x\to 3}\frac{3f(x)-xf(3)}{x-3}$

$=\displaystyle\lim_{x\to 3}\frac{\{3f(x)-3f(3)\}-\{xf(3)-3f(3)\}}{x-3}$

$=\displaystyle\lim_{x\to 3}\frac{3\{f(x)-f(3)\}}{x-3}-\lim_{x\to 3}\frac{f(3)(x-3)}{x-3}$

$=3f'(3)-f(3)$

$=3\times 2-1=5$

필수 예제 4 답 (1) 연속이고 미분가능하다.

　　　　　　(2) 연속이지만 미분가능하지 않다.

(1) (i) $f(0)=0$이고

$\qquad\displaystyle\lim_{x\to 0}f(x)=\lim_{x\to 0}x|x|=0$이므로

$\qquad\displaystyle\lim_{x\to 0}f(x)=f(0)$

$\qquad$즉, 함수 $f(x)$는 $x=0$에서 연속이다.

(ii) $\displaystyle\lim_{h\to 0+}\frac{f(0+h)-f(0)}{h}=\lim_{h\to 0+}\frac{h|h|}{h}=\lim_{h\to 0+}h=0$,

$\qquad\displaystyle\lim_{h\to 0-}\frac{f(0+h)-f(0)}{h}=\lim_{h\to 0-}\frac{h|h|}{h}=\lim_{h\to 0-}(-h)=0$

$\qquad$이므로

$\qquad f'(0)=\displaystyle\lim_{h\to 0}\frac{f(0+h)-f(0)}{h}=0$

$\qquad$즉, 함수 $f(x)$는 $x=0$에서 미분가능하다.

(i), (ii)에서 함수 $f(x)$는 $x=0$에서 연속이고 미분가능하다.

(2) (i) $f(0)=-1$이고

$\qquad\displaystyle\lim_{x\to 0+}f(x)=\lim_{x\to 0+}(x^2-1)=-1$,

$\qquad\displaystyle\lim_{x\to 0-}f(x)=\lim_{x\to 0-}(x-1)=-1$

$\qquad$에서 $\displaystyle\lim_{x\to 0}f(x)=-1$이므로

$\qquad\displaystyle\lim_{x\to 0}f(x)=f(0)$

$\qquad$즉, 함수 $f(x)$는 $x=0$에서 연속이다.

(ii) $\displaystyle\lim_{h\to 0+}\frac{f(0+h)-f(0)}{h}=\lim_{h\to 0+}\frac{(h^2-1)-(-1)}{h}$

$\qquad\qquad\qquad\qquad\quad=\displaystyle\lim_{h\to 0+}\frac{h^2}{h}=\lim_{h\to 0+}h=0$

$\qquad\displaystyle\lim_{h\to 0-}\frac{f(0+h)-f(0)}{h}=\lim_{h\to 0-}\frac{(h-1)-(-1)}{h}$

$\qquad\qquad\qquad\qquad\quad=\displaystyle\lim_{h\to 0-}\frac{h}{h}=1$

$\qquad\therefore\displaystyle\lim_{h\to 0+}\frac{f(0+h)-f(0)}{h}\neq\lim_{h\to 0-}\frac{f(0+h)-f(0)}{h}$

즉, $f'(0)$은 존재하지 않으므로 함수 $f(x)$는 $x=0$에서 미분가능하지 않다.

(i), (ii)에서 함수 $f(x)$는 $x=0$에서 연속이지만 미분가능하지 않다.

4-1 답 (1) 연속이지만 미분가능하지 않다.

　　　　(2) 연속이고 미분가능하다.

(1) (i) $f(1)=0$이고

$\qquad\displaystyle\lim_{x\to 1}f(x)=\lim_{x\to 1}|x-1|=0$이므로

$\qquad\displaystyle\lim_{x\to 1}f(x)=f(1)$

$\qquad$즉, 함수 $f(x)$는 $x=1$에서 연속이다.

(ii) $\displaystyle\lim_{h\to 0+}\frac{f(1+h)-f(1)}{h}=\lim_{h\to 0+}\frac{|h|}{h}$

$\qquad\qquad\qquad\qquad\quad=\displaystyle\lim_{h\to 0+}\frac{h}{h}=1$,

$\qquad\displaystyle\lim_{h\to 0-}\frac{f(1+h)-f(1)}{h}=\lim_{h\to 0-}\frac{|h|}{h}$

$\qquad\qquad\qquad\qquad\quad=\displaystyle\lim_{h\to 0-}\frac{-h}{h}=-1$

$\qquad\therefore\displaystyle\lim_{h\to 0+}\frac{f(1+h)-f(1)}{h}\neq\lim_{h\to 0-}\frac{f(1+h)-f(1)}{h}$

즉, $f'(1)$은 존재하지 않으므로 함수 $f(x)$는 $x=1$에서 미분가능하지 않다.

(i), (ii)에서 함수 $f(x)$는 $x=1$에서 연속이지만 미분가능하지 않다.

(2) (i) $f(1)=3$이고

$\qquad\displaystyle\lim_{x\to 1+}f(x)=\lim_{x\to 1+}(2x+1)=3$,

$\qquad\displaystyle\lim_{x\to 1-}f(x)=\lim_{x\to 1-}(x^2+2)=3$

$\qquad$에서 $\displaystyle\lim_{x\to 1}f(x)=3$이므로

$\qquad\displaystyle\lim_{x\to 1}f(x)=f(1)$

$\qquad$즉, 함수 $f(x)$는 $x=1$에서 연속이다.

(ii) $\displaystyle\lim_{h\to 0+}\frac{f(1+h)-f(1)}{h}=\lim_{h\to 0+}\frac{\{2(1+h)+1\}-3}{h}$

$\qquad\qquad\qquad\qquad\quad=\displaystyle\lim_{h\to 0+}\frac{2h}{h}=2$,

$\qquad\displaystyle\lim_{h\to 0-}\frac{f(1+h)-f(1)}{h}=\lim_{h\to 0-}\frac{\{(1+h)^2+2\}-3}{h}$

$\qquad\qquad\qquad\qquad\quad=\displaystyle\lim_{h\to 0-}\frac{2h+h^2}{h}$

$\qquad\qquad\qquad\qquad\quad=\displaystyle\lim_{h\to 0-}(2+h)=2$

$\qquad$이므로 $f'(1)=\displaystyle\lim_{h\to 0}\frac{f(1+h)-f(1)}{h}=2$

$\qquad$즉, 함수 $f(x)$는 $x=1$에서 미분가능하다.

(i), (ii)에서 함수 $f(x)$는 $x=1$에서 연속이고 미분가능하다.

4-2 답 ㄴ, ㄹ

ㄱ. $\lim\limits_{x\to 0} f(x)=f(0)=-2$이므로 $f(x)$는 $x=0$에서 연속이다.

또한,

$$\lim_{x\to 0}\frac{f(x)-f(0)}{x-0}=\lim_{x\to 0}\frac{(3x-2)-(-2)}{x}$$
$$=\lim_{x\to 0}\frac{3x}{x}=3$$

이므로 함수 $f(x)$는 $x=0$에서 미분가능하다.

ㄴ. $\lim\limits_{x\to 0} f(x)=f(0)=0$이므로 함수 $f(x)$는 $x=0$에서 연속이다.

또한,

$$\lim_{x\to 0+}\frac{f(x)-f(0)}{x-0}=\lim_{x\to 0+}\frac{x-|x|}{x}$$
$$=\lim_{x\to 0+}\frac{x-x}{x}=0,$$
$$\lim_{x\to 0-}\frac{f(x)-f(0)}{x-0}=\lim_{x\to 0-}\frac{x-|x|}{x}$$
$$=\lim_{x\to 0-}\frac{x-(-x)}{x}$$
$$=\lim_{x\to 0-}\frac{2x}{x}=2$$

$\therefore \lim\limits_{x\to 0+}\dfrac{f(x)-f(0)}{x-0}\neq\lim\limits_{x\to 0-}\dfrac{f(x)-f(0)}{x-0}$

즉, $f'(0)$은 존재하지 않으므로 함수 $f(x)$는 $x=0$에서 미분가능하지 않다.

ㄷ. 함수 $f(x)$가 $x=0$에서 정의되어 있지 않으므로 함수 $f(x)$는 $x=0$에서 불연속이고 미분가능하지 않다.

ㄹ. $\lim\limits_{x\to 0} f(x)=f(0)=1$이므로 함수 $f(x)$는 $x=0$에서 연속이다.

또한,

$$\lim_{x\to 0+}\frac{f(x)-f(0)}{x-0}=\lim_{x\to 0+}\frac{(x-1)^2-1}{x}$$
$$=\lim_{x\to 0+}\frac{x^2-2x}{x}$$
$$=\lim_{x\to 0+}(x-2)=-2,$$
$$\lim_{x\to 0-}\frac{f(x)-f(0)}{x-0}=\lim_{x\to 0-}\frac{(4x+1)-1}{x}$$
$$=\lim_{x\to 0-}\frac{4x}{x}=4$$

$\therefore \lim\limits_{x\to 0+}\dfrac{f(x)-f(0)}{x-0}\neq\lim\limits_{x\to 0-}\dfrac{f(x)-f(0)}{x-0}$

즉, $f'(0)$은 존재하지 않으므로 함수 $f(x)$는 $x=0$에서 미분가능하지 않다.

따라서 $x=0$에서 연속이지만 미분가능하지 않은 것은 ㄴ, ㄹ이다.

4-3 답 5

함수의 그래프가 끊어진 점에서 불연속이므로 함수 $f(x)$는 $x=1$, $x=2$에서 불연속이다.

$\therefore m=2$

함수가 불연속인 점 또는 그래프가 꺾이는 점에서 미분가능하지 않으므로 함수 $f(x)$는 $x=0$, $x=1$, $x=2$에서 미분가능하지 않다.

$\therefore n=3$

$\therefore m+n=2+3=5$

필수 예제 5 답 (1) $y'=6x^2-2x+4$ (2) $y'=4x^3+12x^2-10x$

(3) $y'=18x^2+14x-29$

(4) $y'=4(x^2-3x)^3(2x-3)$

(1) $y'=2\times(x^3)'-(x^2)'+4\times(x)'-(6)'$
$$=6x^2-2x+4$$

(2) $y'=(x-1)'(x^3+5x^2)+(x-1)(x^3+5x^2)'$
$$=1\times(x^3+5x^2)+(x-1)\times(3x^2+10x)$$
$$=(x^3+5x^2)+(3x^3+7x^2-10x)$$
$$=4x^3+12x^2-10x$$

(3) $y'=(x+3)'(2x-1)(3x-4)+(x+3)(2x-1)'(3x-4)$
$$\qquad+(x+3)(2x-1)(3x-4)'$$
$$=1\times(2x-1)(3x-4)+(x+3)\times2\times(3x-4)$$
$$\qquad+(x+3)(2x-1)\times3$$
$$=(6x^2-11x+4)+(6x^2+10x-24)+(6x^2+15x-9)$$
$$=18x^2+14x-29$$

(4) $y'=4(x^2-3x)^3(x^2-3x)'$
$$=4(x^2-3x)^3(2x-3)$$

5-1 답 (1) $y'=2x^3+x^2-6$ (2) $y'=9x^2+20x-2$

(3) $y'=-8x^3+9x^2-2x+9$

(4) $y'=5(x^2-5x+2)^4(2x-5)$

(1) $y'=\dfrac{1}{2}\times(x^4)'+\dfrac{1}{3}\times(x^3)'-6\times(x)'-(1)'$
$$=2x^3+x^2-6$$

(2) $y'=(x^2+4x+2)'(3x-2)+(x^2+4x+2)(3x-2)'$
$$=(2x+4)(3x-2)+(x^2+4x+2)\times3$$
$$=(6x^2+8x-8)+(3x^2+12x+6)$$
$$=9x^2+20x-2$$

(3) $y'=(x+1)'(-2x+5)(x^2+3)$
$$\qquad+(x+1)(-2x+5)'(x^2+3)$$
$$\qquad+(x+1)(-2x+5)(x^2+3)'$$
$$=1\times(-2x+5)(x^2+3)+(x+1)\times(-2)\times(x^2+3)$$
$$\qquad+(x+1)(-2x+5)\times2x$$
$$=(-2x^3+5x^2-6x+15)+(-2x^3-2x^2-6x-6)$$
$$\qquad+(-4x^3+6x^2+10x)$$
$$=-8x^3+9x^2-2x+9$$

(4) $y'=5(x^2-5x+2)^4(x^2-5x+2)'$
$$=5(x^2-5x+2)^4(2x-5)$$

5-2 답 104

$f'(x)=(x^2+x+3)'(x^3-2x-1)$
$$\qquad+(x^2+x+3)(x^3-2x-1)'$$
$$=(2x+1)(x^3-2x-1)+(x^2+x+3)(3x^2-2)$$

따라서 $f'(1)=3\times(-2)+5\times1=-1$,
$f'(2)=5\times3+9\times10=105$이므로
$f'(1)+f'(2)=-1+105=104$

5-3 답 7

$f(x)=x^3+ax^2+bx+c$에서 $f(1)=1$이므로
$1+a+b+c=1$
$\therefore a+b+c=0$ ······ ㉠

$f'(x)=3x^2+2ax+b$에서 $f'(1)=5$이므로

$3+2a+b=5$

$\therefore 2a+b=2$ ...... ㉡

또한, $f'(-1)=-7$이므로

$3-2a+b=-7$

$\therefore -2a+b=-10$ ...... ㉢

㉡, ㉢을 연립하여 풀면

$a=3$, $b=-4$

이것을 ㉠에 대입하면 $c=1$

따라서 $f(x)=x^3+3x^2-4x+1$이므로

$f(-1)=-1+3+4+1=7$

필수 예제 6 답 (1) 18 (2) 3

(1) $\lim\limits_{h \to 0}\dfrac{f(1)-f(1-2h)}{h}=\lim\limits_{h \to 0}\dfrac{f(1-2h)-f(1)}{-2h}\times 2$

$\qquad\qquad\qquad\qquad =2f'(1)$

이때 $f'(x)=3x^2+6$이므로

$\lim\limits_{h \to 0}\dfrac{f(1)-f(1-2h)}{h}=2f'(1)=2\times(3+6)=18$

(2) $\lim\limits_{x \to 1}\dfrac{f(x)-f(1)}{x^3-1}=\lim\limits_{x \to 1}\dfrac{f(x)-f(1)}{(x-1)(x^2+x+1)}$

$\qquad\qquad\qquad =\lim\limits_{x \to 1}\left\{\dfrac{f(x)-f(1)}{x-1}\times\dfrac{1}{x^2+x+1}\right\}$

$\qquad\qquad\qquad =\dfrac{1}{3}f'(1)$

이때 $f'(x)=3x^2+6$이므로

$\lim\limits_{x \to 1}\dfrac{f(x)-f(1)}{x^3-1}=\dfrac{1}{3}f'(1)=\dfrac{1}{3}\times(3+6)=3$

6-1 답 (1) 12 (2) -6

(1) $\lim\limits_{h \to 0}\dfrac{f(2-h)-f(2+h)}{4h}$

$=\lim\limits_{h \to 0}\dfrac{\{f(2-h)-f(2)\}-\{f(2+h)-f(2)\}}{4h}$

$=\lim\limits_{h \to 0}\dfrac{f(2-h)-f(2)}{-h}\times\left(-\dfrac{1}{4}\right)$

$\qquad\qquad -\lim\limits_{h \to 0}\dfrac{f(2+h)-f(2)}{h}\times\dfrac{1}{4}$

$=-\dfrac{1}{4}f'(2)-\dfrac{1}{4}f'(2)=-\dfrac{1}{2}f'(2)$

이때 $f'(x)=-6x^2-2x+4$이므로

$\lim\limits_{h \to 0}\dfrac{f(2-h)-f(2+h)}{4h}=-\dfrac{1}{2}f'(2)$

$\qquad\qquad\qquad =-\dfrac{1}{2}\times(-24-4+4)=12$

(2) $\lim\limits_{x \to 2}\dfrac{f(x)-f(2)}{x^2-4}=\lim\limits_{x \to 2}\dfrac{f(x)-f(2)}{(x+2)(x-2)}$

$\qquad\qquad\qquad =\lim\limits_{x \to 2}\left\{\dfrac{f(x)-f(2)}{x-2}\times\dfrac{1}{x+2}\right\}$

$\qquad\qquad\qquad =\dfrac{1}{4}f'(2)$

이때 $f'(x)=-6x^2-2x+4$이므로

$\lim\limits_{x \to 2}\dfrac{f(x)-f(2)}{x^2-4}=\dfrac{1}{4}f'(2)=\dfrac{1}{4}\times(-24-4+4)=-6$

6-2 답 28

$\lim\limits_{x \to 1}\dfrac{x^2f(1)-f(x)}{x-1}$

$=\lim\limits_{x \to 1}\dfrac{x^2f(1)-f(1)+f(1)-f(x)}{x-1}$

$=\lim\limits_{x \to 1}\dfrac{(x^2-1)f(1)-\{f(x)-f(1)\}}{x-1}$

$=\lim\limits_{x \to 1}\dfrac{(x+1)(x-1)f(1)}{x-1}-\lim\limits_{x \to 1}\dfrac{f(x)-f(1)}{x-1}$

$=2f(1)-f'(1)$

이때

$f'(x)=6(3-x)-(6x+2)=-12x+16$

이므로

$\lim\limits_{x \to 1}\dfrac{x^2f(1)-f(x)}{x-1}=2f(1)-f'(1)$

$\qquad\qquad\qquad =2\times(8\times2)-(-12+16)=28$

6-3 답 -1

$\lim\limits_{x \to -1}\dfrac{f(x)-f(-1)}{x^3+1}=\lim\limits_{x \to -1}\left\{\dfrac{f(x)-f(-1)}{x-(-1)}\times\dfrac{1}{x^2-x+1}\right\}$

$\qquad\qquad\qquad =\dfrac{1}{3}f'(-1)$

즉, $\dfrac{1}{3}f'(-1)=2$이므로 $f'(-1)=6$

한편, $f'(x)=3x^2+a$이므로

$f'(-1)=6$에서 $3+a=6$ $\quad\therefore a=3$

$f(x)=x^3+3x+b$이므로

$f(2)=9$에서 $8+6+b=9$ $\quad\therefore b=-5$

따라서 $f(x)=x^3+3x-5$이므로

$f(1)=1+3-5=-1$

필수 예제 7 답 -8

함수 $f(x)$가 $x=1$에서 미분가능하면 $x=1$에서 연속이므로

$\lim\limits_{x \to 1+}f(x)=\lim\limits_{x \to 1-}f(x)=f(1)$이어야 한다.

$\lim\limits_{x \to 1+}f(x)=\lim\limits_{x \to 1+}(x^2-3)=-2$,

$\lim\limits_{x \to 1-}f(x)=\lim\limits_{x \to 1-}(ax+b)=a+b$,

$f(1)=-2$

즉, $a+b=-2$이므로

$b=-a-2$ ...... ㉠

또한, $x=1$에서의 미분계수가 존재하므로

$\lim\limits_{x \to 1+}\dfrac{f(x)-f(1)}{x-1}=\lim\limits_{x \to 1+}\dfrac{(x^2-3)-(-2)}{x-1}$

$\qquad\qquad\qquad =\lim\limits_{x \to 1+}\dfrac{x^2-1}{x-1}$

$\qquad\qquad\qquad =\lim\limits_{x \to 1+}\dfrac{(x+1)(x-1)}{x-1}$

$\qquad\qquad\qquad =\lim\limits_{x \to 1+}(x+1)=2$,

$\lim\limits_{x \to 1-}\dfrac{f(x)-f(1)}{x-1}=\lim\limits_{x \to 1-}\dfrac{(ax+b)-(-2)}{x-1}$

$\qquad\qquad\qquad =\lim\limits_{x \to 1-}\dfrac{ax-a}{x-1}$

$\qquad\qquad\qquad =\lim\limits_{x \to 1-}\dfrac{a(x-1)}{x-1}=a$

에서 $a=2$

$a=2$를 ㉠에 대입하면 $b=-4$

$\therefore ab=2\times(-4)=-8$

다른 풀이

$g(x)=x^2-3$, $h(x)=ax+b$라 하면

$g'(x)=2x$, $h'(x)=a$

함수 $f(x)$가 $x=1$에서 연속이므로 $g(1)=h(1)$

$\therefore -2=a+b$ ...... ㉠

$x=1$에서 함수 $f(x)$의 미분계수가 존재하므로

$\lim\limits_{x\to1+}g'(x)=\lim\limits_{x\to1-}h'(x)$에서

$\lim\limits_{x\to1+}2x=\lim\limits_{x\to1-}a$ $\therefore a=2$

$a=2$를 ㉠에 대입하면 $b=-4$

$\therefore ab=2\times(-4)=-8$

플러스 강의

두 다항함수 $g(x)$, $h(x)$에 대하여

$$f(x)=\begin{cases}g(x) & (x\geq a)\\h(x) & (x<a)\end{cases}$$

가 $x=a$에서 미분가능하면

① 함수 $f(x)$는 $x=a$에서 연속 ➡ $g(a)=h(a)$

② $x=a$에서 함수 $f(x)$의 미분계수가 존재

➡ $f'(x)=\begin{cases}g'(x) & (x>a)\\h'(x) & (x<a)\end{cases}$ 에서 $\lim\limits_{x\to a+}g'(x)=\lim\limits_{x\to a-}h'(x)$

7-1 답 -10

함수 $f(x)$가 $x=2$에서 미분가능하면 $x=2$에서 연속이므로

$\lim\limits_{x\to2+}f(x)=\lim\limits_{x\to2-}f(x)=f(2)$이어야 한다.

$\lim\limits_{x\to2+}f(x)=\lim\limits_{x\to2+}(ax^2-4)=4a-4$,

$\lim\limits_{x\to2-}f(x)=\lim\limits_{x\to2-}(8x+b)=16+b$,

$f(2)=4a-4$

즉, $16+b=4a-4$이므로

$b=4a-20$ ...... ㉠

또한, $x=2$에서의 미분계수가 존재하므로

$\lim\limits_{x\to2+}\dfrac{f(x)-f(2)}{x-2}=\lim\limits_{x\to2+}\dfrac{(ax^2-4)-(4a-4)}{x-2}$

$\qquad=\lim\limits_{x\to2+}\dfrac{ax^2-4a}{x-2}$

$\qquad=\lim\limits_{x\to2+}\dfrac{a(x+2)(x-2)}{x-2}$

$\qquad=\lim\limits_{x\to2+}a(x+2)=4a$,

$\lim\limits_{x\to2-}\dfrac{f(x)-f(2)}{x-2}=\lim\limits_{x\to2-}\dfrac{(8x+b)-(4a-4)}{x-2}$

$\qquad=\lim\limits_{x\to2-}\dfrac{8x-16}{x-2}$ $(\because ㉠)$

$\qquad=\lim\limits_{x\to2-}\dfrac{8(x-2)}{x-2}=8$

에서 $4a=8$ $\therefore a=2$

$a=2$를 ㉠에 대입하면 $b=-12$

$\therefore a+b=2+(-12)=-10$

다른 풀이

$g(x)=ax^2-4$, $h(x)=8x+b$라 하면

$g'(x)=2ax$, $h'(x)=8$

함수 $f(x)$가 $x=2$에서 연속이므로

$g(2)=h(2)$에서 $4a-4=16+b$

$\therefore 4a-b=20$ ...... ㉠

$x=2$에서 함수 $f(x)$의 미분계수가 존재하므로

$\lim\limits_{x\to2+}g'(x)=\lim\limits_{x\to2-}h'(x)$에서

$\lim\limits_{x\to2+}2ax=\lim\limits_{x\to2-}8$

$4a=8$ $\therefore a=2$

$a=2$를 ㉠에 대입하면 $b=-12$

$\therefore a+b=2+(-12)=-10$

7-2 답 9

함수 $f(x)$가 모든 실수 x에서 미분가능하면 $x=-1$에서도 미분가능하다.

함수 $f(x)$가 $x=-1$에서 연속이므로

$\lim\limits_{x\to-1+}f(x)=\lim\limits_{x\to-1-}f(x)=f(-1)$이어야 한다.

$\lim\limits_{x\to-1+}f(x)=\lim\limits_{x\to-1+}(x^3-6x)=5$,

$\lim\limits_{x\to-1-}f(x)=\lim\limits_{x\to-1-}(x^2+ax+b)=1-a+b$,

$f(-1)=5$

에서 $1-a+b=5$

$\therefore b=a+4$ ...... ㉠

또한, $x=-1$에서의 미분계수가 존재하므로

$\lim\limits_{x\to-1+}\dfrac{f(x)-f(-1)}{x-(-1)}=\lim\limits_{x\to-1+}\dfrac{(x^3-6x)-5}{x+1}$

$\qquad=\lim\limits_{x\to-1+}\dfrac{(x+1)(x^2-x-5)}{x+1}$

$\qquad=\lim\limits_{x\to-1+}(x^2-x-5)=-3$,

$\lim\limits_{x\to-1-}\dfrac{f(x)-f(-1)}{x-(-1)}=\lim\limits_{x\to-1-}\dfrac{(x^2+ax+b)-5}{x+1}$

$\qquad=\lim\limits_{x\to-1-}\dfrac{x^2+ax+a-1}{x+1}$ $(\because ㉠)$

$\qquad=\lim\limits_{x\to-1-}\dfrac{(x+1)(x+a-1)}{x+1}$

$\qquad=\lim\limits_{x\to-1-}(x+a-1)=a-2$

에서 $a-2=-3$ $\therefore a=-1$

$a=-1$을 ㉠에 대입하면 $b=3$

따라서 $f(x)=\begin{cases}x^3-6x & (x\geq-1)\\x^2-x+3 & (x<-1)\end{cases}$이므로

$f(-2)=4+2+3=9$

다른 풀이

$g(x)=x^3-6x$, $h(x)=x^2+ax+b$라 하면

$g'(x)=3x^2-6$, $h'(x)=2x+a$

함수 $f(x)$가 $x=-1$에서 연속이므로

$g(-1)=h(-1)$에서 $-1+6=1-a+b$

$\therefore a-b=-4$ ...... ㉠

$x=-1$에서 함수 $f(x)$의 미분계수가 존재하므로

$\lim\limits_{x\to-1+}g'(x)=\lim\limits_{x\to-1-}h'(x)$에서

$\lim\limits_{x\to-1+}(3x^2-6)=\lim\limits_{x\to-1-}(2x+a)$

$3-6=-2+a$ $\therefore a=-1$

$a=-1$을 ㉠에 대입하면

$b=3$

필수 예제 8 답 −20

다항식 x^5+ax+b를 $(x-1)^2$으로 나누었을 때의 몫을 $Q(x)$
라 하면
$$x^5+ax+b=(x-1)^2Q(x) \quad \cdots\cdots \text{㉠}$$
위의 식의 양변에 $x=1$을 대입하면
$$1+a+b=0 \quad \therefore a+b=-1 \quad \cdots\cdots \text{㉡}$$
㉠의 양변을 x에 대하여 미분하면
$$5x^4+a=2(x-1)Q(x)+(x-1)^2Q'(x)$$
위의 식의 양변에 $x=1$을 대입하면
$$5+a=0$$
$$\therefore a=-5$$
$a=-5$를 ㉡에 대입하면
$$b=4$$
$$\therefore ab=-5\times4=-20$$

플러스 강의

다항식 $f(x)$가 $(x-a)^2$으로 나누어떨어질 때, 몫을 $Q(x)$라 하면
$$f(x)=(x-a)^2Q(x) \quad \cdots\cdots \text{㉠}$$
㉠의 양변을 x에 대하여 미분하면
$$f'(x)=2(x-a)Q(x)+(x-a)^2Q'(x) \quad \cdots\cdots \text{㉡}$$
이때 $x=a$를 ㉠, ㉡에 각각 대입하면
$$f(a)=0, f'(a)=0$$

8-1 답 14

다항식 x^4-8x^2+a를 $(x-b)^2$으로 나누었을 때의 몫을 $Q(x)$
라 하면
$$x^4-8x^2+a=(x-b)^2Q(x) \quad \cdots\cdots \text{㉠}$$
위의 식의 양변에 $x=b$를 대입하면
$$b^4-8b^2+a=0 \quad \cdots\cdots \text{㉡}$$
㉠의 양변을 x에 대하여 미분하면
$$4x^3-16x=2(x-b)Q(x)+(x-b)^2Q'(x)$$
위의 식의 양변에 $x=b$를 대입하면
$$4b^3-16b=0, 4b(b+2)(b-2)=0$$
$$\therefore b=2 \ (\because b>0)$$
$b=2$를 ㉡에 대입하면
$$16-32+a=0$$
$$\therefore a=16$$
$$\therefore a-b=16-2=14$$

8-2 답 $7x+5$

다항식 x^7-1을 $(x+1)^2$으로 나누었을 때의 몫을 $Q(x)$,
나머지를 $ax+b\,(a, b$는 상수$)$라 하면
$$x^7-1=(x+1)^2Q(x)+ax+b \quad \cdots\cdots \text{㉠}$$
위의 식의 양변에 $x=-1$을 대입하면
$$-a+b=-2 \quad \cdots\cdots \text{㉡}$$
㉠의 양변을 x에 대하여 미분하면
$$7x^6=2(x+1)Q(x)+(x+1)^2Q'(x)+a$$
위의 식의 양변에 $x=-1$을 대입하면
$$a=7$$
$a=7$을 ㉡에 대입하면
$$-7+b=-2 \quad \therefore b=5$$
따라서 구하는 나머지는 $7x+5$이다.

실전 문제로 단원 마무리 • 본문 040~041쪽

01 2	**02** ①	**03** ⑤	**04** 2
05 7	**06** 270	**07** 20	**08** 2
09 11	**10** 24		

01

x의 값이 -2에서 a까지 변할 때의 함수 $f(x)$의 평균변화율은
$$\frac{\Delta y}{\Delta x}=\frac{f(a)-f(-2)}{a-(-2)}=\frac{(3a^2+a-2)-8}{a+2}=\frac{3a^2+a-10}{a+2}$$
$$=\frac{(a+2)(3a-5)}{a+2}=3a-5$$
따라서 $3a-5=1$이므로 $3a=6$
$$\therefore a=2$$

02

$$\lim_{h\to0}\frac{f(1-2h)-f(1+5h)}{h}$$
$$=\lim_{h\to0}\frac{\{f(1-2h)-f(1)\}-\{f(1+5h)-f(1)\}}{h}$$
$$=\lim_{h\to0}\frac{f(1-2h)-f(1)}{-2h}\times(-2)$$
$$\qquad\qquad -\lim_{h\to0}\frac{f(1+5h)-f(1)}{5h}\times5$$
$$=-2f'(1)-5f'(1)$$
$$=-7f'(1)$$
$$=-7\times3=-21$$

03

함수 $f(x)=|x-2|$의 그래프는 다음 그림과 같다.

① $\lim\limits_{x\to2+}f(x)=\lim\limits_{x\to2-}f(x)=0$이므로 $x=2$에서의 극한값
$\lim\limits_{x\to2}f(x)$가 존재한다.

② $\lim\limits_{x\to2-}\dfrac{f(x)-f(2)}{x-2}=\lim\limits_{x\to2-}\dfrac{-(x-2)-0}{x-2}=-1$

③ $f(x)$에서 x의 값이 0에서 2까지 변할 때의 평균변화율은
$$\frac{f(2)-f(0)}{2-0}=\frac{0-2}{2}=-1$$

④ $\lim\limits_{x\to2}f(x)=0, f(2)=0$이므로
$$\lim\limits_{x\to2}f(x)=f(2)$$

⑤ ②에서 $\lim\limits_{x\to2-}\dfrac{f(x)-f(2)}{x-2}=-1$이고
$$\lim\limits_{x\to2+}\frac{f(x)-f(2)}{x-2}=\lim\limits_{x\to2+}\frac{(x-2)-0}{x-2}=1$$
$$\therefore \lim\limits_{x\to2+}\frac{f(x)-f(2)}{x-2}\neq\lim\limits_{x\to2-}\frac{f(x)-f(2)}{x-2}$$
즉, $f'(2)$가 존재하지 않으므로 $x=2$에서 미분가능하지 않다.
따라서 옳지 않은 것은 ⑤이다.

04

$$f'(x)=3x^2(x^2-a)(-x+1)+2x(x^3+3)(-x+1)$$
$$-(x^3+3)(x^2-a)$$

이때 $f'(1)=4$이므로

$3\times(1-a)\times0+2\times4\times0-4\times(1-a)=4$

즉, $-4+4a=4$이므로

$4a=8$ $\quad\therefore a=2$

05

$f(-1)=3$에서 $-2-a+b=3$이므로

$-a+b=5$ $\quad\cdots\cdots\,\bigcirc$

또한, 점 $(-1,\ 3)$에서의 접선의 기울기가 5이므로

$f'(-1)=5$

$f'(x)=-4x+a$이므로 $f'(-1)=5$에서

$4+a=5$ $\quad\therefore a=1$

$a=1$을 $\bigcirc$에 대입하면 $-1+b=5$

$\therefore b=6$

$\therefore a+b=1+6=7$

06

$$\lim_{x\to3}\frac{\{f(x)\}^2-\{f(3)\}^2}{x-3}$$

$$=\lim_{x\to3}\left[\frac{f(x)-f(3)}{x-3}\times\{f(x)+f(3)\}\right]$$

$$=f'(3)\times2f(3)$$

$$=2f'(3)f(3)$$

이때 $f'(x)=3x^2-4x$이므로

$$\lim_{x\to3}\frac{\{f(x)\}^2-\{f(3)\}^2}{x-3}=2f'(3)f(3)$$

$$=2\times(27-12)\times(27-18)=270$$

07

함수 $f(x)$가 실수 전체의 집합에서 미분가능하므로 $x=2$에서도 미분가능하다.

함수 $f(x)$가 $x=2$에서 미분가능하면 $x=2$에서 연속이므로

$\lim\limits_{x\to2+}f(x)=\lim\limits_{x\to2-}f(x)=f(2)$이어야 한다.

이때 $\lim\limits_{x\to2+}f(x)=\lim\limits_{x\to2+}(x^2+2)=6$,

$\lim\limits_{x\to2-}f(x)=\lim\limits_{x\to2-}(ax+b)=2a+b$,

$f(2)=6$이므로

$2a+b=6$ $\quad\therefore b=-2a+6$ $\quad\cdots\cdots\,\bigcirc$

또한, $x=2$에서의 미분계수가 존재하므로

$$\lim_{h\to0+}\frac{f(2+h)-f(2)}{h}=\lim_{h\to0+}\frac{\{(2+h)^2+2\}-6}{h}$$

$$=\lim_{h\to0+}\frac{4h+h^2}{h}$$

$$=\lim_{h\to0+}(4+h)=4,$$

$$\lim_{h\to0-}\frac{f(2+h)-f(2)}{h}=\lim_{h\to0-}\frac{\{a(2+h)+b\}-6}{h}$$

$$=\lim_{h\to0-}\frac{ah}{h}\ (\because\bigcirc)$$

$$=a$$

에서 $a=4$

$a=4$를 $\bigcirc$에 대입하면 $b=-2$

$\therefore a^2+b^2=16+4=20$

다른 풀이

$g(x)=x^2+2,\ h(x)=ax+b$라 하면

$g'(x)=2x,\ h'(x)=a$

함수 $f(x)$가 $x=2$에서 연속이므로

$g(2)=h(2)$ $\quad\therefore 6=2a+b$ $\quad\cdots\cdots\,\bigcirc$

$x=2$에서 함수 $f(x)$의 미분계수가 존재하므로

$\lim\limits_{x\to2+}g'(2)=\lim\limits_{x\to2+}2x=4$,

$\lim\limits_{x\to2-}h'(2)=\lim\limits_{x\to2-}a=a$

$\therefore a=4$

$a=4$를 $\bigcirc$에 대입하면 $b=-2$

$\therefore a^2+b^2=16+4=20$

08

x^6+ax^2+b를 $(x-1)^2$으로 나누었을 때의 나머지가 $8x-3$이므로

$x^6+ax^2+b=(x-1)^2Q(x)+8x-3$ $\quad\cdots\cdots\,\bigcirc$

$\bigcirc$의 양변에 $x=1$을 대입하면

$1+a+b=5$ $\quad\therefore a+b=4$ $\quad\cdots\cdots\,\bigcirc\!\!\!\bigcirc$

$\bigcirc$의 양변을 x에 대하여 미분하면

$6x^5+2ax=2(x-1)Q(x)+(x-1)^2Q'(x)+8$

위의 식의 양변에 $x=1$을 대입하면

$6+2a=8$ $\quad\therefore a=1$

$a=1$을 $\bigcirc\!\!\!\bigcirc$에 대입하면 $b=3$

$\therefore b-a=3-1=2$

09

x의 값이 0에서 4까지 변할 때의 함수 $f(x)=x^3-6x^2+5x$의 평균변화율은

$$\frac{\varDelta y}{\varDelta x}=\frac{f(4)-f(0)}{4-0}=\frac{-12-0}{4}=-3$$

$f'(x)=3x^2-12x+5$이므로

$f'(a)=3a^2-12a+5$

이때 $3a^2-12a+5=-3$이므로

$3a^2-12a+8=0$

$$\therefore a=\frac{6\pm2\sqrt3}{3}$$

이 값은 모두 $0<a<4$를 만족시키므로 구하는 모든 실수 a의 값의 곱은

$$\frac{6+2\sqrt3}{3}\times\frac{6-2\sqrt3}{3}=\frac{24}{9}=\frac{8}{3}$$

따라서 $p=3,\ q=8$이므로

$p+q=3+8=11$

10

$$\lim_{x\to2}\frac{f(x)-4}{x^2-4}=2 \quad\cdots\cdots\,\bigcirc$$

$\bigcirc$에서 $x\to2$일 때 (분모) $\to0$이고 극한값이 존재하므로 (분자) $\to0$이다.

$\lim\limits_{x\to2}\{f(x)-4\}=0$이므로 $f(2)=4$

즉, ㉠에서

$$\lim_{x \to 2} \frac{f(x)-4}{x^2-4} = \lim_{x \to 2} \frac{f(x)-f(2)}{x^2-4}$$

$$= \lim_{x \to 2} \left\{ \frac{f(x)-f(2)}{x-2} \times \frac{1}{x+2} \right\}$$

$$= \frac{1}{4} f'(2) = 2$$

이므로 $f'(2)=8$

$$\lim_{x \to 2} \frac{g(x)+1}{x-2} = 8 \quad \cdots\cdots ㉡$$

㉡에서 $x \to 2$일 때 (분모) $\to 0$이고 극한값이 존재하므로
(분자) $\to 0$이다.

$\lim_{x \to 2} \{g(x)+1\}=0$이므로 $g(2)=-1$

즉, ㉡에서

$$\lim_{x \to 2} \frac{g(x)+1}{x-2} = \lim_{x \to 2} \frac{g(x)-g(2)}{x-2}$$

$$= g'(2) = 8$$

따라서 $h(x)=f(x)g(x)$에서
$h'(x)=f'(x)g(x)+f(x)g'(x)$이므로
$h'(2)=f'(2)g(2)+f(2)g'(2)$
$\qquad = 8 \times (-1) + 4 \times 8 = 24$

개념으로 단원 마무리

• 본문 042쪽

1 답 (1) 평균변화율 (2) 미분계수, $f'(a)$ (3) 기울기
(4) 도함수 (5) nx^{n-1}, 0
(6) $cf'(x)$, $f'(x)+g'(x)$, $f'(x)-g'(x)$, $f(x)g'(x)$,
$n\{f(x)\}^{n-1}f'(x)$

2 답 (1) ○ (2) × (3) × (4) × (5) ○
(2) $y'=6x^2$이므로 곡선 $y=2x^3+3$ 위의 점 $(-1, 1)$에서의
접선의 기울기는 $6 \times (-1)^2 = 6$이다.

(3) $\lim_{h \to 0} \frac{f(a+3h)-f(a)}{h} = \lim_{h \to 0} \left\{ \frac{f(a+3h)-f(a)}{3h} \times 3 \right\}$
$\qquad\qquad\qquad\qquad\quad = 3f'(a)$

(4) (i) $f(0)=0$이고 $\lim_{x \to 0} f(x) = \lim_{x \to 0} |x| = 0$이므로
$\qquad \lim_{x \to 0} f(x) = f(0)$
즉, 함수 $f(x)$는 $x=0$에서 연속이다.

(ii) $\lim_{h \to 0+} \frac{f(0+h)-f(0)}{h} = \lim_{h \to 0+} \frac{|h|}{h}$
$\qquad\qquad\qquad\qquad\quad = \lim_{h \to 0+} \frac{h}{h} = 1$,

$\lim_{h \to 0-} \frac{f(0+h)-f(0)}{h} = \lim_{h \to 0-} \frac{|h|}{h}$
$\qquad\qquad\qquad\qquad\quad = \lim_{h \to 0-} \frac{-h}{h} = -1$

$\therefore \lim_{h \to 0+} \frac{f(0+h)-f(0)}{h} \neq \lim_{h \to 0-} \frac{f(0+h)-f(0)}{h}$

즉, $f'(0)$은 존재하지 않으므로 함수 $f(x)$는 $x=0$에서
미분가능하지 않다.

(i), (ii)에서 함수 $f(x)$는 $x=0$에서 연속이지만 미분가능하
지 않다.

---

04 접선의 방정식

교과서 개념 확인하기 ————○ 본문 045쪽

1 답 (1) -2 (2) 4
(1) $f(x)=x^2-4x+6$이라 하면
$\qquad f'(x)=2x-4$
따라서 점 $(1, 3)$에서의 접선의 기울기는
$\qquad f'(1)=2-4=-2$

(2) $f(x)=2x^3-5x^2+2$라 하면
$\qquad f'(x)=6x^2-10x$
따라서 점 $(2, -2)$에서의 접선의 기울기는
$\qquad f'(2)=24-20=4$

2 답 (1) 2 (2) $y=2x+7$
(1) $f(x)=x^3-x+5$라 하면
$\qquad f'(x)=3x^2-1$
따라서 점 $(-1, 5)$에서의 접선 l의 기울기는
$\qquad f'(-1)=3-1=2$

(2) 접선 l의 방정식은
$\qquad y-5=2\{x-(-1)\}$
$\qquad \therefore y=2x+7$

3 답 (1) 2 (2) $y=7x-11$
(1) $f(x)=x^2+3x-7$이라 하면
$\qquad f'(x)=2x+3 \qquad \therefore f'(a)=2a+3$
접선의 기울기가 7이므로
$\qquad 2a+3=7, \ 2a=4$
$\qquad \therefore a=2$

(2) $f(2)=3$에서 접점의 좌표가 $(2, 3)$이므로 직선 l의 방정식은
$\qquad y-3=7(x-2) \qquad \therefore y=7x-11$

4 답 (1) $a=0$ 또는 $a=2$ (2) $y=-x-1$, $y=3x-5$
(1) $f(x)=x^2-x-1$이라 하면
$\qquad f'(x)=2x-1$
접점의 좌표를 (a, a^2-a-1)이라 하면 이 점에서의 접선의
기울기는 $f'(a)=2a-1$이므로 접선의 방정식은
$\qquad y-(a^2-a-1)=(2a-1)(x-a)$
$\qquad \therefore y=(2a-1)x-a^2-1 \qquad \cdots\cdots ㉠$
직선 ㉠이 점 $(1, -2)$를 지나므로
$\qquad -2=(2a-1)-a^2-1, \ a^2-2a=0$
$\qquad a(a-2)=0 \qquad \therefore a=0$ 또는 $a=2$

(2) $a=0$을 ㉠에 대입하면 $y=-x-1$
$\quad a=2$를 ㉠에 대입하면 $y=3x-5$

5 답 3
오른쪽 그림과 같이 열린구간
(a, b)에서 x축과 평행한 접선
을 3개 그을 수 있으므로 롤의
정리를 만족시키는 상수 c의 개
수는 3이다.

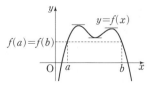

6 답 4

오른쪽 그림과 같이 열린구간 (a, b)에서 두 점 $(a, f(a))$, $(b, f(b))$를 지나는 직선과 평행한 접선을 4개 그을 수 있으므로 평균값 정리를 만족시키는 상수 c의 개수는 4이다.

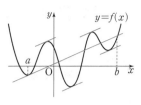

즉, 접선의 방정식은
$y-(-1)=-3(x-1)$
$\therefore y=-3x+2$ ...... ㉠
곡선 $y=f(x)$와 접선 ㉠이 만나는 점의 x좌표는
$-x^3=-3x+2$, $x^3-3x+2=0$
$(x+2)(x-1)^2=0$
$\therefore x=-2$ 또는 $x=1$
즉, 점 B의 x좌표가 -2이므로
$B(-2, 8)$
따라서 $a=-2$, $b=8$이므로
$ab=-2\times 8=-16$

교과서 예제로 **개념 익히기** • 본문 046~049쪽

필수 예제 1 답 (1) $y=5x-8$ (2) $y=-\dfrac{1}{5}x-\dfrac{14}{5}$

(1) $f(x)=3x^2-x-5$라 하면 $f'(x)=6x-1$
점 $(1, -3)$에서의 접선의 기울기는
$f'(1)=6-1=5$
따라서 구하는 접선의 방정식은
$y-(-3)=5(x-1)$ $\therefore y=5x-8$

(2) 점 $(1, -3)$에서의 접선의 기울기가 5이므로
이 접선과 수직인 직선의 기울기는 $-\dfrac{1}{5}$이다.
따라서 구하는 직선의 방정식은
$y-(-3)=-\dfrac{1}{5}(x-1)$ $\therefore y=-\dfrac{1}{5}x-\dfrac{14}{5}$

1-1 답 (1) $y=-2x+4$ (2) $y=\dfrac{1}{2}x+\dfrac{13}{2}$

(1) $f(x)=x^3-5x+2$라 하면 $f'(x)=3x^2-5$
점 $(-1, 6)$에서의 접선의 기울기는
$f'(-1)=3-5=-2$
따라서 구하는 접선의 방정식은
$y-6=-2\{x-(-1)\}$ $\therefore y=-2x+4$

(2) 점 $(-1, 6)$에서의 접선의 기울기가 -2이므로
이 접선과 수직인 직선의 기울기는 $\dfrac{1}{2}$이다.
따라서 구하는 직선의 방정식은
$y-6=\dfrac{1}{2}\{x-(-1)\}$ $\therefore y=\dfrac{1}{2}x+\dfrac{13}{2}$

1-2 답 1

$f(x)=-x^2-x+3$이라 하면 $f'(x)=-2x-1$이므로
$f'(-2)=4-1=3$
따라서 점 $(-2, 1)$에서의 접선의 방정식은
$y-1=3\{x-(-2)\}$
$\therefore y=3x+7$
이 접선이 점 $(a, 10)$을 지나므로
$10=3a+7$, $3a=3$
$\therefore a=1$

1-3 답 -16

$f(x)=-x^3$이라 하면 $f'(x)=-3x^2$이므로
점 $A(1, -1)$에서의 접선의 기울기는
$f'(1)=-3$

필수 예제 2 답 (1) $y=3x-6$ (2) $y=x-3$

(1) $f(x)=2x^2-x-4$라 하면 $f'(x)=4x-1$
접점의 좌표를 $(a, 2a^2-a-4)$라 하면 직선 $y=3x+1$에 평행한 직선의 기울기는 3이므로
$f'(a)=4a-1=3$ $\therefore a=1$
따라서 접점의 좌표가 $(1, -3)$이므로 구하는 직선의 방정식은
$y-(-3)=3(x-1)$ $\therefore y=3x-6$

(2) $f(x)=x^3+x-3$이라 하면 $f'(x)=3x^2+1$
접점의 좌표를 (a, a^3+a-3)이라 하면 직선 $y=-x+5$에 수직인 직선의 기울기는 1이므로
$f'(a)=3a^2+1=1$
$a^2=0$ $\therefore a=0$
따라서 접점의 좌표가 $(0, -3)$이므로 구하는 직선의 방정식은
$y-(-3)=x$ $\therefore y=x-3$

2-1 답 (1) $y=-2x-2$ (2) $y=-5x+7$

(1) $f(x)=3x^2+4x+1$이라 하면 $f'(x)=6x+4$
접점의 좌표를 $(a, 3a^2+4a+1)$이라 하면 직선 $y=-2x$에 평행한 직선의 기울기는 -2이므로
$f'(a)=6a+4=-2$ $\therefore a=-1$
따라서 접점의 좌표가 $(-1, 0)$이므로 구하는 직선의 방정식은
$y=-2\{x-(-1)\}$ $\therefore y=-2x-2$

(2) $f(x)=x^3-5x+7$이라 하면 $f'(x)=3x^2-5$
접점의 좌표를 (a, a^3-5a+7)이라 하면 직선 $y=\dfrac{1}{5}x-1$에 수직인 직선의 기울기는 -5이므로
$f'(a)=3a^2-5=-5$
$a^2=0$ $\therefore a=0$
따라서 접점의 좌표가 $(0, 7)$이므로 구하는 직선의 방정식은
$y-7=-5x$ $\therefore y=-5x+7$

2-2 답 11

$f(x)=2x^2+10x-1$이라 하면 $f'(x)=4x+10$
점 (a, b)에서의 접선의 기울기가 2이므로
$f'(a)=4a+10=2$ $\therefore a=-2$
$b=f(-2)=8-20-1=-13$
$\therefore a-b=-2-(-13)=11$

2-3 답 2

두 점 $(-1, 6)$, $(2, 3)$을 지나는 직선의 기울기는

$$\frac{3-6}{2-(-1)} = -1$$

$f(x) = -2x^2 + 3x + 5$라 하면 $f'(x) = -4x + 3$

접점의 좌표를 $(a, -2a^2 + 3a + 5)$라 하면 접선의 기울기가 -1이므로

$$f'(a) = -4a + 3 = -1 \qquad \therefore a = 1$$

따라서 접점의 좌표가 $(1, 6)$이므로 접선의 방정식은

$$y - 6 = -(x-1)$$

$$\therefore y = -x + 7$$

$$\therefore k = -5 + 7 = 2$$

필수 예제 3 답 $y = -6x - 1$, $y = 2x - 1$

$f(x) = 2x^2 - 2x + 1$이라 하면 $f'(x) = 4x - 2$

접점의 좌표를 $(a, 2a^2 - 2a + 1)$이라 하면 이 점에서의 접선의 기울기는 $f'(a) = 4a - 2$이므로 접선의 방정식은

$$y - (2a^2 - 2a + 1) = (4a - 2)(x - a)$$

$$\therefore y = (4a - 2)x - 2a^2 + 1 \quad \cdots\cdots \ \text{㉠}$$

직선 ㉠이 점 $(0, -1)$을 지나므로

$$-1 = -2a^2 + 1, \ a^2 = 1$$

$$\therefore a = -1 \ \text{또는} \ a = 1$$

$a = -1$을 ㉠에 대입하면 $y = -6x - 1$

$a = 1$을 ㉠에 대입하면 $y = 2x - 1$

3-1 답 $y = 2x - 2$, $y = 10x - 10$

$f(x) = x^2 + 4x - 1$이라 하면 $f'(x) = 2x + 4$

접점의 좌표를 $(a, a^2 + 4a - 1)$이라 하면 이 점에서의 접선의 기울기는 $f'(a) = 2a + 4$이므로 접선의 방정식은

$$y - (a^2 + 4a - 1) = (2a + 4)(x - a)$$

$$\therefore y = (2a + 4)x - a^2 - 1 \quad \cdots\cdots \ \text{㉠}$$

직선 ㉠이 점 $(1, 0)$을 지나므로

$$0 = 2a + 4 - a^2 - 1, \ a^2 - 2a - 3 = 0$$

$$(a + 1)(a - 3) = 0$$

$$\therefore a = -1 \ \text{또는} \ a = 3$$

$a = -1$을 ㉠에 대입하면 $y = 2x - 2$

$a = 3$을 ㉠에 대입하면 $y = 10x - 10$

3-2 답 3

$f(x) = x^3 - 2x$라 하면 $f'(x) = 3x^2 - 2$

접점의 좌표를 $(a, a^3 - 2a)$라 하면 이 점에서의 접선의 기울기는 $f'(a) = 3a^2 - 2$이므로 접선의 방정식은

$$y - (a^3 - 2a) = (3a^2 - 2)(x - a)$$

$$\therefore y = (3a^2 - 2)x - 2a^3 \quad \cdots\cdots \ \text{㉠}$$

직선 ㉠이 점 $(1, -6)$을 지나므로

$$-6 = 3a^2 - 2 - 2a^3, \ 2a^3 - 3a^2 - 4 = 0$$

$$(a - 2)(2a^2 + a + 2) = 0$$

$$\therefore a = 2 \ (\because 2a^2 + a + 2 > 0)$$

$a = 2$를 ㉠에 대입하면 $y = 10x - 16$

따라서 이 직선이 점 $(k, 14)$를 지나므로

$$14 = 10k - 16, \ 10k = 30$$

$$\therefore k = 3$$

3-3 답 $2\sqrt{10}$

$f(x) = -x^2 + 3x - 1$이라 하면 $f'(x) = -2x + 3$

접점의 좌표를 $(a, -a^2 + 3a - 1)$이라 하면 이 점에서의 접선의 기울기는 $f'(a) = -2a + 3$이므로 접선의 방정식은

$$y - (-a^2 + 3a - 1) = (-2a + 3)(x - a)$$

$$\therefore y = (-2a + 3)x + a^2 - 1$$

이 직선이 원점을 지나므로

$$0 = a^2 - 1, \ a^2 = 1 \qquad \therefore a = -1 \ \text{또는} \ a = 1$$

따라서 두 접점의 좌표는 $P(-1, -5)$, $Q(1, 1)$ 또는 $P(1, 1)$, $Q(-1, -5)$이므로

$$\overline{PQ} = \sqrt{\{1 - (-1)\}^2 + \{1 - (-5)\}^2} = 2\sqrt{10}$$

필수 예제 4 답 (1) 1   (2) $-\dfrac{1}{3}$

(1) 함수 $f(x) = -x^2 + 2x + 8$은 닫힌구간 $[0, 2]$에서 연속이고 열린구간 $(0, 2)$에서 미분가능하며 $f(0) = f(2) = 8$이므로 롤의 정리에 의하여 $f'(c) = 0$인 c가 열린구간 $(0, 2)$에 적어도 하나 존재한다.

이때 $f'(x) = -2x + 2$이므로

$$f'(c) = -2c + 2 = 0 \qquad \therefore c = 1$$

(2) 함수 $f(x) = x^3 + 8x^2 + 5x - 9$는 닫힌구간 $[-2, 1]$에서 연속이고 열린구간 $(-2, 1)$에서 미분가능하며 $f(-2) = f(1) = 5$이므로 롤의 정리에 의하여 $f'(c) = 0$인 c가 열린구간 $(-2, 1)$에 적어도 하나 존재한다.

이때 $f'(x) = 3x^2 + 16x + 5$이므로

$$f'(c) = 3c^2 + 16c + 5 = 0$$

$$(c + 5)(3c + 1) = 0$$

$$\therefore c = -\frac{1}{3} \ (\because -2 < c < 1)$$

4-1 답 (1) $-\dfrac{3}{2}$ (2) 3

(1) 함수 $f(x) = x^2 + 3x - 6$은 닫힌구간 $[-3, 0]$에서 연속이고 열린구간 $(-3, 0)$에서 미분가능하며 $f(-3) = f(0) = -6$이므로 롤의 정리에 의하여 $f'(c) = 0$인 c가 열린구간 $(-3, 0)$에 적어도 하나 존재한다.

이때 $f'(x) = 2x + 3$이므로

$$f'(c) = 2c + 3 = 0 \qquad \therefore c = -\frac{3}{2}$$

(2) 함수 $f(x) = -x^3 + 6x^2 - 9x + 5$는 닫힌구간 $[1, 4]$에서 연속이고 열린구간 $(1, 4)$에서 미분가능하며 $f(1) = f(4) = 1$이므로 롤의 정리에 의하여 $f'(c) = 0$인 c가 열린구간 $(1, 4)$에 적어도 하나 존재한다.

이때 $f'(x) = -3x^2 + 12x - 9$이므로

$$f'(c) = -3c^2 + 12c - 9 = 0$$

$$-3(c - 1)(c - 3) = 0 \qquad \therefore c = 3 \ (\because 1 < c < 4)$$

4-2 답 3

함수 $f(x) = -x^2(x - k)$에 대하여 $f(0) = f(k) = 0$이므로 닫힌구간 $[0, k]$에서 롤의 정리를 만족시키는 상수 c의 값이 존재한다.

그 값이 $c = 2$이므로

$f'(x) = -2x(x - k) - x^2 = -3x^2 + 2kx$에서

$$f'(2) = -12 + 4k = 0 \qquad \therefore k = 3$$

필수 예제 5 답 (1) $\dfrac{3}{2}$ (2) 1

(1) 함수 $f(x)=x^2-x-3$은 닫힌구간 $[0, 3]$에서 연속이고 열린구간 $(0, 3)$에서 미분가능하므로 평균값 정리에 의하여 $\dfrac{f(3)-f(0)}{3-0}=f'(c)$인 c가 열린구간 $(0, 3)$에 적어도 하나 존재한다.

이때 $f'(x)=2x-1$이므로

$\dfrac{3-(-3)}{3-0}=2c-1, \ 2c-1=2$

$\therefore c=\dfrac{3}{2}$

(2) 함수 $f(x)=-x^3+2x-1$은 닫힌구간 $[-1, 2]$에서 연속이고 열린구간 $(-1, 2)$에서 미분가능하므로 평균값 정리에 의하여 $\dfrac{f(2)-f(-1)}{2-(-1)}=f'(c)$인 c가 열린구간 $(-1, 2)$에 적어도 하나 존재한다.

이때 $f'(x)=-3x^2+2$이므로

$\dfrac{-5-(-2)}{2-(-1)}=-3c^2+2, \ -3c^2+2=-1$

$c^2=1$

$\therefore c=1 \ (\because -1 < c < 2)$

5-1 답 (1) $\dfrac{1}{2}$ (2) $-\dfrac{1}{3}$

(1) 함수 $f(x)=-x^2-x+2$는 닫힌구간 $[-2, 3]$에서 연속이고 열린구간 $(-2, 3)$에서 미분가능하므로 평균값 정리에 의하여 $\dfrac{f(3)-f(-2)}{3-(-2)}=f'(c)$인 c가 열린구간 $(-2, 3)$에 적어도 하나 존재한다.

이때 $f'(x)=-2x-1$이므로

$\dfrac{-10-0}{3-(-2)}=-2c-1, \ -2c-1=-2$

$\therefore c=\dfrac{1}{2}$

(2) 함수 $f(x)=x^3-x^2-4x-4$는 닫힌구간 $[-1, 1]$에서 연속이고 열린구간 $(-1, 1)$에서 미분가능하므로 평균값 정리에 의하여 $\dfrac{f(1)-f(-1)}{1-(-1)}=f'(c)$인 c가 열린구간 $(-1, 1)$에 적어도 하나 존재한다.

이때 $f'(x)=3x^2-2x-4$이므로

$\dfrac{-8-(-2)}{1-(-1)}=3c^2-2c-4, \ 3c^2-2c-1=0$

$(3c+1)(c-1)=0$

$\therefore c=-\dfrac{1}{3} \ (\because -1 < c < 1)$

5-2 답 2

$f(x)=x^3-2x$에서 $f'(x)=3x^2-2$

닫힌구간 $[-1, k]$에서 평균값 정리를 만족시키는 상수 c의 값이 1이므로

$\dfrac{f(k)-f(-1)}{k-(-1)}=f'(1)$

$\dfrac{(k^3-2k)-1}{k-(-1)}=1, \ k^3-2k-1=k+1$

$k^3-3k-2=0, \ (k+1)^2(k-2)=0$

$\therefore k=2 \ (\because k>1)$

실전 문제로 **단원 마무리** · 본문 050~051쪽

01 3	**02** ④	**03** ①	**04** 15
05 -5	**06** 3	**07** 1	**08** ②
09 ①	**10** ④		

01

$f(x)=-2x^2+ax+b$라 하면 $f'(x)=-4x+a$

점 $(1, -1)$이 곡선 $y=f(x)$ 위의 점이므로

$f(1)=-2+a+b=-1$

$\therefore a+b=1$ ...... ㉠

또한, 점 $(1, -1)$에서의 접선의 기울기가 -2이므로

$f'(1)=-2$

즉, $-4+a=-2$에서 $a=2$

$a=2$를 ㉠에 대입하면 $2+b=1$

$\therefore b=-1$

$\therefore a-b=2-(-1)=3$

02

$f(x)=x^3-4x$라 하면 $f'(x)=3x^2-4$이므로

점 $(1, -3)$에서의 접선의 기울기는

$f'(1)=3-4=-1$

즉, 접선의 방정식은

$y-(-3)=-(x-1)$

$\therefore y=-x-2$

따라서 접선과 x축 및 y축으로 둘러싸인

도형의 넓이는

$\dfrac{1}{2}\times 2\times 2=2$

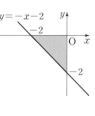

03

$f(x)=x^2-2$라 하면 $f'(x)=2x$

접점의 좌표를 (a, a^2-2)라 하면 접선의 기울기가 $\tan 45°=1$이므로

$f'(a)=2a=1$ $\therefore a=\dfrac{1}{2}$

따라서 접점의 좌표가 $\left(\dfrac{1}{2}, -\dfrac{7}{4}\right)$이므로

$4\times\dfrac{1}{2}-4\times\left(-\dfrac{7}{4}\right)+k=0, \ 2+7+k=0$

$\therefore k=-9$

🎓 플러스 강의

직선의 기울기

직선이 x축의 양의 방향과 이루는 각의 크기가 θ일 때

(기울기)$=\tan\theta$

04

$f(x)=-x^3+6x^2+9$라 하면

$f'(x)=-3x^2+12x=-3(x-2)^2+12$

즉, $f'(x)$는 $x=2$에서 최댓값 12를 가지므로

$k=12$

이때 $f(2)=-8+24+9=25$이므로 접점의 좌표는

$(2, 25)$

따라서 $a=2$, $b=25$이므로

$a+b-k=2+25-12=15$

참고 이차함수 $y=a(x-p)^2+q$는

① $a>0$일 때, $x=p$에서 최솟값 q를 갖고, 최댓값은 없다.

② $a<0$일 때, $x=p$에서 최댓값 q를 갖고, 최솟값은 없다.

05

$f(x)=x^2-4x$라 하면 $f'(x)=2x-4$

접점의 좌표를 (a, a^2-4a)라 하면 이 점에서의 접선의 기울기는

$f'(a)=2a-4$이므로 접선의 방정식은

$y-(a^2-4a)=(2a-4)(x-a)$

$\therefore y=(2a-4)x-a^2$ ...... ㉠

직선 ㉠이 점 $\left(-\dfrac{1}{2}, 0\right)$을 지나므로

$0=(2a-4)\times\left(-\dfrac{1}{2}\right)-a^2$

$a^2+a-2=0$, $(a+2)(a-1)=0$

$\therefore a=-2$ 또는 $a=1$

$a=-2$를 ㉠에 대입하면 $y=-8x-4$

$a=1$을 ㉠에 대입하면 $y=-2x-1$

따라서 두 접선 $y=-8x-4$, $y=-2x-1$의 y절편은 각각

-4, -1이므로 그 합은

$-4+(-1)=-5$

06

$f(x)=-x^2+x+3$이라 하면 $f'(x)=-2x+1$

접점의 좌표를 $(a, -a^2+a+3)$이라 하면 접선의 기울기는

$f'(a)=-2a+1$이므로 접선의 방정식은

$y-(-a^2+a+3)=(-2a+1)(x-a)$

$\therefore y=(-2a+1)x+a^2+3$ ...... ㉠

직선 ㉠이 점 $(1, 4)$를 지나므로

$4=-2a+1+a^2+3$, $a^2-2a=0$

$a(a-2)=0$ $\therefore a=0$ 또는 $a=2$

즉, 두 접점의 좌표가 $(0, 3)$, $(2, 1)$이므로

구하는 삼각형의 넓이는

$\dfrac{1}{2}\times3\times2=3$

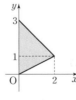

07

함수 $f(x)=x^2-kx-3$은 닫힌구간 $[-1, 3]$에서 연속이고 열린구간 $(-1, 3)$에서 미분가능하다.

이때 롤의 정리를 만족시키는 상수 c가 존재하므로

$f(-1)=f(3)$에서

$1+k-3=9-3k-3$, $4k=8$

$\therefore k=2$

즉, 함수 $f(x)=x^2-2x-3$에 대하여 롤의 정리를 만족시키는 상수 c가 열린구간 $(-1, 3)$에 적어도 하나 존재한다.

이때 $f'(x)=2x-2$이므로 $f'(c)=2c-2=0$

$\therefore c=1$

08

함수 $f(x)=x^3+x$는 닫힌구간 $[-3, 3]$에서 연속이고 열린구간 $(-3, 3)$에서 미분가능하므로 평균값 정리에 의하여

$\dfrac{f(3)-f(-3)}{3-(-3)}=f'(c)$인 c가 열린구간 $(-3, 3)$에 적어도 하나 존재한다.

이때 $f'(x)=3x^2+1$이므로

$\dfrac{30-(-30)}{3-(-3)}=3c^2+1$, $3c^2+1=10$

$c^2=3$ $\therefore c=-\sqrt{3}$ 또는 $c=\sqrt{3}$

따라서 모든 상수 c의 값의 곱은

$-\sqrt{3}\times\sqrt{3}=-3$

09

$f(x)=x^3-4x+5$라 하면

$f'(x)=3x^2-4$

점 $(1, 2)$에서의 접선의 기울기는

$f'(1)=3-4=-1$

이므로 접선의 방정식은

$y-2=-(x-1)$

$\therefore y=-x+3$ ...... ㉠

한편, $g(x)=x^4+3x+a$라 하면

$g'(x)=4x^3+3$

직선 ㉠과 곡선 $y=g(x)$의 접점의 x좌표를 t라 하면

$g'(t)=-1$이므로

$4t^3+3=-1$, $4t^3=-4$

$t^3+1=0$, $(t+1)(t^2-t+1)=0$

$\therefore t=-1$ $(\because t^2-t+1>0)$

$x=-1$을 ㉠에 대입하면 $y=4$이므로 접점의 좌표는

$(-1, 4)$이다.

따라서 점 $(-1, 4)$는 곡선 $y=g(x)$ 위의 점이므로

$4=1-3+a$ $\therefore a=6$

10

$f(x)=x^3-x+2$라 하면

$f'(x)=3x^2-1$

접점의 좌표를 (a, a^3-a+2)라 하면 접선의 기울기는

$f'(a)=3a^2-1$이므로 접선의 방정식은

$y-(a^3-a+2)=(3a^2-1)(x-a)$

$\therefore y=(3a^2-1)x-2a^3+2$ ...... ㉠

직선 ㉠이 점 $(0, 4)$를 지나므로

$4=-2a^3+2$, $2a^3=-2$

$a^3+1=0$, $(a+1)(a^2-a+1)=0$

$\therefore a=-1$ $(\because a^2-a+1>0)$

즉, 접선의 방정식이 $y=2x+4$이므로

$0=2x+4$에서 $x=-2$

따라서 구하는 x절편은 -2이다.

---

1 답 (1) $f'(a)$ (2) $f'(a)$ (3) 0 (4) $f'(c)$

2 답 (1) × (2) ○ (3) × (4) ○ (5) × (6) ×

(1) 곡선 $y=f(x)$ 위의 점 $P(a, f(a))$를 지나고 이 점에서의 접선에 수직인 직선의 방정식은

$y-f(a)=-\dfrac{1}{f'(a)}(x-a)$이다. (단, $f'(a)\neq0$)

(3) $f(x)=x^2-3x+1$이라 하면 $f'(x)=2x-3$

접점의 좌표를 (a, a^2-3a+1)이라 하면 이 점에서의 접선의 기울기는 1이므로

$f'(a)=2a-3=1$ $\therefore a=2$

따라서 접점의 좌표가 $(2, -1)$이므로 구하는 직선의 방정식은

$y-(-1)=1\times(x-2)$ $\therefore y=x-3$

(5) 함수 $f(x)=|x|$는 $x=0$에서 미분가능하지 않으므로 열린구간 $(-1, 1)$에서 미분가능하지 않은 x의 값이 존재한다. 즉, 롤의 정리가 성립하지 않는다.

(6) $a<x\leq b$인 x에 대하여 함수 $f(x)$는 닫힌구간 $[a, x]$에서 연속이고 열린구간 (a, x)에서 미분가능하므로 평균값 정리에 의하여 $\dfrac{f(x)-f(a)}{x-a}=f'(c)$인 c가 열린구간 (a, x)에 적어도 하나 존재한다.

그런데 $f'(c)=0$이므로

$f(x)-f(a)=0$ $\therefore f(x)=f(a)$

따라서 함수 $f(x)$는 닫힌구간 $[a, b]$에서 상수함수이다.

교과서 개념 확인하기 ───────○ 본문 055쪽

1 답 구간 $(-\infty, a]$, $[b, c]$에서 증가,
구간 $[a, b]$, $[c, \infty)$에서 감소

주어진 그래프에서 구간 $(-\infty, a]$, $[b, c]$에 속하는 임의의 두 실수 $x_1, x_2 (x_1<x_2)$에 대하여 $f(x_1)<f(x_2)$이므로 함수 $f(x)$는 구간 $(-\infty, a]$, $[b, c]$에서 증가한다.

한편, 구간 $[a, b]$, $[c, \infty)$에 속하는 임의의 두 실수 x_1, $x_2 (x_1<x_2)$에 대하여 $f(x_1)>f(x_2)$이므로 함수 $f(x)$는 구간 $[a, b]$, $[c, \infty)$에서 감소한다.

2 답 (1) 구간 $\left[-\dfrac{1}{2}, \infty\right)$에서 증가, 구간 $\left(-\infty, -\dfrac{1}{2}\right]$에서 감소

(2) 구간 $(-\infty, -1]$, $[1, \infty)$에서 증가,
구간 $[-1, 1]$에서 감소

(1) $f(x)=x^2+x$에서 $f'(x)=2x+1$

$f'(x)=0$에서 $x=-\dfrac{1}{2}$

함수 $f(x)$의 증가와 감소를 표로 나타내면 다음과 같다.

x	$\cdots$	$-\dfrac{1}{2}$	$\cdots$
$f'(x)$	$-$	0	$+$
$f(x)$	$\searrow$	$-\dfrac{1}{4}$	$\nearrow$

따라서 함수 $f(x)$는 구간 $\left[-\dfrac{1}{2}, \infty\right)$에서 증가하고,

구간 $\left(-\infty, -\dfrac{1}{2}\right]$에서 감소한다.

(2) $f(x)=x^3-3x-2$에서

$f'(x)=3x^2-3=3(x+1)(x-1)$

$f'(x)=0$에서 $x=-1$ 또는 $x=1$

함수 $f(x)$의 증가와 감소를 표로 나타내면 다음과 같다.

x	$\cdots$	-1	$\cdots$	1	$\cdots$
$f'(x)$	$+$	0	$-$	0	$+$
$f(x)$	$\nearrow$	0	$\searrow$	-4	$\nearrow$

따라서 함수 $f(x)$는 구간 $(-\infty, -1]$, $[1, \infty)$에서 증가하고, 구간 $[-1, 1]$에서 감소한다.

3 답 극댓값: 3, 극솟값: -4

함수 $f(x)$는 $x=2$에서 극대이므로 극댓값은

$f(2)=3$

또한, $x=-3$에서 극소이므로 극솟값은

$f(-3)=-4$

4 답 (1) $f'(x)=3x^2-12$ (2) $x=-2$ 또는 $x=2$
(3) 극댓값: 20, 극솟값: -12

(1) $f(x)=x^3-12x+4$에서

$f'(x)=3x^2-12$

---

(2) $f'(x)=0$에서 $3x^2-12=0$, $3(x+2)(x-2)=0$
$\therefore x=-2$ 또는 $x=2$

(3) 함수 $f(x)$의 증가와 감소를 표로 나타내면 다음과 같다.

x	$\cdots$	-2	$\cdots$	2	$\cdots$
$f'(x)$	$+$	0	$-$	0	$+$
$f(x)$	↗	20	↘	-12	↗

따라서 함수 $f(x)$는 $x=-2$에서 극대이고 극댓값은
$f(-2)=20$, $x=2$에서 극소이고 극솟값은 $f(2)=-12$이다.

5 답 해설 참조
$f(x)=x^3+3x^2-1$에서
$f'(x)=3x^2+6x=3x(x+2)$
$f'(x)=0$에서 $x=-2$ 또는 $x=0$
함수 $f(x)$의 증가와 감소를 표로 나타내면 다음과 같다.

x	$\cdots$	-2	$\cdots$	0	$\cdots$
$f'(x)$	$+$	0	$-$	0	$+$
$f(x)$	↗	3	↘	-1	↗

따라서 함수 $f(x)$는 $x=-2$에서 극댓값 3을 갖고, $x=0$에서 극솟값 -1을 가지므로 함수 $y=f(x)$의 그래프의 개형은 오른쪽 그림과 같다.

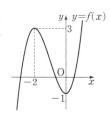

교과서 예제로 개념 익히기 • 본문 056~061쪽

필수 예제 1 답 (1) 구간 $(-\infty, 0]$, $[4, \infty)$에서 증가,
구간 $[0, 4]$에서 감소
(2) 구간 $(-\infty, -2]$, $[0, 2]$에서 증가,
구간 $[-2, 0]$, $[2, \infty)$에서 감소

(1) $f(x)=x^3-6x^2+10$에서
$f'(x)=3x^2-12x=3x(x-4)$
$f'(x)=0$에서 $x=0$ 또는 $x=4$
함수 $f(x)$의 증가와 감소를 표로 나타내면 다음과 같다.

x	$\cdots$	0	$\cdots$	4	$\cdots$
$f'(x)$	$+$	0	$-$	0	$+$
$f(x)$	↗	10	↘	-22	↗

따라서 함수 $f(x)$는 구간 $(-\infty, 0]$, $[4, \infty)$에서 증가하고, 구간 $[0, 4]$에서 감소한다.

(2) $f(x)=-x^4+8x^2-6$에서
$f'(x)=-4x^3+16x=-4x(x+2)(x-2)$
$f'(x)=0$에서 $x=-2$ 또는 $x=0$ 또는 $x=2$
함수 $f(x)$의 증가와 감소를 표로 나타내면 다음과 같다.

x	$\cdots$	-2	$\cdots$	0	$\cdots$	2	$\cdots$
$f'(x)$	$+$	0	$-$	0	$+$	0	$-$
$f(x)$	↗	10	↘	-6	↗	10	↘

따라서 함수 $f(x)$는 구간 $(-\infty, -2]$, $[0, 2]$에서 증가하고, 구간 $[-2, 0]$, $[2, \infty)$에서 감소한다.

1-1 답 (1) 구간 $[-3, 1]$에서 증가,
구간 $(-\infty, -3]$, $[1, \infty)$에서 감소
(2) 구간 $[-\sqrt{3}, 0]$, $[\sqrt{3}, \infty)$에서 증가,
구간 $(-\infty, -\sqrt{3}]$, $[0, \sqrt{3}]$에서 감소

(1) $f(x)=-x^3-3x^2+9x+7$에서
$f'(x)=-3x^2-6x+9=-3(x+3)(x-1)$
$f'(x)=0$에서 $x=-3$ 또는 $x=1$
함수 $f(x)$의 증가와 감소를 표로 나타내면 다음과 같다.

x	$\cdots$	-3	$\cdots$	1	$\cdots$
$f'(x)$	$-$	0	$+$	0	$-$
$f(x)$	↘	-20	↗	12	↘

따라서 함수 $f(x)$는 구간 $[-3, 1]$에서 증가하고, 구간 $(-\infty, -3]$, $[1, \infty)$에서 감소한다.

(2) $f(x)=x^4-6x^2+2$에서
$f'(x)=4x^3-12x=4x(x+\sqrt{3})(x-\sqrt{3})$
$f'(x)=0$에서 $x=-\sqrt{3}$ 또는 $x=0$ 또는 $x=\sqrt{3}$
함수 $f(x)$의 증가와 감소를 표로 나타내면 다음과 같다.

x	$\cdots$	$-\sqrt{3}$	$\cdots$	0	$\cdots$	$\sqrt{3}$	$\cdots$
$f'(x)$	$-$	0	$+$	0	$-$	0	$+$
$f(x)$	↘	-7	↗	2	↘	-7	↗

따라서 함수 $f(x)$는 구간 $[-\sqrt{3}, 0]$, $[\sqrt{3}, \infty)$에서 증가하고, 구간 $(-\infty, -\sqrt{3}]$, $[0, \sqrt{3}]$에서 감소한다.

1-2 답 -1
임의의 두 실수 x_1, x_2에 대하여 $x_1<x_2$일 때, $f(x_1)>f(x_2)$를 만족시키므로 함수 $f(x)$는 닫힌구간 $[a, b]$에서 감소한다.
$f(x)=2x^3+3x^2-12x$에서
$f'(x)=6x^2+6x-12=6(x+2)(x-1)$
$f'(x)=0$에서 $x=-2$ 또는 $x=1$
함수 $f(x)$의 증가와 감소를 표로 나타내면 다음과 같다.

x	$\cdots$	-2	$\cdots$	1	$\cdots$
$f'(x)$	$+$	0	$-$	0	$+$
$f(x)$	↗	20	↘	-7	↗

따라서 함수 $f(x)$는 닫힌구간 $[-2, 1]$에서 감소하므로
$a=-2$, $b=1$
$\therefore a+b=-2+1=-1$

1-3 답 ⑤
$f(x)=x^3+x^2+ax+3$에서
$f'(x)=3x^2+2x+a$
함수 $f(x)$가 실수 전체의 집합에서 증가하려면 모든 실수 x에 대하여 $f'(x)\ge0$이어야 하므로 이차방정식 $f'(x)=0$의 판별식을 D라 하면

$\dfrac{D}{4}=1-3a\leq0,\ 3a\geq1$

$\therefore a\geq\dfrac{1}{3}$

참고　이차함수 $f(x)=ax^2+bx+c$에 대하여 이차방정식 $f(x)=0$의 판별식을 D라 하면
① 모든 실수 x에 대하여 $f(x)\geq0$ ➡ $a>0,\ D\leq0$
② 모든 실수 x에 대하여 $f(x)\leq0$ ➡ $a<0,\ D\leq0$

필수 예제 2 답 (1) 극댓값: 5, 극솟값: -3
　　　　　　 (2) 극댓값: 없다., 극솟값: -15

(1) $f(x)=2x^3-6x+1$에서
　　$f'(x)=6x^2-6=6(x+1)(x-1)$
　　$f'(x)=0$에서 $x=-1$ 또는 $x=1$
　　함수 $f(x)$의 증가와 감소를 표로 나타내면 다음과 같다.

x	$\cdots$	-1	$\cdots$	1	$\cdots$
$f'(x)$	$+$	0	$-$	0	$+$
$f(x)$	$\nearrow$	5	$\searrow$	-3	$\nearrow$

따라서 함수 $f(x)$는 $x=-1$에서 극댓값 5, $x=1$에서 극솟값 -3을 갖는다.

(2) $f(x)=x^4-4x^3+12$에서
　　$f'(x)=4x^3-12x^2=4x^2(x-3)$
　　$f'(x)=0$에서 $x=0$ 또는 $x=3$
　　함수 $f(x)$의 증가와 감소를 표로 나타내면 다음과 같다.

x	$\cdots$	0	$\cdots$	3	$\cdots$
$f'(x)$	$-$	0	$-$	0	$+$
$f(x)$	$\searrow$	12	$\searrow$	-15	$\nearrow$

따라서 함수 $f(x)$의 극댓값은 없고, $x=3$에서 극솟값 -15를 갖는다.

2-1 답 (1) 극댓값: 0, 극솟값: -4 (2) 극댓값: 2, 극솟값: -2

(1) $f(x)=x^3-6x^2+9x-4$에서
　　$f'(x)=3x^2-12x+9=3(x-1)(x-3)$
　　$f'(x)=0$에서 $x=1$ 또는 $x=3$
　　함수 $f(x)$의 증가와 감소를 표로 나타내면 다음과 같다.

x	$\cdots$	1	$\cdots$	3	$\cdots$
$f'(x)$	$+$	0	$-$	0	$+$
$f(x)$	$\nearrow$	0	$\searrow$	-4	$\nearrow$

따라서 함수 $f(x)$는 $x=1$에서 극댓값 0, $x=3$에서 극솟값 -4를 갖는다.

(2) $f(x)=-x^4+4x^2-2$에서
　　$f'(x)=-4x^3+8x=-4x(x+\sqrt{2})(x-\sqrt{2})$
　　$f'(x)=0$에서 $x=-\sqrt{2}$ 또는 $x=0$ 또는 $x=\sqrt{2}$
　　함수 $f(x)$의 증가와 감소를 표로 나타내면 다음과 같다.

x	$\cdots$	$-\sqrt{2}$	$\cdots$	0	$\cdots$	$\sqrt{2}$	$\cdots$
$f'(x)$	$+$	0	$-$	0	$+$	0	$-$
$f(x)$	$\nearrow$	2	$\searrow$	-2	$\nearrow$	2	$\searrow$

따라서 함수 $f(x)$는 $x=-\sqrt{2}$, $x=\sqrt{2}$에서 극댓값 2, $x=0$에서 극솟값 -2를 갖는다.

2-2 답 -10

$f(x)=x^4-6x^2-8x+12$에서
$f'(x)=4x^3-12x-8=4(x+1)^2(x-2)$
$f'(x)=0$에서 $x=-1$ 또는 $x=2$
함수 $f(x)$의 증가와 감소를 표로 나타내면 다음과 같다.

x	$\cdots$	-1	$\cdots$	2	$\cdots$
$f'(x)$	$-$	0	$-$	0	$+$
$f(x)$	$\searrow$	15	$\searrow$	-12	$\nearrow$

따라서 함수 $f(x)$는 $x=2$에서 극솟값 -12를 가지므로
$a=2,\ b=-12$
$\therefore a+b=2+(-12)=-10$

2-3 답 12

$f(x)=x^3+ax^2+bx-15$에서
$f'(x)=3x^2+2ax+b$
함수 $f(x)$가 $x=-3$에서 극댓값 12를 가지므로
$f(-3)=12$에서 $-27+9a-3b-15=12$
$\therefore 3a-b=18$　　$\cdots\cdots$ ㉠
$f'(-3)=0$에서 $27-6a+b=0$
$\therefore -6a+b=-27$　　$\cdots\cdots$ ㉡
㉠, ㉡을 연립하여 풀면 $a=3,\ b=-9$
$\therefore a-b=3-(-9)=12$

필수 예제 3 답 해설 참조

(1) $f(x)=x^3-3x+2$에서
　　$f'(x)=3x^2-3=3(x+1)(x-1)$
　　$f'(x)=0$에서 $x=-1$ 또는 $x=1$
　　함수 $f(x)$의 증가와 감소를 표로 나타내면 다음과 같다.

x	$\cdots$	-1	$\cdots$	1	$\cdots$
$f'(x)$	$+$	0	$-$	0	$+$
$f(x)$	$\nearrow$	4	$\searrow$	0	$\nearrow$

따라서 함수 $y=f(x)$의 그래프의 개형은 오른쪽 그림과 같다.

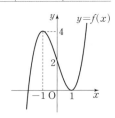

(2) $f(x)=-x^4+4x^3-4x^2+3$에서
　　$f'(x)=-4x^3+12x^2-8x=-4x(x-1)(x-2)$
　　$f'(x)=0$에서 $x=0$ 또는 $x=1$ 또는 $x=2$
　　함수 $f(x)$의 증가와 감소를 표로 나타내면 다음과 같다.

x	$\cdots$	0	$\cdots$	1	$\cdots$	2	$\cdots$
$f'(x)$	$+$	0	$-$	0	$+$	0	$-$
$f(x)$	$\nearrow$	3	$\searrow$	2	$\nearrow$	3	$\searrow$

따라서 함수 $y=f(x)$의 그래프의 개형은 오른쪽 그림과 같다.

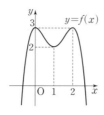

3-1 답 해설 참조

(1) $f(x)=\dfrac{1}{3}x^3+3x^2+9x+6$에서

$f'(x)=x^2+6x+9=(x+3)^2$

$f'(x)=0$에서 $x=-3$

함수 $f(x)$의 증가와 감소를 표로 나타내면 다음과 같다.

x	$\cdots$	-3	$\cdots$
$f'(x)$	$+$	0	$+$
$f(x)$	$\nearrow$	-3	$\nearrow$

따라서 함수 $y=f(x)$의 그래프의 개형은 오른쪽 그림과 같다.

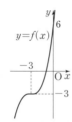

(2) $f(x)=3x^4+4x^3-2$에서

$f'(x)=12x^3+12x^2=12x^2(x+1)$

$f'(x)=0$에서 $x=-1$ 또는 $x=0$

함수 $f(x)$의 증가와 감소를 표로 나타내면 다음과 같다.

x	$\cdots$	-1	$\cdots$	0	$\cdots$
$f'(x)$	$-$	0	$+$	0	$+$
$f(x)$	$\searrow$	-3	$\nearrow$	-2	$\nearrow$

따라서 함수 $y=f(x)$의 그래프의 개형은 오른쪽 그림과 같다.

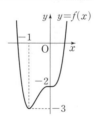

3-2 답 ①

함수 $y=f'(x)$의 그래프가 x축과 만나는 점의 x좌표가 -1, 2이므로 $f'(x)=0$에서 $x=-1$ 또는 $x=2$

함수 $f(x)$의 증가와 감소를 표로 나타내면 다음과 같다.

x	$\cdots$	-1	$\cdots$	2	$\cdots$
$f'(x)$	$+$	0	$+$	0	$-$
$f(x)$	$\nearrow$	$f(-1)$	$\nearrow$	$f(2)$	$\searrow$

즉, 함수 $f(x)$는 $x=2$에서 극대이고, $x=-1$의 좌우에서 $f'(x)$의 부호가 바뀌지 않으므로 $f(x)$는 $x=-1$에서 극값을 갖지 않는다.

따라서 함수 $y=f(x)$의 그래프의 개형이 될 수 있는 것은 ①이다.

3-3 답 ㄴ, ㄷ

ㄱ. 열린구간 $(-2,\ -1)$에서 $f'(x)>0$이므로 함수 $f(x)$는 이 구간에서 증가한다.

ㄴ. 열린구간 $(1,\ 3)$에서 $f'(x)>0$이므로 함수 $f(x)$는 이 구간에서 증가한다.

ㄷ. $f'(-3)=0$이고 $x=-3$의 좌우에서 $f'(x)$의 부호가 음$(-)$에서 양$(+)$으로 바뀌므로 함수 $f(x)$는 $x=-3$에서 극솟값을 갖는다.

ㄹ. $x=3$의 좌우에서 $f'(x)$의 부호가 바뀌지 않으므로 함수 $f(x)$는 $x=3$에서 극값을 갖지 않는다.

따라서 옳은 것은 ㄴ, ㄷ이다.

필수 예제 4 답 $a<-6$ 또는 $a>0$

$f(x)=x^3-ax^2-2ax+1$에서

$f'(x)=3x^2-2ax-2a$

삼차함수 $f(x)$가 극값을 가지려면 이차방정식 $f'(x)=0$이 서로 다른 두 실근을 가져야 한다.

이차방정식 $f'(x)=0$의 판별식을 D라 하면

$\dfrac{D}{4}=a^2+6a>0$, $a(a+6)>0$

$\therefore a<-6$ 또는 $a>0$

4-1 답 $a<-5$ 또는 $a>1$

$f(x)=\dfrac{1}{3}x^3+ax^2-(4a-5)x-2$에서

$f'(x)=x^2+2ax-(4a-5)$

삼차함수 $f(x)$가 극값을 가지려면 이차방정식 $f'(x)=0$이 서로 다른 두 실근을 가져야 한다.

이차방정식 $f'(x)=0$의 판별식을 D라 하면

$\dfrac{D}{4}=a^2+4a-5>0$, $(a+5)(a-1)>0$

$\therefore a<-5$ 또는 $a>1$

4-2 답 7

$f(x)=x^3+(a-1)x^2+3x-4$에서

$f'(x)=3x^2+2(a-1)x+3$

삼차함수 $f(x)$가 극값을 갖지 않으려면 이차방정식 $f'(x)=0$이 중근 또는 허근을 가져야 한다.

이차방정식 $f'(x)=0$의 판별식을 D라 하면

$\dfrac{D}{4}=(a-1)^2-9\leq0$, $(a+2)(a-4)\leq0$

$\therefore -2\leq a\leq4$

따라서 정수 a는 -2, -1, 0, 1, 2, 3, 4의 7개이다.

4-3 답 4

$f(x)=x^4-8x^3+4ax^2-1$에서

$f'(x)=4x^3-24x^2+8ax=4x(x^2-6x+2a)$

사차함수 $f(x)$가 극댓값과 극솟값을 모두 가지려면 삼차방정식 $f'(x)=0$이 서로 다른 세 실근을 가져야 한다.

그런데 삼차방정식 $f'(x)=0$의 한 실근이 $x=0$이므로 이차방정식 $x^2-6x+2a=0$은 0이 아닌 서로 다른 두 실근을 가져야 한다. ┌── $a=0$이면 삼차방정식 $f'(x)=0$이 중근 $x=0$을 갖는다.

$\therefore a\neq0$　　　　　　　　　$\cdots\cdots$ ㉠

이차방정식 $x^2-6x+2a=0$의 판별식을 D라 하면

$$\frac{D}{4}=9-2a>0 \qquad \therefore a<\frac{9}{2} \qquad \cdots\cdots \textcircled{\small L}$$

$\textcircled{\small ㄱ}$, $\textcircled{\small L}$에서 a의 값의 범위는 $a<0$ 또는 $0<a<\dfrac{9}{2}$

따라서 정수 a의 최댓값은 4이다.

필수 예제 5 답 (1) 최댓값: 22, 최솟값: -10
(2) 최댓값: 4, 최솟값: -4

(1) $f(x)=x^3-12x+6$에서

$f'(x)=3x^2-12=3(x+2)(x-2)$

$f'(x)=0$에서 $x=-2$ 또는 $x=2$

$-3\le x\le 3$에서 함수 $f(x)$의 증가와 감소를 표로 나타내면 다음과 같다.

x	-3	$\cdots$	-2	$\cdots$	2	$\cdots$	3
$f'(x)$		$+$	0	$-$	0	$+$	
$f(x)$	15	$\nearrow$	22	$\searrow$	-10	$\nearrow$	-3

따라서 $-3\le x\le 3$에서 함수 $y=f(x)$의 그래프의 개형은 오른쪽 그림과 같으므로 함수 $f(x)$는 $x=-2$에서 최댓값 22, $x=2$에서 최솟값 -10을 갖는다.

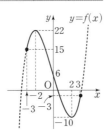

(2) $f(x)=3x^4-8x^3+6x^2-4$에서

$f'(x)=12x^3-24x^2+12x=12x(x-1)^2$

$f'(x)=0$에서 $x=0$ 또는 $x=1$

$0\le x\le 2$에서 함수 $f(x)$의 증가와 감소를 표로 나타내면 다음과 같다.

x	0	$\cdots$	1	$\cdots$	2
$f'(x)$		$+$	0	$+$	
$f(x)$	-4	$\nearrow$	-3	$\nearrow$	4

따라서 $0\le x\le 2$에서 함수 $y=f(x)$의 그래프의 개형은 오른쪽 그림과 같으므로 함수 $f(x)$는 $x=2$에서 최댓값 4, $x=0$에서 최솟값 -4를 갖는다.

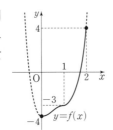

5-1 답 (1) 최댓값: 3, 최솟값: -6 (2) 최댓값: 15, 최솟값: 6

(1) $f(x)=2x^3-9x^2+12x-6$에서

$f'(x)=6x^2-18x+12=6(x-1)(x-2)$

$f'(x)=0$에서 $x=1$ 또는 $x=2$

$0\le x\le 3$에서 함수 $f(x)$의 증가와 감소를 표로 나타내면 다음과 같다.

x	0	$\cdots$	1	$\cdots$	2	$\cdots$	3
$f'(x)$		$+$	0	$-$	0	$+$	
$f(x)$	-6	$\nearrow$	-1	$\searrow$	-2	$\nearrow$	3

따라서 $0\le x\le 3$에서 함수 $y=f(x)$의 그래프의 개형은 오른쪽 그림과 같으므로 함수 $f(x)$는 $x=3$에서 최댓값 3, $x=0$에서 최솟값 -6을 갖는다.

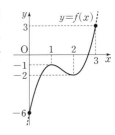

(2) $f(x)=x^4-2x^2+7$에서

$f'(x)=4x^3-4x=4x(x+1)(x-1)$

$f'(x)=0$에서 $x=-1$ 또는 $x=0$ 또는 $x=1$

$-2\le x\le 2$에서 함수 $f(x)$의 증가와 감소를 표로 나타내면 다음과 같다.

x	-2	$\cdots$	-1	$\cdots$	0	$\cdots$	1	$\cdots$	2
$f'(x)$		$-$	0	$+$	0	$-$	0	$+$	
$f(x)$	15	$\searrow$	6	$\nearrow$	7	$\searrow$	6	$\nearrow$	15

따라서 $-2\le x\le 2$에서 함수 $y=f(x)$의 그래프의 개형은 오른쪽 그림과 같으므로 함수 $f(x)$는 $x=-2$, $x=2$에서 최댓값 15, $x=-1$, $x=1$에서 최솟값 6을 갖는다.

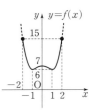

5-2 답 34

$f(x)=-\dfrac{1}{4}x^4+\dfrac{1}{2}x^2+4$에서

$f'(x)=-x^3+x=-x(x+1)(x-1)$

$f'(x)=0$에서 $x=-1$ 또는 $x=0$ 또는 $x=1$

$0\le x\le 2$에서 함수 $f(x)$의 증가와 감소를 표로 나타내면 다음과 같다.

x	0	$\cdots$	1	$\cdots$	2
$f'(x)$		$+$	0	$-$	
$f(x)$	4	$\nearrow$	$\dfrac{17}{4}$	$\searrow$	2

따라서 $0\le x\le 2$에서 함수 $y=f(x)$의 그래프의 개형은 오른쪽 그림과 같으므로 함수 $f(x)$는 $x=1$에서 최댓값 $\dfrac{17}{4}$을 갖는다.

$\therefore a=1$, $b=\dfrac{17}{4}$

$\therefore 8ab=8\times 1\times \dfrac{17}{4}=34$

5-3 답 -15

$f(x)=-x^3+3x^2+a-2$에서

$f'(x)=-3x^2+6x=-3x(x-2)$

$f'(x)=0$에서 $x=0$ 또는 $x=2$

$-2\le x\le 4$에서 함수 $f(x)$의 증가와 감소를 표로 나타내면 다음과 같다.

x	-2	$\cdots$	0	$\cdots$	2	$\cdots$	4
$f'(x)$		$-$	0	$+$	0	$-$	
$f(x)$	$a+18$	$\searrow$	$a-2$	$\nearrow$	$a+2$	$\searrow$	$a-18$

즉, $-2 \le x \le 4$에서 함수 $f(x)$는 $x=-2$에서 최댓값 $a+18$, $x=4$에서 최솟값 $a-18$을 갖는다.

이때 최댓값이 21이므로

$a+18=21$ $\therefore a=3$

따라서 함수 $f(x)$의 최솟값은

$a-18=3-18=-15$

필수 예제 6 달 (1) $\overline{AD}=-a^2+6$, $\overline{CD}=2a$ (2) $0<a<\sqrt{6}$

(3) $S(a)=-2a^3+12a$ (4) $8\sqrt{2}$

(1) 점 A의 좌표가 $(a, -a^2+6)$이므로

$\overline{AD}=-a^2+6$, $\overline{CD}=2a$

(2) 함수 $y=-x^2+6$의 그래프와 x축의 교점의 x좌표는

$-x^2+6=0$에서 $x^2=6$ $\therefore x=\pm\sqrt{6}$

이때 점 A는 제1사분면 위의 점이므로

$0<a<\sqrt{6}$

(3) $S(a)=2a(-a^2+6)=-2a^3+12a$

(4) $S'(a)=-6a^2+12=-6(a+\sqrt{2})(a-\sqrt{2})$

$S'(a)=0$에서 $a=\sqrt{2}$ ($\because 0<a<\sqrt{6}$)

$0<a<\sqrt{6}$에서 함수 $S(a)$의 증가와 감소를 표로 나타내면 다음과 같다.

a	(0)	$\cdots$	$\sqrt{2}$	$\cdots$	$(\sqrt{6})$
$S'(a)$		$+$	0	$-$	
$S(a)$		$\nearrow$	$8\sqrt{2}$	$\searrow$	

따라서 $0<a<\sqrt{6}$일 때, 함수 $S(a)$는 $a=\sqrt{2}$에서 극대이면서 최대이므로 직사각형의 넓이의 최댓값은 $8\sqrt{2}$이다.

6-1 답 32

함수 $y=-x^2+12$의 그래프와 x축의 교점의 x좌표는

$-x^2+12=0$에서 $x^2=12$ $\therefore x=\pm2\sqrt{3}$

이때 점 A의 x좌표를 a $(0<a<2\sqrt{3})$라 하면

$A(a, -a^2+12)$

이므로

$\overline{AD}=-a^2+12$, $\overline{CD}=2a$

직사각형 ABCD의 넓이를 $S(a)$라 하면

$S(a)=2a(-a^2+12)=-2a^3+24a$

이므로

$S'(a)=-6a^2+24=-6(a+2)(a-2)$

$S'(a)=0$에서 $a=2$ ($\because 0<a<2\sqrt{3}$)

$0<a<2\sqrt{3}$에서 함수 $S(a)$의 증가와 감소를 표로 나타내면 다음과 같다.

a	(0)	$\cdots$	2	$\cdots$	$(2\sqrt{3})$
$S'(a)$		$+$	0	$-$	
$S(a)$		$\nearrow$	32	$\searrow$	

따라서 $0<a<2\sqrt{3}$일 때, 함수 $S(a)$는 $a=2$에서 극대이면서 최대이므로 직사각형의 넓이의 최댓값은 32이다.

6-2 답 $54\,\mathrm{cm}^3$

잘라 내는 정사각형의 한 변의 길이를 x라 하면 상자의 밑면의 한 변의 길이는 $(9-2x)\,\mathrm{cm}$이고, 높이는 $x\,\mathrm{cm}$이다.

이때 $x>0$, $9-2x>0$이므로 $0<x<\dfrac{9}{2}$

상자의 부피를 $V(x)\,\mathrm{cm}^3$라 하면

$V(x)=x(9-2x)^2=4x^3-36x^2+81x$

이므로

$V'(x)=12x^2-72x+81=3(2x-3)(2x-9)$

$V'(x)=0$에서 $x=\dfrac{3}{2}$ $\left(\because 0<x<\dfrac{9}{2}\right)$

$0<x<\dfrac{9}{2}$에서 함수 $V(x)$의 증가와 감소를 표로 나타내면 다음과 같다.

x	(0)	$\cdots$	$\dfrac{3}{2}$	$\cdots$	$\left(\dfrac{9}{2}\right)$
$V'(x)$		$+$	0	$-$	
$V(x)$		$\nearrow$	54	$\searrow$	

따라서 $0<x<\dfrac{9}{2}$일 때, 함수 $V(x)$는 $x=\dfrac{3}{2}$에서 극대이면서 최대이므로 상자의 부피의 최댓값은 $54\,\mathrm{cm}^3$이다.

6-3 답 4 cm

오른쪽 그림과 같이 원기둥의 밑면의 반지름의 길이를 $x\,\mathrm{cm}$, 높이를 $y\,\mathrm{cm}$라 하면

$6:12=x:(12-y)$ ← 두 직각삼각형이 닮음이므로

$6(12-y)=12x$

$\therefore y=12-2x$

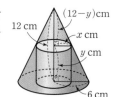

이때 $x>0$, $12-2x>0$이므로 $0<x<6$

원기둥의 부피를 $V(x)\,\mathrm{cm}^3$라 하면

$V(x)=\pi x^2 y=\pi x^2(12-2x)=-2\pi x^3+12\pi x^2$

이므로

$V'(x)=-6\pi x^2+24\pi x=-6\pi x(x-4)$

$V'(x)=0$에서 $x=4$ ($\because 0<x<6$)

$0<x<6$에서 함수 $V(x)$의 증가와 감소를 표로 나타내면 다음과 같다.

x	(0)	$\cdots$	4	$\cdots$	(6)
$V'(x)$		$+$	0	$-$	
$V(x)$		$\nearrow$	64π	$\searrow$	

따라서 $0<x<6$일 때, 함수 $V(x)$는 $x=4$에서 극대이면서 최대이므로 구하는 원기둥의 밑면의 반지름의 길이는 4 cm이다.

실전 문제로 단원 마무리 · 본문 062~063쪽

01 ①	02 7	03 -2	04 2
05 ③	06 3	07 ⑤	08 ③
09 3	10 6		

01

$f(x)=-x^3+ax^2+bx-12$에서

$f'(x)=-3x^2+2ax+b$

주어진 조건에서 함수 $f(x)$는 $x=1$, $x=3$의 좌우에서 증가와 감소가 바뀌므로 $x=1$, $x=3$의 좌우에서 $f'(x)$의 부호가 바뀐다.

즉, 이차방정식 $f'(x)=0$에 대하여 $f'(1)=0$, $f'(3)=0$이 성립한다.

$f'(1)=0$에서 $-3+2a+b=0$

$\therefore 2a+b=3$ ...... ㉠

$f'(3)=0$에서 $-27+6a+b=0$

$\therefore 6a+b=27$ ...... ㉡

㉠, ㉡을 연립하여 풀면

$a=6$, $b=-9$

$\therefore a+b=6+(-9)=-3$

02

$f(x)=x^3+ax^2+2ax+7$에서

$f'(x)=3x^2+2ax+2a$

함수 $f(x)$가 임의의 두 실수 x_1, x_2에 대하여 $x_1<x_2$일 때, $f(x_1)<f(x_2)$가 성립하려면 함수 $f(x)$가 실수 전체의 집합에서 증가해야 한다.

즉, 모든 실수 x에 대하여 $f'(x)\geq0$이어야 하므로 이차방정식 $f'(x)=0$의 판별식을 D라 하면

$\dfrac{D}{4}=a^2-6a\leq0$, $a(a-6)\leq0$

$\therefore 0\leq a\leq6$

따라서 구하는 정수 a는 0, 1, 2, 3, 4, 5, 6의 7개이다.

03

$f(x)=x^3+3x^2+k$에서

$f'(x)=3x^2+6x=3x(x+2)$

$f'(x)=0$에서 $x=-2$ 또는 $x=0$

함수 $f(x)$의 증가와 감소를 표로 나타내면 다음과 같다.

x	$\cdots$	-2	$\cdots$	0	$\cdots$
$f'(x)$	$+$	0	$-$	0	$+$
$f(x)$	$\nearrow$	$k+4$	$\searrow$	k	$\nearrow$

즉, 함수 $f(x)$는 $x=-2$에서 극댓값 $k+4$, $x=0$에서 극솟값 k를 갖는다.

이때 극댓값과 극솟값의 절댓값이 서로 같고 $k+4\neq k$이므로

$k+4=-k$, $2k=-4$

$\therefore k=-2$

04

$f'(-2)=0$, $f'(4)=0$이고 $x=-2$, $x=4$의 좌우에서 도함수 $f'(x)$의 부호가 양에서 음으로 바뀌므로 함수 $f(x)$는 $x=-2$, $x=4$에서 극댓값을 갖는다.

따라서 구하는 x의 값의 합은

$-2+4=2$

05

$f(x)=ax^3+2ax^2+(a+2)x-4$에서

$f'(x)=3ax^2+4ax+(a+2)$

삼차함수 $f(x)$가 극값을 갖지 않으려면 이차방정식 $f'(x)=0$

이 중근 또는 허근을 가져야 한다.

이차방정식 $f'(x)=0$의 판별식을 D라 하면

$\dfrac{D}{4}=(2a)^2-3a(a+2)\leq0$, $a^2-6a\leq0$

$a(a-6)\leq0$ $\therefore 0\leq a\leq6$

이때 $a\neq0$이므로 $0<a\leq6$

따라서 정수 a의 최댓값은 6, 최솟값은 1이므로 그 합은

$6+1=7$

06

$f(x)=x^3-6x^2+9x+a$에서

$f'(x)=3x^2-12x+9=3(x-1)(x-3)$

$f'(x)=0$에서 $x=1$ 또는 $x=3$

$-1\leq x\leq4$에서 함수 $f(x)$의 증가와 감소를 표로 나타내면 다음과 같다.

x	-1	$\cdots$	1	$\cdots$	3	$\cdots$	4
$f'(x)$		$+$	0	$-$	0	$+$	
$f(x)$	$a-16$	$\nearrow$	$a+4$	$\searrow$	a	$\nearrow$	$a+4$

따라서 $-1\leq x\leq4$일 때, 함수 $f(x)$는 $x=1$, $x=4$에서 최댓값 $a+4$, $x=-1$에서 최솟값 $a-16$을 가지므로

$(a+4)+(a-16)=-6$에서 $2a=6$

$\therefore a=3$

07

$f(x)=ax^3-3ax^2+b$에서

$f'(x)=3ax^2-6ax=3ax(x-2)$

$f'(x)=0$에서 $x=2$ ($\because 1\leq x\leq2$)

$1\leq x\leq2$에서 함수 $f(x)$의 증가와 감소를 표로 나타내면 다음과 같다.

x	1	$\cdots$	2
$f'(x)$		$-$	0
$f(x)$	$b-2a$	$\searrow$	$b-4a$

따라서 $1\leq x\leq2$일 때, 함수 $f(x)$는 $x=1$에서 최댓값 $b-2a$, $x=2$에서 최솟값 $b-4a$를 가지므로

$b-2a=4$, $b-4a=2$

위의 두 식을 연립하여 풀면 $a=1$, $b=6$

$\therefore ab=1\times6=6$

08

함수 $y=-x^2+4$의 그래프와 x축의 교점의 x좌표는

$-x^2+4=0$에서 $x^2=4$ $\therefore x=\pm2$

이때 오른쪽 그림과 같이 제1사분면 위에 있는 점 C의 x좌표를 a라 하면

C$(a, -a^2+4)$ $(0<a<2)$라 하고, 점 C에서 x축에 내린 수선의 발을 H라 하면

H$(a, 0)$이므로

$\overline{AB}=4$, $\overline{CD}=2a$, $\overline{CH}=-a^2+4$

사다리꼴 ABCD의 넓이를 $S(a)$라 하면

$S(a)=\dfrac{1}{2}(2a+4)(-a^2+4)=-a^3-2a^2+4a+8$이므로

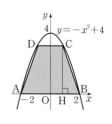

$S'(a)=-3a^2-4a+4=-(a+2)(3a-2)$

$S'(a)=0$에서 $a=\dfrac{2}{3}$ $(\because 0<a<2)$

$0<a<2$에서 함수 $S(a)$의 증가와 감소를 표로 나타내면 다음과 같다.

a	(0)	$\cdots$	$\dfrac{2}{3}$	$\cdots$	(2)
$S'(a)$		$+$	0	$-$	
$S(a)$		$\nearrow$	$\dfrac{256}{27}$	$\searrow$	

따라서 $0<a<2$일 때, $S(a)$는 $a=\dfrac{2}{3}$에서 극대이면서 최대이므로 사다리꼴 ABCD의 넓이의 최댓값은 $\dfrac{256}{27}$이다.

09

$f(x)=\dfrac{1}{3}x^3-9x+3$에서

$f'(x)=x^2-9=(x+3)(x-3)$

$f'(x)=0$에서 $x=-3$ 또는 $x=3$

함수 $f(x)$의 증가와 감소를 표로 나타내면 다음과 같다.

x	$\cdots$	-3	$\cdots$	3	$\cdots$
$f'(x)$	$+$	0	$-$	0	$+$
$f(x)$	$\nearrow$	21	$\searrow$	-15	$\nearrow$

함수 $f(x)$가 열린구간 $(-a, a)$에서 감소하므로

$-3\leq-a<a\leq3$이어야 한다.

$\therefore a\leq3$

따라서 양수 a의 최댓값은 3이다.

10

함수 $f(x)$가 $x=1$에서 극소이므로

$f'(1)=0$

이때 $f(x)=ax^3+bx+a$에서

$f'(x)=3ax^2+b$

즉, $f'(1)=3a+b$이므로

$3a+b=0$ $\cdots\cdots$ ㉠

함수 $f(x)$의 극솟값이 -2이므로

$f(1)=-2$

즉, $a+b+a=-2$이므로

$2a+b=-2$ $\cdots\cdots$ ㉡

㉠, ㉡을 연립하여 풀면

$a=2, b=-6$

$\therefore f(x)=2x^3-6x+2$

$f'(x)=6x^2-6=6(x+1)(x-1)$이므로

$f'(x)=0$에서 $x=-1$ 또는 $x=1$

함수 $f(x)$의 증가와 감소를 표로 나타내면 다음과 같다.

x	$\cdots$	-1	$\cdots$	1	$\cdots$
$f'(x)$	$+$	0	$-$	0	$+$
$f(x)$	$\nearrow$	6	$\searrow$	-2	$\nearrow$

따라서 함수 $f(x)$는 $x=-1$에서 극댓값 $f(-1)=6$을 갖는다.

개념으로 **단원 마무리** · 본문 064쪽

1 탑 (1) 증가, 감소 (2) 0 (3) 극대, 극소 (4) 최댓값, 최솟값

2 탑 (1) × (2) × (3) ○ (4) × (5) ○ (6) ×

(1) 함수 $f(x)$가 어떤 구간에 속하는 임의의 두 실수 x_1, x_2에 대하여 $x_1<x_2$일 때, $f(x_1)>f(x_2)$이면 함수 $f(x)$는 이 구간에서 감소한다고 한다.

(2) 함수 $f(x)=x^3$은 구간 $(-\infty, \infty)$에서 증가하지만 $f'(x)=3x^2$에서 $f'(0)=0$이다.

(4) 함수 $y=|x|$는 오른쪽 그림과 같이 $x=0$에서 미분가능하지 않지만 $x=0$에서 극소이다.

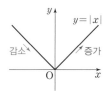

(6) 함수 $f(x)$가 닫힌구간 $[a, b]$에서 연속이면 $f(x)$의 극댓값, 극솟값, $f(a)$, $f(b)$ 중에서 가장 큰 값이 최댓값, 가장 작은 값이 최솟값이다.

06 도함수의 활용

본문 066쪽

교과서 개념 확인하기

1 답 (1) 해설 참조 (2) 3

(1), (2) $f(x)=x^3-3x^2+2$에서
$$f'(x)=3x^2-6x=3x(x-2)$$
$f'(x)=0$에서 $x=0$ 또는 $x=2$
함수 $f(x)$의 증가와 감소를 표로 나타내면 다음과 같다.

x	$\cdots$	0	$\cdots$	2	$\cdots$
$f'(x)$	+	0	−	0	+
$f(x)$	↗	2	↘	−2	↗

따라서 함수 $y=f(x)$의 그래프의 개형은 오른쪽 그림과 같다.
오른쪽 그림과 같이 함수 $y=f(x)$의 그래프는 x축과 서로 다른 세 점에서 만나므로 주어진 방정식의 서로 다른 실근의 개수는 3이다.

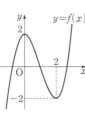

2 답 (1) 1 (2) 2

(1) $f(x)=2x^3+3x^2-3$이라 하면
$$f'(x)=6x^2+6x=6x(x+1)$$
$f'(x)=0$에서 $x=-1$ 또는 $x=0$
함수 $f(x)$의 증가와 감소를 표로 나타내면 다음과 같다.

x	$\cdots$	-1	$\cdots$	0	$\cdots$
$f'(x)$	+	0	−	0	+
$f(x)$	↗	−2	↘	−3	↗

따라서 함수 $y=f(x)$의 그래프의 개형은 오른쪽 그림과 같으므로 주어진 방정식의 서로 다른 실근의 개수는 1이다.

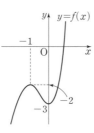

(2) $f(x)=x^4-4x-2$라 하면
$$f'(x)=4x^3-4=4(x-1)(x^2+x+1)$$
$f'(x)=0$에서 $x=1$ $(\because x^2+x+1>0)$
함수 $f(x)$의 증가와 감소를 표로 나타내면 오른쪽과 같다.

x	$\cdots$	1	$\cdots$
$f'(x)$	−	0	+
$f(x)$	↘	−5	↗

따라서 함수 $y=f(x)$의 그래프의 개형은 오른쪽 그림과 같으므로 주어진 방정식의 서로 다른 실근의 개수는 2이다.

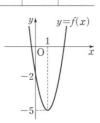

3 답 (가) 1 (나) 0

$f(x)=2x^3-6x+4$라 하면
$$f'(x)=6x^2-6=6(x+1)(x-1)$$
$f'(x)=0$에서 $x=\boxed{^{(가)}1}$ $(\because x \geq 0)$

x	0	$\cdots$	1	$\cdots$
$f'(x)$		−	0	+
$f(x)$	4	↘	0	↗

$x \geq 0$일 때, 함수 $f(x)$의 최솟값은 $\boxed{^{(나)}0}$이므로
$f(x) \geq 0$, 즉 $2x^3-6x+4 \geq 0$
따라서 $x \geq 0$일 때, 부등식 $2x^3-6x+4 \geq 0$이 성립한다.

4 답 $v=8$, $a=2$

$v=\dfrac{dx}{dt}=2t+6$, $a=\dfrac{dv}{dt}=2$이므로
$t=1$에서의 점 P의 속도와 가속도는
$v=2+6=8$, $a=2$

교과서 예제로 개념 익히기

• 본문 067~071쪽

필수 예제 1 답 (1) $-20<k<7$ (2) $k=-20$ 또는 $k=7$
(3) $k<-20$ 또는 $k>7$

$2x^3-3x^2-12x-k=0$에서 $2x^3-3x^2-12x=k$
$f(x)=2x^3-3x^2-12x$라 하면
$$f'(x)=6x^2-6x-12=6(x+1)(x-2)$$
$f'(x)=0$에서 $x=-1$ 또는 $x=2$
함수 $f(x)$의 증가와 감소를 표로 나타내면 다음과 같다.

x	$\cdots$	-1	$\cdots$	2	$\cdots$
$f'(x)$	+	0	−	0	+
$f(x)$	↗	7	↘	−20	↗

즉, 함수 $y=f(x)$의 그래프의 개형은 오른쪽 그림과 같다.

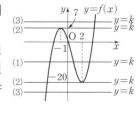

(1) 서로 다른 세 실근을 가지려면 함수 $y=f(x)$의 그래프와 직선 $y=k$의 교점의 개수가 3이어야 하므로 $-20<k<7$

(2) 한 실근과 중근을 가지려면 함수 $y=f(x)$의 그래프와 직선 $y=k$의 교점의 개수가 2이어야 하므로 $k=-20$ 또는 $k=7$

(3) 한 실근과 두 허근을 가지려면 함수 $y=f(x)$의 그래프와 직선 $y=k$의 교점의 개수가 1이어야 하므로 $k<-20$ 또는 $k>7$

다른 풀이

$f(x)=2x^3-3x^2-12x-k$라 하면
$f'(x)=0$에서 $x=-1$ 또는 $x=2$

(1) 삼차방정식 $f(x)=0$이 서로 다른 세 실근을 가지려면 $f(-1)f(2)<0$이어야 하므로
$(7-k)(-20-k)<0$ $\therefore -20<k<7$

(2) 삼차방정식 $f(x)=0$이 한 실근과 중근을 가지려면
$f(-1)f(2)=0$이어야 하므로
$(7-k)(-20-k)=0$ ∴ $k=-20$ 또는 $k=7$

(3) 삼차방정식 $f(x)=0$이 한 실근과 두 허근을 가지려면
$f(-1)f(2)>0$이어야 하므로
$(7-k)(-20-k)>0$ ∴ $k<-20$ 또는 $k>7$

1-1 답 (1) $-27<k<5$ (2) $k=-27$ 또는 $k=5$
(3) $k<-27$ 또는 $k>5$

$x^3+3x^2-9x+k=0$에서 $x^3+3x^2-9x=-k$
$f(x)=x^3+3x^2-9x$라 하면
$f'(x)=3x^2+6x-9=3(x+3)(x-1)$
$f'(x)=0$에서 $x=-3$ 또는 $x=1$
함수 $f(x)$의 증가와 감소를 표로 나타내면 다음과 같다.

x	$\cdots$	-3	$\cdots$	1	$\cdots$
$f'(x)$	$+$	0	$-$	0	$+$
$f(x)$	↗	27	↘	-5	↗

즉, 함수 $y=f(x)$의 그래프의 개형은 오른쪽 그림과 같다.

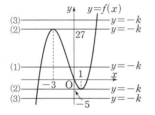

(1) 서로 다른 세 실근을 가지려면 함수 $y=f(x)$의 그래프와 직선 $y=-k$의 교점의 개수가 3이어야 하므로
$-5<-k<27$ ∴ $-27<k<5$

(2) 한 실근과 중근을 가지려면 함수 $y=f(x)$의 그래프와 직선 $y=-k$의 교점의 개수가 2이어야 하므로
$-k=-5$ 또는 $-k=27$
∴ $k=-27$ 또는 $k=5$

(3) 한 실근과 두 허근을 가지려면 함수 $y=f(x)$의 그래프와 직선 $y=-k$의 교점의 개수가 1이어야 하므로
$-k<-5$ 또는 $-k>27$ ∴ $k<-27$ 또는 $k>5$

다른 풀이

$f(x)=x^3+3x^2-9x+k$라 하면
$f'(x)=0$에서 $x=-3$ 또는 $x=1$

(1) 삼차방정식 $f(x)=0$이 서로 다른 세 실근을 가지려면
$f(-3)f(1)<0$이어야 하므로
$(k+27)(k-5)<0$ ∴ $-27<k<5$

(2) 삼차방정식 $f(x)=0$이 한 실근과 중근을 가지려면
$f(-3)f(1)=0$이어야 하므로
$(k+27)(k-5)=0$ ∴ $k=-27$ 또는 $k=5$

(3) 삼차방정식 $f(x)=0$이 한 실근과 두 허근을 가지려면
$f(-3)f(1)>0$이어야 하므로
$(k+27)(k-5)>0$ ∴ $k<-27$ 또는 $k>5$

1-2 답 $-1<k<0$

$x^4-2x^2-k=0$에서 $x^4-2x^2=k$
$f(x)=x^4-2x^2$이라 하면
$f'(x)=4x^3-4x=4x(x+1)(x-1)$
$f'(x)=0$에서 $x=-1$ 또는 $x=0$ 또는 $x=1$
함수 $f(x)$의 증가와 감소를 표로 나타내면 다음과 같다.

x	$\cdots$	-1	$\cdots$	0	$\cdots$	1	$\cdots$
$f'(x)$	$-$	0	$+$	0	$-$	0	$+$
$f(x)$	↘	-1	↗	0	↘	-1	↗

따라서 함수 $y=f(x)$의 그래프의 개형은 오른쪽 그림과 같으므로 함수 $y=f(x)$의 그래프와 직선 $y=k$가 서로 다른 네 점에서 만나려면
$-1<k<0$

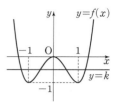

1-3 답 $0<k<16$

$x^3-12x-k=0$에서 $x^3-12x=k$
$f(x)=x^3-12x$라 하면
$f'(x)=3x^2-12=3(x+2)(x-2)$
$f'(x)=0$에서 $x=-2$ 또는 $x=2$
함수 $f(x)$의 증가와 감소를 표로 나타내면 다음과 같다.

x	$\cdots$	-2	$\cdots$	2	$\cdots$
$f'(x)$	$+$	0	$-$	0	$+$
$f(x)$	↗	16	↘	-16	↗

즉, 함수 $y=f(x)$의 그래프의 개형은 오른쪽 그림과 같다.
따라서 주어진 방정식이 서로 다른 두 개의 음의 실근과 한 개의 양의 실근을 가지려면 함수 $y=f(x)$의 그래프와 직선 $y=k$의 교점의 x좌표가 두 개는 음수, 한 개는 양수이어야 하므로 조건을 만족시키는 실수 k의 값의 범위는
$0<k<16$

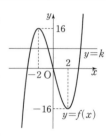

필수 예제 2 답 2

$f(x)=g(x)$에서
$x^3-2x+1=x+3$, 즉 $x^3-3x-2=0$
$h(x)=x^3-3x-2$라 하면
$h'(x)=3x^2-3=3(x+1)(x-1)$
$h'(x)=0$에서 $x=-1$ 또는 $x=1$
함수 $h(x)$의 증가와 감소를 표로 나타내면 다음과 같다.

x	$\cdots$	-1	$\cdots$	1	$\cdots$
$h'(x)$	$+$	0	$-$	0	$+$
$h(x)$	↗	0	↘	-4	↗

즉, 함수 $y=h(x)$의 그래프의 개형은 오른쪽 그림과 같다.
따라서 함수 $y=h(x)$의 그래프와 x축의 교점의 개수가 2이므로 방정식 $f(x)=g(x)$의 서로 다른 실근의 개수도 2이다.

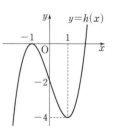

2-1 답 3

$f(x)-g(x)=0$에서
$x^4+3x^3-1-(-x^3-4x^2)=0$, 즉 $x^4+4x^3+4x^2-1=0$

$h(x)=x^4+4x^3+4x^2-1$이라 하면
$h'(x)=4x^3+12x^2+8x=4x(x+2)(x+1)$
$h'(x)=0$에서 $x=-2$ 또는 $x=-1$ 또는 $x=0$
함수 $h(x)$의 증가와 감소를 표로 나타내면 다음과 같다.

x	$\cdots$	-2	$\cdots$	-1	$\cdots$	0	$\cdots$
$h'(x)$	$-$	0	$+$	0	$-$	0	$+$
$h(x)$	$\searrow$	-1	$\nearrow$	0	$\searrow$	-1	$\nearrow$

즉, 함수 $y=h(x)$의 그래프의 개형은
오른쪽 그림과 같다.

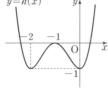

따라서 함수 $y=h(x)$의 그래프와 x축
의 교점의 개수가 3이므로 방정식
$f(x)-g(x)=0$의 서로 다른 실근의
개수도 3이다.

2-2 답 80
$f(x)=g(x)+k$에서
$x^3+2x^2-16x=-x^2+8x+k$, 즉 $x^3+3x^2-24x=k$
$h(x)=x^3+3x^2-24x$라 하면
$h'(x)=3x^2+6x-24=3(x+4)(x-2)$
$h'(x)=0$에서 $x=-4$ 또는 $x=2$
함수 $h(x)$의 증가와 감소를 표로 나타내면 다음과 같다.

x	$\cdots$	-4	$\cdots$	2	$\cdots$
$h'(x)$	$+$	0	$-$	0	$+$
$h(x)$	$\nearrow$	80	$\searrow$	-28	$\nearrow$

즉, 함수 $y=h(x)$의 그래프의 개형은
오른쪽 그림과 같으므로 방정식
$h(x)=k$가 서로 다른 두 실근을 가지
려면 함수 $y=h(x)$의 그래프와 직선
$y=k$의 교점의 개수가 2이어야 한다.
따라서 $k=-28$ 또는 $k=80$이므로
구하는 자연수 k의 값은 80이다.

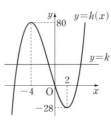

다른 풀이

$h(x)=x^3+3x^2-24x-k$라 하면
$h'(x)=0$에서 $x=-4$ 또는 $x=2$
삼차방정식 $h(x)=0$이 서로 다른 두 실근을 가지려면
$h(-4)h(2)=0$이어야 하므로
$(80-k)(-28-k)=0$
$\therefore k=-28$ 또는 $k=80$
따라서 구하는 자연수 k의 값은 80이다.

2-3 답 1
$f(x)+g(x)=k$에서
$\dfrac{1}{3}x^3+x^2+x^2+3x=k$, 즉 $\dfrac{1}{3}x^3+2x^2+3x=k$
$h(x)=\dfrac{1}{3}x^3+2x^2+3x$라 하면
$h'(x)=x^2+4x+3=(x+3)(x+1)$
$h'(x)=0$에서 $x=-3$ 또는 $x=-1$
함수 $h(x)$의 증가와 감소를 표로 나타내면 다음과 같다.

x	$\cdots$	-3	$\cdots$	-1	$\cdots$
$h'(x)$	$+$	0	$-$	0	$+$
$h(x)$	$\nearrow$	0	$\searrow$	$-\dfrac{4}{3}$	$\nearrow$

즉, 함수 $y=h(x)$의 그래프의
개형은 오른쪽 그림과 같으므
로 방정식 $h(x)=k$가 서로 다
른 세 실근을 가지려면 함수
$y=h(x)$의 그래프와 직선
$y=k$의 교점의 개수가 3이어야 한다.
따라서 $-\dfrac{4}{3}<k<0$이므로
구하는 정수 k는 -1의 1개이다.

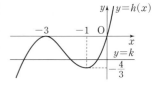

다른 풀이

$h(x)=\dfrac{1}{3}x^3+2x^2+3x-k$라 하면
$h'(x)=0$에서 $x=-3$ 또는 $x=-1$
삼차방정식 $h(x)=0$이 서로 다른 세 실근을 가지려면
$h(-3)h(-1)<0$이어야 하므로
$-k\left(-k-\dfrac{4}{3}\right)<0$, $k\left(k+\dfrac{4}{3}\right)<0$ $\therefore -\dfrac{4}{3}<k<0$
따라서 구하는 정수 k는 -1의 1개이다.

필수 예제 3 답 $k\leq-1$
$f(x)=3x^4+4x^3-k$라 하면
$f'(x)=12x^3+12x^2=12x^2(x+1)$
$f'(x)=0$에서 $x=-1$ 또는 $x=0$
함수 $f(x)$의 증가와 감소를 표로 나타내면 다음과 같다.

x	$\cdots$	-1	$\cdots$	0	$\cdots$
$f'(x)$	$-$	0	$+$	0	$+$
$f(x)$	$\searrow$	$-k-1$	$\nearrow$	$-k$	$\nearrow$

함수 $f(x)$의 최솟값은 $-k-1$이므로 부등식 $f(x)\geq0$이 성립
하려면 $-k-1\geq0$ $\therefore k\leq-1$

3-1 답 $k\leq-3$
$f(x)=-x^4-4x+k$라 하면
$f'(x)=-4x^3-4=-4(x+1)(x^2-x+1)$
$f'(x)=0$에서 $x=-1$ $(\because x^2-x+1>0)$
함수 $f(x)$의 증가와 감소를 표로 나타내면 다음과 같다.

x	$\cdots$	-1	$\cdots$
$f'(x)$	$+$	0	$-$
$f(x)$	$\nearrow$	$k+3$	$\searrow$

함수 $f(x)$의 최댓값은 $k+3$이므로 부등식 $f(x)\leq0$이 성립하
려면 $k+3\leq0$ $\therefore k\leq-3$

3-2 답 -7
$\dfrac{1}{4}x^4+x^3>2x^3+k$에서 $\dfrac{1}{4}x^4-x^3-k>0$
$f(x)=\dfrac{1}{4}x^4-x^3-k$라 하면

$f'(x)=x^3-3x^2=x^2(x-3)$

$f'(x)=0$에서 $x=0$ 또는 $x=3$

함수 $f(x)$의 증가와 감소를 표로 나타내면 다음과 같다.

x	$\cdots$	0	$\cdots$	3	$\cdots$
$f'(x)$	$-$	0	$-$	0	$+$
$f(x)$	$\searrow$	$-k$	$\searrow$	$-k-\dfrac{27}{4}$	$\nearrow$

함수 $f(x)$의 최솟값은 $-k-\dfrac{27}{4}$이므로 부등식 $f(x)>0$이 성립하려면

$-k-\dfrac{27}{4}>0$ $\quad\therefore k<-\dfrac{27}{4}$

따라서 구하는 정수 k의 최댓값은 -7이다.

3-3 답 22

$h(x)=f(x)-g(x)$라 하면

$f(x)\geq g(x)$에서 $h(x)\geq 0$이고

$h(x)=5x^3-10x^2+k-(5x^2+2)=5x^3-15x^2+k-2$

$h'(x)=15x^2-30x=15x(x-2)$

$h'(x)=0$에서 $x=0$ 또는 $x=2$

$0<x<3$에서 함수 $h(x)$의 증가와 감소를 표로 나타내면 다음과 같다.

x	(0)	$\cdots$	2	$\cdots$	(3)
$h'(x)$		$-$	0	$+$	
$h(x)$		$\searrow$	$k-22$	$\nearrow$	

$0<x<3$에서 함수 $h(x)$는 $x=2$일 때 극소이면서 최소이므로 $h(x)\geq 0$이려면 $h(2)\geq 0$이어야 한다.

즉, $k-22\geq 0$이므로 $k\geq 22$

따라서 실수 k의 최솟값은 22이다.

필수 예제 4 답 (1) 속도: -15, 가속도: -18 (2) 2

시각 t에서의 점 P의 속도를 v, 가속도를 a라 하면

$v=\dfrac{dx}{dt}=-3t^2+12,\ a=\dfrac{dv}{dt}=-6t$

(1) $t=3$에서의 점 P의 속도와 가속도는

$v=-27+12=-15,\ a=-18$

(2) 점 P가 운동 방향을 바꿀 때의 속도는 0이므로

$-3t^2+12=0,\ t^2-4=0$

$(t+2)(t-2)=0$ $\quad\therefore t=2\ (\because t\geq 0)$

따라서 $0<t<2$일 때 $v>0$이고, $t>2$일 때 $v<0$이므로 점 P가 운동 방향을 바꿀 때의 시각은 2이다.

4-1 답 (1) 속도: -7, 가속도: 4 (2) 3

시각 t에서의 점 P의 속도를 v, 가속도를 a라 하면

$v=\dfrac{dx}{dt}=3t^2-8t-3,\ a=\dfrac{dv}{dt}=6t-8$

(1) $t=2$에서의 점 P의 속도와 가속도는

$v=12-16-3=-7,\ a=12-8=4$

(2) 점 P가 운동 방향을 바꿀 때의 속도는 0이므로

$3t^2-8t-3=0,\ (3t+1)(t-3)=0$

$\therefore t=3\ (\because t\geq 0)$

따라서 $0<t<3$일 때 $v<0$이고, $t>3$일 때 $v>0$이므로 점 P가 운동 방향을 바꿀 때의 시각은 3이다.

4-2 답 -8

시각 t에서의 점 P의 속도를 v, 가속도를 a라 하면

$v=\dfrac{dx}{dt}=3t^2-6t-3,\ a=\dfrac{dv}{dt}=6t-6$

시각 t에서의 가속도가 12라 하면

$6t-6=12$ $\quad\therefore t=3$

따라서 $t=3$에서의 점 P의 위치는

$27-27-9+1=-8$

4-3 답 ㄴ, ㄹ

ㄱ. $v(a)>0$이므로 $t=a$에서의 점 P의 속도는 양이다.

ㄴ. $v(b)=0$이고 $t=b$의 좌우에서 $v(t)$의 부호가 바뀌므로 $t=b$에서 점 P는 운동 방향을 바꾼다.

ㄷ. 점 P의 $t=c$에서의 가속도는 $v'(c)$이고 $v'(c)\neq 0$이므로 점 P의 $t=c$에서의 가속도는 0이다.

ㄹ. $c<t<d$일 때 $v(t)<0$이므로 점 P는 음의 방향으로 움직인다.

따라서 옳은 것은 ㄴ, ㄹ이다.

필수 예제 5 답 (1) 3초, 45 m (2) -30 m/s

t초 후의 물체의 속도를 v m/s라 하면

$v=\dfrac{dh}{dt}=30-10t$

(1) 물체가 최고 높이에 도달할 때의 속도는 0 m/s이므로

$30-10t=0$ $\quad\therefore t=3$

즉, $t=3$에서 물체의 지면으로부터의 높이는

$h=90-45=45$

따라서 물체가 최고 높이에 도달할 때까지 걸린 시간은 3초, 그때의 지면으로부터의 높이는 45 m이다.

(2) 물체가 지면에 다시 떨어지는 순간의 높이는 0 m이므로

$30t-5t^2=0,\ t^2-6t=0$

$t(t-6)=0$ $\quad\therefore t=6\ (\because t>0)$

따라서 $t=6$에서 물체의 속도는

$v=30-60=-30\ (\text{m/s})$

5-1 답 (1) 5초, 125 m (2) -50 m/s

t초 후의 공의 속도를 v m/s라 하면

$v=\dfrac{dh}{dt}=50-10t$

(1) 공이 최고 높이에 도달할 때의 속도는 0 m/s이므로

$50-10t=0$ $\quad\therefore t=5$

따라서 $t=5$에서 공의 지면으로부터의 높이는

$h=250-125=125$

따라서 공이 최고 높이에 도달할 때까지 걸린 시간은 5초, 그때의 지면으로부터의 높이는 125 m이다.

(2) 공이 지면에 다시 떨어지는 순간의 높이는 0 m이므로

$50t-5t^2=0,\ t^2-10t=0$

$t(t-10)=0$ $\quad\therefore t=10\ (\because t>0)$

따라서 $t=10$에서 공의 속도는

$v=50-100=-50\ (\text{m/s})$

5-2 답 405 m

자동차가 제동을 건 지 t초 후의 속도를 v m/s라 하면

$$v=\frac{dx}{dt}=27-0.9t$$

자동차가 정지할 때의 속도는 0 m/s이므로

$$27-0.9t=0,\ 27=0.9t \quad \therefore t=30$$

따라서 자동차가 제동을 건 후 30초 동안 움직인 거리는

$$810-405=405\,(\text{m})$$

5-3 답 (1) $1.4t$ m (2) $x=3t$ (3) 3 m/s

(1) 초속 1.4 m로 걷고 있으므로 t초 후의 가로등 바로 밑에서 나영이까지의 거리는 $1.4t$ m이다.

(2) 오른쪽 그림에서
$\triangle ABC \varpropto \triangle DEC$ (AA 닮음)
이므로

$$3:1.6=x:(x-1.4t)$$
$$3(x-1.4t)=1.6x$$
$$1.4x=4.2t \quad \therefore x=3t$$

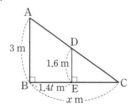

(3) 그림자의 앞 끝까지의 거리 x m가 $x=3t$이므로 그림자의 앞 끝이 움직이는 속도는 $\frac{dx}{dt}=3$, 즉 3 m/s이다.

실전 문제로 단원 마무리 · 본문 072~073쪽

01 ③	02 26	03 22	04 ①
05 0	06 10	07 ③	08 30
09 4	10 ①		

01

$\frac{1}{4}x^4+\frac{2}{3}x^3-k=0$에서 $\frac{1}{4}x^4+\frac{2}{3}x^3=k$

$f(x)=\frac{1}{4}x^4+\frac{2}{3}x^3$이라 하면

$$f'(x)=x^3+2x^2=x^2(x+2)$$

$f'(x)=0$에서 $x=-2$ 또는 $x=0$

함수 $f(x)$의 증가와 감소를 표로 나타내면 다음과 같다.

x	…	-2	…	0	…
$f'(x)$	$-$	0	$+$	0	$+$
$f(x)$	↘	$-\frac{4}{3}$	↗	0	↗

즉, 함수 $y=f(x)$의 그래프의 개형은 오른쪽 그림과 같으므로 함수 $y=f(x)$의 그래프와 직선 $y=k$의 교점의 개수가 1이어야 한다.

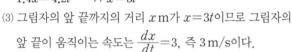

따라서 구하는 실수 k의 값은 $-\frac{4}{3}$이다.

02

$x^3-3x^2-9x-n=0$에서 $x^3-3x^2-9x=n$

$f(x)=x^3-3x^2-9x$라 하면

$$f'(x)=3x^2-6x-9=3(x+1)(x-3)$$

$f'(x)=0$에서 $x=-1$ 또는 $x=3$

함수 $f(x)$의 증가와 감소를 표로 나타내면 다음과 같다.

x	…	-1	…	3	…
$f'(x)$	$+$	0	$-$	0	$+$
$f(x)$	↗	5	↘	-27	↗

즉, 함수 $y=f(x)$의 그래프의 개형은 오른쪽 그림과 같다.

주어진 방정식이 서로 다른 두 개의 양의 실근과 한 개의 음의 실근을 가지려면 함수 $y=f(x)$의 그래프와 직선 $y=n$의 교점의 x좌표가 한 개는 음수, 두 개는 양수 이어야 하므로 조건을 만족시키는 n의 값의 범위는

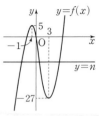

$$-27<n<0$$

따라서 구하는 정수 n은 $-26,\ -25,\ -24,\ \cdots,\ -1$의 26개 이다.

03

$f(x)=g(x)$에서
$x^3+x^2+11=x^2+12x+k$, 즉 $x^3-12x+11=k$
$h(x)=x^3-12x+11$이라 하면

$$h'(x)=3x^2-12=3(x+2)(x-2)$$

$h'(x)=0$에서 $x=-2$ 또는 $x=2$

x	…	-2	…	2	…
$h'(x)$	$+$	0	$-$	0	$+$
$h(x)$	↗	27	↘	-5	↗

즉, 함수 $y=h(x)$의 그래프의 개형은 오른쪽 그림과 같으므로 방정식 $h(x)=k$가 한 실근과 중근을 가지려면 함수 $y=h(x)$의 그래프와 직선 $y=k$의 교점의 개수가 2이어야 한다.

따라서 $k=-5$ 또는 $k=27$이므로 구하는 모든 실수 k의 값의 합은

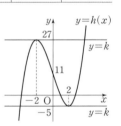

$$-5+27=22$$

다른 풀이

$h(x)=x^3-12x+11-k$라 하면
$h'(x)=0$에서 $x=-2$ 또는 $x=2$
삼차방정식 $h(x)=0$이 한 실근과 중근을 가지려면
$h(-2)h(2)=0$이어야 하므로

$$(27-k)(-5-k)=0,\ (k+5)(k-27)=0$$
$$\therefore k=-5 \text{ 또는 } k=27$$

따라서 조건을 만족시키는 모든 실수 k의 값의 합은

$$-5+27=22$$

04

함수 $y=f(x)$의 그래프가 함수 $y=g(x)$의 그래프보다 항상 위쪽에 있으려면 모든 실수 x에 대하여
$f(x)>g(x)$, 즉 $f(x)-g(x)>0$이어야 한다.
$h(x)=f(x)-g(x)$라 하면

$$h(x)=x^4-8x-(6x^2+a)=x^4-6x^2-8x-a$$
$$h'(x)=4x^3-12x-8=4(x+1)^2(x-2)$$

$h'(x)=0$에서 $x=-1$ 또는 $x=2$
함수 $h(x)$의 증가와 감소를 표로 나타내면 다음과 같다.

x	$\cdots$	-1	$\cdots$	2	$\cdots$
$h'(x)$	$-$	0	$-$	0	$+$
$h(x)$	$\searrow$	$3-a$	$\searrow$	$-24-a$	$\nearrow$

따라서 함수 $h(x)$는 $x=2$일 때 극소이면서 최소이므로 모든 실수 x에 대하여 $h(x)>0$이려면 $h(2)>0$이어야 한다.
$-24-a>0$ $\therefore a<-24$

05

$x^3-2x^2-x+3>-2x^2+2x+a$에서
$x^3-3x+3-a>0$
$f(x)=x^3-3x+3-a$라 하면
$f'(x)=3x^2-3=3(x+1)(x-1)$
$f'(x)=0$에서 $x=-1$ 또는 $x=1$
$0 \le x \le 2$에서 함수 $f(x)$의 증가와 감소를 표로 나타내면 다음과 같다.

x	0	$\cdots$	1	$\cdots$	2
$f'(x)$		$-$	0	$+$	
$f(x)$	$3-a$	$\searrow$	$1-a$	$\nearrow$	$5-a$

$0 \le x \le 2$에서 함수 $f(x)$는 $x=1$일 때 극소이면서 최소이므로 $f(x)>0$이려면 $f(1)>0$이어야 한다.
즉, $1-a>0$이므로 $a<1$
따라서 정수 a의 최댓값은 0이다.

06

두 점 P, Q의 속도를 각각 $v_P(t)$, $v_Q(t)$라 하면
$v_P(t)=t^2+9$, $v_Q(t)=6t$
이때 두 점 P, Q의 속도가 같아지려면 $v_P(t)=v_Q(t)$이어야 하므로
$t^2+9=6t$, $t^2-6t+9=0$
$(t-3)^2=0$ $\therefore t=3$
$x_P(3)=9+27-6=30$, $x_Q(3)=27-7=20$이므로 구하는 두 점 P, Q 사이의 거리는 $30-20=10$

07

다이빙 선수의 t초 후의 속도를 $v\,\text{m/s}$라 하면
$v=\dfrac{dh}{dt}=-10t+5$
다이빙 선수가 수면에 닿을 때의 높이는 $0\,\text{m}$이므로
$-5t^2+5t+30=0$, $t^2-t-6=0$
$(t+2)(t-3)=0$ $\therefore t=3\ (\because t>0)$
따라서 다이빙 선수가 수면에 닿는 순간의 속도는
$v=-30+5=-25\,(\text{m/s})$

08

제동을 건 지 t초 후의 열차의 속도를 $v\,\text{m/s}$라 하면
$v=\dfrac{dx}{dt}=-t+k$
열차가 정지할 때 $v=0$이므로
$-t+k=0$ $\therefore t=k$

따라서 열차에 제동을 건 지 k초 후에 열차가 정지하고, 정지할 때까지 움직인 거리가 $450\,\text{m}$이므로
$-0.5k^2+k^2=450$, $0.5k^2=450$
$k^2=900$ $\therefore k=30\ (\because k>0)$

09

$3x^4-4x^3-12x^2+k=0$에서
$3x^4-4x^3-12x^2=-k$
$f(x)=3x^4-4x^3-12x^2$이라 하면
$f'(x)=12x^3-12x^2-24x=12x(x+1)(x-2)$
$f'(x)=0$에서 $x=-1$ 또는 $x=0$ 또는 $x=2$
함수 $f(x)$의 증가와 감소를 표로 나타내면 다음과 같다.

x	$\cdots$	-1	$\cdots$	0	$\cdots$	2	$\cdots$
$f'(x)$	$-$	0	$+$	0	$-$	0	$+$
$f(x)$	$\searrow$	-5	$\nearrow$	0	$\searrow$	-32	$\nearrow$

즉, 함수 $y=f(x)$의 그래프의 개형은 오른쪽 그림과 같으므로 함수 $y=f(x)$의 그래프와 직선 $y=-k$가 서로 다른 네 점에서 만나려면
$-5<-k<0$ $\therefore 0<k<5$
따라서 자연수 k는 1, 2, 3, 4의 4개이다.

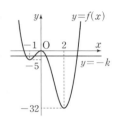

10

점 P의 시각 $t\ (t \ge 0)$에서의 위치가 $x=t^3-5t^2+at+5$이므로 점 P의 시각 t에서의 속도 v는
$v=\dfrac{dx}{dt}=3t^2-10t+a$
점 P가 움직이는 방향이 바뀌지 않으려면 최고차항의 계수가 양수인 이차함수 v가 모든 실수 $t\ (t \ge 0)$에 대하여 $v \ge 0$이어야 한다.
이때 $v=3\left(t-\dfrac{5}{3}\right)^2+a-\dfrac{25}{3}$이므로
모든 실수 $t\ (t \ge 0)$에 대하여
$a-\dfrac{25}{3} \ge 0$ $\therefore a \ge \dfrac{25}{3}$
따라서 자연수 a의 최솟값은 9이다.

개념으로 단원 마무리 • 본문 074쪽

1 답 (1) x축, $y=g(x)$ (2) <, =, > (3) 최솟값, 0
(4) $\dfrac{dx}{dt}$, $\dfrac{dv}{dt}$

2 답 (1) × (2) ○ (3) × (4) ○
(1) 방정식 $f(x)=g(x)$의 서로 다른 실근의 개수는 함수 $y=f(x)-g(x)$의 그래프와 x축의 교점의 개수와 같다.
(3) 어떤 구간에서 부등식 $f(x) \le 0$이 성립함을 보이려면 그 구간에서 (f(x)의 최댓값)≤0임을 보이면 된다.

07 부정적분

본문 076쪽

교과서 개념 확인하기

1 답 (1) x^2+C (2) $4x^3+C$

(1) $(x^2)'=2x$이므로 $\int 2x\,dx=x^2+C$

(2) $(4x^3)'=12x^2$이므로 $\int 12x^2\,dx=4x^3+C$

2 답 (1) $f(x)=6x+5$ (2) $f(x)=3x^2-12x$

(1) $f(x)=(3x^2+5x+C)'=6x+5$

(2) $f(x)=(x^3-6x^2+C)'=3x^2-12x$

3 답 (1) $\frac{1}{4}x^4+C$ (2) x^3-2x^2+x+C

(1) $\int x^3\,dx=\dfrac{1}{3+1}x^{3+1}+C=\dfrac{1}{4}x^4+C$

(2) $\int (3x^2-4x+1)\,dx=\int 3x^2\,dx-\int 4x\,dx+\int dx$

$$=3\int x^2\,dx-4\int x\,dx+\int dx$$

$$=3\left(\frac{1}{3}x^3+C_1\right)-4\left(\frac{1}{2}x^2+C_2\right)$$
$$+(x+C_3)$$

$$=x^3-2x^2+x+3C_1-4C_2+C_3$$

이때 C_1, C_2, C_3은 임의의 상수이므로

$3C_1-4C_2+C_3=C$라 하면

$$\int (3x^2-4x+1)\,dx=x^3-2x^2+x+C$$

참고 적분상수가 여러 개일 때는 묶어서 하나의 적분상수로 나타낸다.

교과서 예제로 개념 익히기

• 본문 077~081쪽

필수 예제 1 답 -5

$xf(x)=(x^3-4x^2+C)'$이므로 $xf(x)=3x^2-8x$

따라서 $f(x)=3x-8$이므로

$f(1)=3-8=-5$

1-1 답 24

$(x-1)f(x)=(2x^3+3x^2-12x+C)'$이므로

$(x-1)f(x)=6x^2+6x-12=6(x+2)(x-1)$

따라서 $f(x)=6(x+2)$이므로

$f(2)=6\times 4=24$

1-2 답 3

$ax^3-9x^2+2=(x^4+bx^3+cx+C)'$이므로

$ax^3-9x^2+2=4x^3+3bx^2+c$

위의 등식이 모든 실수 x에 대하여 성립하므로

$a=4$, $-9=3b$, $2=c$

$\therefore a=4$, $b=-3$, $c=2$

$\therefore a+b+c=4+(-3)+2=3$

참고 항등식의 성질

(1) $ax^2+bx+c=0$이 x에 대한 항등식이다.

  $\Rightarrow a=b=c=0$

(2) $ax^2+bx+c=a'x^2+b'x+c'$이 x에 대한 항등식이다.

  $\Rightarrow a=a'$, $b=b'$, $c=c'$

1-3 답 -12

$f(x)=F'(x)=(x^3+ax^2+bx)'=3x^2+2ax+b$

$f(0)=-6$이므로 $b=-6$

따라서 $f(x)=3x^2+2ax-6$이므로 $f'(x)=6x+2a$

$f'(0)=4$이므로 $2a=4$ $\therefore a=2$

$\therefore ab=2\times(-6)=-12$

필수 예제 2 답 (1) 4 (2) 27

(1) $\dfrac{d}{dx}\left\{\int f(x)\,dx\right\}=x^3+5x-2$이므로

  $f(x)=x^3+5x-2$

  $\therefore f(1)=1+5-2=4$

(2) $F(x)=\int\left\{\dfrac{d}{dx}(x^4+3x^2)\right\}dx=x^4+3x^2+C$

  이때 $F(1)=3$이므로 $1+3+C=3$ $\therefore C=-1$

  따라서 $F(x)=x^4+3x^2-1$이므로

  $F(2)=16+12-1=27$

2-1 답 (1) 7 (2) -7

(1) $\dfrac{d}{dx}\left\{\int f(x)\,dx\right\}=-2x^3+6x^2-1$이므로

  $f(x)=-2x^3+6x^2-1$

  $\therefore f(-1)=2+6-1=7$

(2) $F(x)=\int\left\{\dfrac{d}{dx}(2x^4-x^3-4x)\right\}dx$

  $$=2x^4-x^3-4x+C$$

  이때 $F(2)=12$이므로 $32-8-8+C=12$

  $\therefore C=-4$

  따라서 $F(x)=2x^4-x^3-4x-4$이므로

  $F(1)=2-1-4-4=-7$

2-2 답 4

$\dfrac{d}{dx}\left\{\int (ax^2+bx+6)\,dx\right\}=3x^2-5x+c$이므로

$ax^2+bx+6=3x^2-5x+c$

위의 등식이 모든 실수 x에 대하여 성립하므로

$a=3$, $b=-5$, $c=6$

$\therefore a+b+c=3+(-5)+6=4$

2-3 답 3

$F(x)=\int\left\{\dfrac{d}{dx}(-x^2+3x)\right\}dx=-x^2+3x+C$

이때 $F(0)=1$이므로 $C=1$

따라서 $F(x)=-x^2+3x+1$이므로

$F(2)=-4+6+1=3$

필수 예제 3 답 (1) x^3+2x^2-4x+C (2) $\dfrac{1}{3}x^3-2x^2+4x+C$

(3) $\dfrac{1}{4}x^4-x+C$ (4) $\dfrac{1}{2}x^2-3x+C$

(1) $\displaystyle\int (x+2)(3x-2)dx=\int (3x^2+4x-4)dx$

$\qquad\qquad =3\displaystyle\int x^2\,dx+4\int x\,dx-4\int dx$

$\qquad\qquad =x^3+2x^2-4x+C$

(2) $\displaystyle\int (x-2)^2dx=\int (x^2-4x+4)dx$

$\qquad\qquad =\displaystyle\int x^2\,dx-4\int x\,dx+4\int dx$

$\qquad\qquad =\dfrac{1}{3}x^3-2x^2+4x+C$

(3) $\displaystyle\int (x-1)(x^2+x+1)dx=\int (x^3-1)dx$

$\qquad\qquad\qquad =\displaystyle\int x^3\,dx-\int dx$

$\qquad\qquad\qquad =\dfrac{1}{4}x^4-x+C$

(4) $\displaystyle\int \dfrac{x^2-9}{x+3}dx=\int \dfrac{(x+3)(x-3)}{x+3}dx=\int (x-3)dx$

$\qquad\qquad =\displaystyle\int x\,dx-3\int dx$

$\qquad\qquad =\dfrac{1}{2}x^2-3x+C$

3-1 답 (1) $\dfrac{3}{2}x^4-4x^3+3x^2+C$ (2) $\dfrac{4}{3}x^3+6x^2+9x+C$

(3) $\dfrac{1}{5}x^5-x+C$ (4) x^2+x+C

(1) $\displaystyle\int 6x(x-1)^2dx=\int (6x^3-12x^2+6x)dx$

$\qquad\qquad =6\displaystyle\int x^3\,dx-12\int x^2\,dx+6\int x\,dx$

$\qquad\qquad =\dfrac{3}{2}x^4-4x^3+3x^2+C$

(2) $\displaystyle\int (2x+3)^2dx=\int (4x^2+12x+9)dx$

$\qquad\qquad =4\displaystyle\int x^2\,dx+12\int x\,dx+9\int dx$

$\qquad\qquad =\dfrac{4}{3}x^3+6x^2+9x+C$

(3) $\displaystyle\int (x-1)(x+1)(x^2+1)dx=\int (x^2-1)(x^2+1)dx$

$\qquad\qquad\qquad =\displaystyle\int (x^4-1)dx$

$\qquad\qquad\qquad =\displaystyle\int x^4\,dx-\int dx$

$\qquad\qquad\qquad =\dfrac{1}{5}x^5-x+C$

(4) $\displaystyle\int \dfrac{2x^2-5x-3}{x-3}dx=\int \dfrac{(2x+1)(x-3)}{x-3}dx$

$\qquad\qquad =\displaystyle\int (2x+1)dx$

$\qquad\qquad =2\displaystyle\int x\,dx+\int dx$

$\qquad\qquad =x^2+x+C$

3-2 답 $\dfrac{1}{3}x^3+x^2+4x+C$

$\displaystyle\int \dfrac{x^3}{x-2}dx-\int \dfrac{8}{x-2}dx=\int \dfrac{x^3-8}{x-2}dx$

$\qquad\qquad =\displaystyle\int \dfrac{(x-2)(x^2+2x+4)}{x-2}dx$

$\qquad\qquad =\displaystyle\int (x^2+2x+4)dx$

$\qquad\qquad =\displaystyle\int x^2\,dx+2\int x\,dx+4\int dx$

$\qquad\qquad =\dfrac{1}{3}x^3+x^2+4x+C$

3-3 답 13

$f(x)=\displaystyle\int (\sqrt{x}+1)^2dx+\int (\sqrt{x}-1)^2dx$

$\qquad =\displaystyle\int (x+2\sqrt{x}+1)dx+\int (x-2\sqrt{x}+1)dx$

$\qquad =\displaystyle\int (x+2\sqrt{x}+1+x-2\sqrt{x}+1)dx$

$\qquad =\displaystyle\int (2x+2)dx$

$\qquad =2\displaystyle\int x\,dx+2\int dx$

$\qquad =x^2+2x+C$

이때 $f(-1)=4$이므로

$1-2+C=4$ $\quad \therefore C=5$

따라서 $f(x)=x^2+2x+5$이므로

$f(2)=4+4+5=13$

필수 예제 4 답 14

$f(x)=\displaystyle\int f'(x)dx=\int (x^2+4x-3)dx$

$\qquad =\dfrac{1}{3}x^3+2x^2-3x+C$

이때 $f(0)=-4$이므로 $C=-4$

따라서 $f(x)=\dfrac{1}{3}x^3+2x^2-3x-4$이므로

$f(-3)=-9+18+9-4=14$

4-1 답 7

$f(x)=\displaystyle\int f'(x)dx=\int (4x^3-6x^2+2x+1)dx$

$\qquad =x^4-2x^3+x^2+x+C$

이때 $f(1)=2$이므로

$1-2+1+1+C=2$ $\quad \therefore C=1$

따라서 $f(x)=x^4-2x^3+x^2+x+1$이므로

$f(2)=16-16+4+2+1=7$

4-2 답 4

$f(x)=\displaystyle\int f'(x)dx=\int (-3x^2+ax+7)dx$

$\qquad =-x^3+\dfrac{1}{2}ax^2+7x+C$

이때 $f(0)=1$이므로 $C=1$

따라서 $f(x)=-x^3+\dfrac{1}{2}ax^2+7x+1$이므로

$f(-1)=-3$에서 $1+\dfrac{1}{2}a-7+1=-3$

$\dfrac{1}{2}a=2$ $\quad \therefore a=4$

4-3 답 $\dfrac{7}{4}$

곡선 $y=f(x)$ 위의 점 $(x, f(x))$에서의 접선의 기울기가 $f'(x)$이므로

$f'(x)=x^3-x-1$

$\therefore f(x)=\displaystyle\int f'(x)dx=\int(x^3-x-1)dx$

$\qquad\qquad =\dfrac{1}{4}x^4-\dfrac{1}{2}x^2-x+C$

곡선 $y=f(x)$가 점 $(2, 3)$을 지나므로

$3=4-2-2+C$ $\quad \therefore C=3$

따라서 $f(x)=\dfrac{1}{4}x^4-\dfrac{1}{2}x^2-x+3$이므로

$f(1)=\dfrac{1}{4}-\dfrac{1}{2}-1+3=\dfrac{7}{4}$

참고 도함수의 기하적 의미
함수 $y=f(x)$의 $x=a$에서의 미분계수 $f'(a)$는 곡선 $y=f(x)$ 위의 점 $(a, f(a))$에서의 접선의 기울기와 같다.

필수 예제 5 답 $f(x)=-\dfrac{3}{2}x^2+4x-3$

주어진 등식의 양변을 x에 대하여 미분하면

$f(x)=f(x)+xf'(x)+3x^2-4x$

$xf'(x)=-3x^2+4x$

$\therefore f'(x)=-3x+4$

$\therefore f(x)=\displaystyle\int f'(x)dx=\int(-3x+4)dx$

$\qquad\qquad =-\dfrac{3}{2}x^2+4x+C$

이때 $f(0)=-3$이므로 $C=-3$

$\therefore f(x)=-\dfrac{3}{2}x^2+4x-3$

5-1 답 $f(x)=6x^2+6x-5$

주어진 등식의 양변을 x에 대하여 미분하면

$f(x)+xf'(x)-f(x)=12x^2+6x$

$xf'(x)=12x^2+6x$

$\therefore f'(x)=12x+6$

$\therefore f(x)=\displaystyle\int f'(x)dx=\int(12x+6)dx$

$\qquad\qquad =6x^2+6x+C$

이때 $f(-1)=-5$이므로

$6-6+C=-5$ $\quad \therefore C=-5$

$\therefore f(x)=6x^2+6x-5$

5-2 답 18

주어진 등식의 양변을 x에 대하여 미분하면

$f(x)=f(x)+xf'(x)-12x^3+2x$

$xf'(x)=12x^3-2x$

$\therefore f'(x)=12x^2-2$

$\therefore f(x)=\displaystyle\int f'(x)dx=\int(12x^2-2)dx=4x^3-2x+C$

이때 $f(1)=-8$이므로

$4-2+C=-8$ $\quad \therefore C=-10$

따라서 $f(x)=4x^3-2x-10$이므로

$f(2)=32-4-10=18$

5-3 답 -24

주어진 등식의 양변을 x에 대하여 미분하면

$f(x)+(x-1)f(x)=4x^3-24x^2+12x$

$xf(x)=4x^3-24x^2+12x$

$\therefore f(x)=4x^2-24x+12$

$\qquad\quad =4(x-3)^2-24$

따라서 함수 $f(x)$는 $x=3$에서 최솟값 -24를 갖는다.

실전 문제로 단원 마무리 • 본문 082~083쪽

01 7   **02** 6   **03** -5 **04** 15

05 8   **06** 11   **07** ②   **08** 20

09 ④   **10** ④

01

$F(x)=3x^2+x-2$라 하면

$f(x)=F'(x)$

$\qquad =(3x^2+x-2)'$

$\qquad =6x+1$

$\therefore f(1)=6+1=7$

02

$xf(x)=(-x^3+6x^2+C)'$이므로

$xf(x)=-3x^2+12x$

따라서 $f(x)=-3x+12$이므로

$f(2)=-6+12=6$

03

$\dfrac{d}{dx}\left\{\displaystyle\int(2x^2+ax-4)dx\right\}=bx^2-3x+c$이므로

$2x^2+ax-4=bx^2-3x+c$

위의 등식이 모든 실수 x에 대하여 성립하므로

$a=-3$, $b=2$, $c=-4$

$\therefore a+b+c=-3+2+(-4)=-5$

04

$f(x)=\displaystyle\int\left\{\dfrac{d}{dx}(x^2-8x)\right\}dx$

$\qquad =x^2-8x+C$

$\qquad =(x-4)^2+C-16$

즉, 함수 $f(x)$는 $x=4$에서 최솟값 $C-16$을 가지므로

$C-16=-10$ $\quad \therefore C=6$

따라서 $f(x)=x^2-8x+6$이므로

$f(-1)=1+8+6=15$

05

$$f(x)=\int(10x^9+9x^8+8x^7+\cdots+2x+1)dx$$
$$=x^{10}+x^9+x^8+\cdots+x^2+x+C$$

$f(0)=-2$에서 $C=-2$

따라서 $f(x)=x^{10}+x^9+x^8+\cdots+x^2+x-2$이므로

$$f(1)=\underbrace{1+1+1+\cdots+1}_{10개}-2=8$$

06

곡선 $y=f(x)$ 위의 점 $(x, f(x))$에서의 접선의 기울기가 $f'(x)$이므로

$$f'(x)=3x^2-2x+3$$

$$\therefore f(x)=\int(3x^2-2x+3)dx$$
$$=x^3-x^2+3x+C$$

이때 곡선 $y=f(x)$가 점 $(1, 4)$를 지나므로

$$4=1-1+3+C$$

$$\therefore C=1$$

즉, $f(x)=x^3-x^2+3x+1$이고 곡선 $y=f(x)$가 점 $(2, a)$를 지나므로

$$a=8-4+6+1=11$$

07

$f'(x)=24x^2+12x+4$이므로

$$f(x)=\int(24x^2+12x+4)dx$$
$$=8x^3+6x^2+4x+C_1$$

이때 $f(0)=1$이므로 $C_1=1$

따라서 $f(x)=8x^3+6x^2+4x+1$이므로

$$\int f(x)dx=\int(8x^3+6x^2+4x+1)dx$$
$$=2x^4+2x^3+2x^2+x+C$$

08

주어진 등식의 양변을 x에 대하여 미분하면

$$f(x)=f(x)+xf'(x)-6x^2+2x$$

$$xf'(x)=6x^2-2x$$

$$\therefore f'(x)=6x-2$$

$$\therefore f(x)=\int f'(x)dx=\int(6x-2)dx$$
$$=3x^2-2x+C$$

이때 $f(1)=5$이므로

$$3-2+C=5 \qquad \therefore C=4$$

따라서 $f(x)=3x^2-2x+4$이므로

$$f(-2)=12+4+4=20$$

09

$$f(x)=\int\left(\frac{1}{2}x^3+2x+1\right)dx-\int\left(\frac{1}{2}x^3+x\right)dx$$
$$=\int\left\{\left(\frac{1}{2}x^3+2x+1\right)-\left(\frac{1}{2}x^3+x\right)\right\}dx$$
$$=\int(x+1)dx=\frac{1}{2}x^2+x+C$$

이때 $f(0)=1$이므로 $C=1$

따라서 $f(x)=\frac{1}{2}x^2+x+1$이므로

$$f(4)=8+4+1=13$$

10

$$f(x)=\int f'(x)dx=\int\{6x^2-2f(1)x\}dx$$
$$=2x^3-f(1)x^2+C$$

이때 $f(0)=4$이므로 $C=4$

$$\therefore f(x)=2x^3-f(1)x^2+4 \qquad \cdots\cdots \text{㉠}$$

$x=1$을 ㉠에 대입하면

$$f(1)=2-f(1)+4$$

$$2f(1)=6 \qquad \therefore f(1)=3$$

따라서 $f(x)=2x^3-3x^2+4$이므로

$$f(2)=16-12+4=8$$

개념으로 단원 마무리 · 본문 084쪽

1 답 (1) 부정적분, $\int f(x)dx$ (2) $F(x)$, 적분상수 (3) $n+1$

　　 (4) k, $f(x)+g(x)$, $f(x)-g(x)$

2 답 (1) ○ (2) ○ (3) ✕ (4) ○ (5) ✕

(3) $\dfrac{d}{dx}\left\{\int f(x)dx\right\}=f(x)$, $\int\left\{\dfrac{d}{dx}f(x)\right\}dx=f(x)+C$

이므로 $\dfrac{d}{dx}\left\{\int f(x)dx\right\}\neq\int\left\{\dfrac{d}{dx}f(x)\right\}dx$이다.

(5) $f(x)=x$, $g(x)=x^2$이면

$$\int f(x)dx=\int xdx=\frac{1}{2}x^2+C_1,$$

$$\int g(x)dx=\int x^2dx=\frac{1}{3}x^3+C_2,$$

$$\int f(x)g(x)dx=\int x^3dx=\frac{1}{4}x^4+C_3$$

이므로 $\int f(x)g(x)dx\neq\left\{\int f(x)dx\right\}\left\{\int g(x)dx\right\}$이다.

08 정적분

본문 087쪽

교과서 개념 확인하기

1 답 (1) 8 (2) -4

(1) $\displaystyle\int_{-1}^{3} 2x\,dx$의 값은 함수 $y=2x$의 그래

프와 x축 및 두 직선 $x=-1$, $x=3$으로 둘러싸인 도형의 넓이이다.

이때 $f(x)\geq0$인 부분의 넓이는

$\dfrac{1}{2}\times3\times6=9$이고,

$f(x)\leq0$인 부분의 넓이는

$\dfrac{1}{2}\times1\times2=1$이다.

따라서 정적분의 정의에 의하여

$$\int_{-1}^{3} 2x\,dx=9-1=8$$

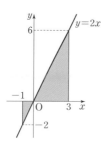

(2) $\displaystyle\int_{-2}^{2} (x-1)\,dx$의 값은 함수 $y=x-1$의

그래프와 x축 및 두 직선 $x=-2$,

$x=2$로 둘러싸인 도형의 넓이이다.

이때 $f(x)\geq0$인 부분의 넓이는

$\dfrac{1}{2}\times1\times1=\dfrac{1}{2}$이고,

$f(x)\leq0$인 부분의 넓이는 $\dfrac{1}{2}\times3\times3=\dfrac{9}{2}$이다.

따라서 정적분의 정의에 의하여

$$\int_{-2}^{2} (x-1)\,dx=\frac{1}{2}-\frac{9}{2}=-4$$

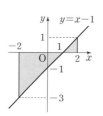

2 답 (1) x^2 (2) $2x^2-x+3$

(1) $\dfrac{d}{dx}\displaystyle\int_{0}^{x} t^2\,dt=x^2$

(2) $\dfrac{d}{dx}\displaystyle\int_{0}^{x} (2t^2-t+3)\,dt=2x^2-x+3$

3 답 (1) 6 (2) 24 (3) 0 (4) 3

(1) $\displaystyle\int_{1}^{2} 4x\,dx=\Big[2x^2\Big]_{1}^{2}$
$=8-2=6$

(2) $\displaystyle\int_{-1}^{3} (3x^2-1)\,dx=\Big[x^3-x\Big]_{-1}^{3}$
$=(27-3)-(-1+1)=24$

(3) $\displaystyle\int_{2}^{2} (6x^2+2)\,dx=\Big[2x^3+2x\Big]_{2}^{2}$
$=(16+4)-(16+4)=0$

(4) $\displaystyle\int_{3}^{0} (-4x+5)\,dx=\Big[-2x^2+5x\Big]_{3}^{0}$
$=0-(-18+15)=3$

다른 풀이

(3) $\displaystyle\int_{a}^{a} f(x)\,dx=0$이므로 $\displaystyle\int_{2}^{2} (6x^2+2)\,dx=0$

(4) $\displaystyle\int_{a}^{b} f(x)\,dx=-\displaystyle\int_{b}^{a} f(x)\,dx$이므로

$$\int_{3}^{0} (-4x+5)\,dx=-\int_{0}^{3} (-4x+5)\,dx$$
$$=\int_{0}^{3} (4x-5)\,dx$$
$$=\Big[2x^2-5x\Big]_{0}^{3}$$
$$=(18-15)-0=3$$

4 답 (1) 24 (2) -3

(1) $\displaystyle\int_{1}^{3} (2x-3)\,dx+\displaystyle\int_{1}^{3} (4x+3)\,dx$

$=\displaystyle\int_{1}^{3} (2x-3+4x+3)\,dx$

$=\displaystyle\int_{1}^{3} 6x\,dx$

$=\Big[3x^2\Big]_{1}^{3}$

$=27-3$

$=24$

(2) $\displaystyle\int_{-2}^{1} (x^2+x)\,dx-\displaystyle\int_{-2}^{1} (x^2-x)\,dx$

$=\displaystyle\int_{-2}^{1} (x^2+x-x^2+x)\,dx$

$=\displaystyle\int_{-2}^{1} 2x\,dx$

$=\Big[x^2\Big]_{-2}^{1}$

$=1-4$

$=-3$

교과서 예제로 개념 익히기

• 본문 088~093쪽

필수 예제 1 답 (1) 70 (2) $\dfrac{7}{3}$ (3) $-\dfrac{41}{6}$ (4) 0

(1) $\displaystyle\int_{-2}^{3} (6x^2-2x+1)\,dx=\Big[2x^3-x^2+x\Big]_{-2}^{3}$
$=(54-9+3)-(-16-4-2)$
$=70$

(2) $\displaystyle\int_{1}^{2} (t-3)^2\,dt=\displaystyle\int_{1}^{2} (t^2-6t+9)\,dt$

$=\Big[\dfrac{1}{3}t^3-3t^2+9t\Big]_{1}^{2}$

$=\Big(\dfrac{8}{3}-12+18\Big)-\Big(\dfrac{1}{3}-3+9\Big)$

$=\dfrac{7}{3}$

(3) $\displaystyle\int_{-1}^{0} (x+4)(2x-1)\,dx=\displaystyle\int_{-1}^{0} (2x^2+7x-4)\,dx$

$=\Big[\dfrac{2}{3}x^3+\dfrac{7}{2}x^2-4x\Big]_{-1}^{0}$

$=0-\Big(-\dfrac{2}{3}+\dfrac{7}{2}+4\Big)$

$=-\dfrac{41}{6}$

(4) $\displaystyle\int_0^4 \frac{x^2-4}{x+2}dx = \int_0^4 \frac{(x+2)(x-2)}{x+2}dx$

$\qquad\qquad = \int_0^4 (x-2)dx$

$\qquad\qquad = \left[\frac{1}{2}x^2-2x\right]_0^4$

$\qquad\qquad = (8-8)-0=0$

1-1 답 (1) 12 (2) $\dfrac{124}{3}$ (3) 72 (4) $\dfrac{8}{3}$

(1) $\displaystyle\int_0^2 (4x^3+3x^2-6)dx = \left[x^4+x^3-6x\right]_0^2$

$\qquad\qquad\qquad = (16+8-12)-0=12$

(2) $\displaystyle\int_{-1}^3 (x+2)^2 dx = \int_{-1}^3 (x^2+4x+4)dx$

$\qquad\qquad = \left[\frac{1}{3}x^3+2x^2+4x\right]_{-1}^3$

$\qquad\qquad = (9+18+12)-\left(-\frac{1}{3}+2-4\right) = \frac{124}{3}$

(3) $\displaystyle\int_1^3 (3y-1)(y+5)dy = \int_1^3 (3y^2+14y-5)dy$

$\qquad\qquad = \left[y^3+7y^2-5y\right]_1^3$

$\qquad\qquad = (27+63-15)-(1+7-5)$

$\qquad\qquad = 72$

(4) $\displaystyle\int_{-2}^0 \frac{t^3-1}{t-1}dt = \int_{-2}^0 \frac{(t-1)(t^2+t+1)}{t-1}dt$

$\qquad\qquad = \int_{-2}^0 (t^2+t+1)dt$

$\qquad\qquad = \left[\frac{1}{3}t^3+\frac{1}{2}t^2+t\right]_{-2}^0$

$\qquad\qquad = 0-\left(-\frac{8}{3}+2-2\right) = \frac{8}{3}$

1-2 답 $\dfrac{75}{4}$

$\displaystyle\int_{-2}^1 x^2 f(x)dx = \int_{-2}^1 x^2(-x+5)dx$

$\qquad\qquad = \int_{-2}^1 (-x^3+5x^2)dx$

$\qquad\qquad = \left[-\frac{1}{4}x^4+\frac{5}{3}x^3\right]_{-2}^1$

$\qquad\qquad = \left(-\frac{1}{4}+\frac{5}{3}\right)-\left(-4-\frac{40}{3}\right) = \frac{75}{4}$

1-3 답 $\dfrac{1}{2}$

$\displaystyle\int_1^a (4x-1)dx = \left[2x^2-x\right]_1^a$

$\qquad\qquad = (2a^2-a)-(2-1)$

$\qquad\qquad = 2a^2-a-1$

이므로 $2a^2-a-1=14$

$2a^2-a-15=0$, $(2a+5)(a-3)=0$

$\therefore a=-\dfrac{5}{2}$ 또는 $a=3$

따라서 구하는 모든 실수 a의 값의 합은

$-\dfrac{5}{2}+3=\dfrac{1}{2}$

필수 예제 2 답 (1) 33 (2) 6 (3) 56

(1) $\displaystyle\int_{-1}^2 (x^2-2x+5)dx + \int_{-1}^2 (5x^2+4x-1)dx$

$\quad = \int_{-1}^2 (x^2-2x+5+5x^2+4x-1)dx$

$\quad = \int_{-1}^2 (6x^2+2x+4)dx$

$\quad = \left[2x^3+x^2+4x\right]_{-1}^2$

$\quad = (16+4+8)-(-2+1-4)=33$

(2) $\displaystyle\int_{-4}^{-2} \frac{3x}{x-3}dx - \int_{-4}^{-2} \frac{t^2}{t-3}dt$

$\quad = \int_{-4}^{-2} \frac{3x}{x-3}dx - \int_{-4}^{-2} \frac{x^2}{x-3}dx$

$\quad = \int_{-4}^{-2} \frac{3x-x^2}{x-3}dx = \int_{-4}^{-2} \frac{-x(x-3)}{x-3}dx$

$\quad = \int_{-4}^{-2} (-x)dx = \left[-\frac{1}{2}x^2\right]_{-4}^{-2}$

$\quad = -2-(-8)=6$

(3) $\displaystyle\int_0^1 (x^3+x-4)dx + \int_1^4 (y^3+y-4)dy$

$\quad = \int_0^1 (x^3+x-4)dx + \int_1^4 (x^3+x-4)dx$

$\quad = \int_0^4 (x^3+x-4)dx$

$\quad = \left[\frac{1}{4}x^4+\frac{1}{2}x^2-4x\right]_0^4$

$\quad = (64+8-16)-0=56$

2-1 답 (1) -8 (2) $\dfrac{20}{3}$ (3) 2

(1) $\displaystyle\int_{-2}^0 (x+1)^2 dx - \int_{-2}^0 (t-1)^2 dt$

$\quad = \int_{-2}^0 (x+1)^2 dx - \int_{-2}^0 (x-1)^2 dx$

$\quad = \int_{-2}^0 \{(x+1)^2-(x-1)^2\}dx$

$\quad = \int_{-2}^0 4x\,dx = \left[2x^2\right]_{-2}^0$

$\quad = 0-8=-8$

(2) $\displaystyle\int_1^3 \frac{x^3-2}{x+1}dx + \int_1^3 \frac{3}{y+1}dy$

$\quad = \int_1^3 \frac{x^3-2}{x+1}dx + \int_1^3 \frac{3}{x+1}dx$

$\quad = \int_1^3 \frac{x^3-2+3}{x+1}dx$

$\quad = \int_1^3 \frac{x^3+1}{x+1}dx$

$\quad = \int_1^3 \frac{(x+1)(x^2-x+1)}{x+1}dx$

$\quad = \int_1^3 (x^2-x+1)dx$

$\quad = \left[\frac{1}{3}x^3-\frac{1}{2}x^2+x\right]_1^3$

$\quad = \left(9-\frac{9}{2}+3\right)-\left(\frac{1}{3}-\frac{1}{2}+1\right)$

$\quad = \frac{20}{3}$

(3) $\int_{-1}^{1}(2x^2+x)dx+\int_{1}^{-1}(-x^2+x)dx$

$=\int_{-1}^{1}(2x^2+x)dx-\int_{-1}^{1}(-x^2+x)dx$

$=\int_{-1}^{1}(2x^2+x+x^2-x)dx$

$=\int_{-1}^{1}3x^2 dx=\left[x^3\right]_{-1}^{1}$

$=1-(-1)=2$

2-2 답 21

$\int_{-1}^{0}(3x-1)^2dx-\int_{1}^{0}(3x-1)^2dx+\int_{1}^{2}(3x-1)^2dx$

$=\int_{-1}^{0}(3x-1)^2dx+\int_{0}^{1}(3x-1)^2dx+\int_{1}^{2}(3x-1)^2dx$

$=\int_{-1}^{2}(3x-1)^2dx$

$=\int_{-1}^{2}(9x^2-6x+1)dx$

$=\left[3x^3-3x^2+x\right]_{-1}^{2}$

$=(24-12+2)-(-3-3-1)=21$

2-3 답 6

$\int_{0}^{6}f(x)dx=\int_{0}^{2}f(x)dx+\int_{2}^{6}f(x)dx$

$=\int_{0}^{2}f(x)dx+\left\{\int_{2}^{-2}f(x)dx+\int_{-2}^{6}f(x)dx\right\}$

$=\int_{0}^{2}f(x)dx-\int_{-2}^{2}f(x)dx+\int_{-2}^{6}f(x)dx$

$=2-5+9=6$

필수 예제 3 답 2

$\int_{-3}^{2}f(x)dx=\int_{-3}^{0}f(x)dx+\int_{0}^{2}f(x)dx$

$=\int_{-3}^{0}(-x^2+1)dx+\int_{0}^{2}(3x+1)dx$

$=\left[-\frac{1}{3}x^3+x\right]_{-3}^{0}+\left[\frac{3}{2}x^2+x\right]_{0}^{2}$

$=\{0-(9-3)\}+\{(6+2)-0\}=2$

3-1 답 $\frac{176}{3}$

$\int_{-1}^{3}f(x)dx=\int_{-1}^{1}f(x)dx+\int_{1}^{3}f(x)dx$

$=\int_{-1}^{1}(6x+3)dx+\int_{1}^{3}(2x+1)^2dx$

$=\int_{-1}^{1}(6x+3)dx+\int_{1}^{3}(4x^2+4x+1)dx$

$=\left[3x^2+3x\right]_{-1}^{1}+\left[\frac{4}{3}x^3+2x^2+x\right]_{1}^{3}$

$=\{(3+3)-(3-3)\}$
$\qquad +\left\{(36+18+3)-\left(\frac{4}{3}+2+1\right)\right\}$

$=\frac{176}{3}$

3-2 답 2

$a>0$이므로

$\int_{-2}^{a}f(x)dx=\int_{-2}^{0}f(x)dx+\int_{0}^{a}f(x)dx$

$=\int_{-2}^{0}(3x^2+2x-1)dx+\int_{0}^{a}(-4x-1)dx$

$=\left[x^3+x^2-x\right]_{-2}^{0}+\left[-2x^2-x\right]_{0}^{a}$

$=\{0-(-8+4+2)\}+\{(-2a^2-a)-0\}$

$=-2a^2-a+2$

즉, $-2a^2-a+2=-8$이므로

$2a^2+a-10=0$, $(2a+5)(a-2)=0$

$\therefore a=2$ $(\because a>0)$

필수 예제 4 답 (1) 1 (2) 4

(1) $|x-1|=\begin{cases} x-1 & (x\geq 1) \\ -x+1 & (x\leq 1) \end{cases}$

이므로

$\int_{0}^{2}|x-1|dx=\int_{0}^{1}(-x+1)dx+\int_{1}^{2}(x-1)dx$

$=\left[-\frac{1}{2}x^2+x\right]_{0}^{1}+\left[\frac{1}{2}x^2-x\right]_{1}^{2}$

$=\left\{\left(-\frac{1}{2}+1\right)-0\right\}+\left\{(2-2)-\left(\frac{1}{2}-1\right)\right\}$

$=1$

(2) $x(x+2)=0$에서 $x=-2$ 또는 $x=0$

$|x(x+2)|=\begin{cases} x(x+2) & (x\leq -2 \text{ 또는 } x\geq 0) \\ -x(x+2) & (-2\leq x\leq 0) \end{cases}$

$=\begin{cases} x^2+2x & (x\leq -2 \text{ 또는 } x\geq 0) \\ -x^2-2x & (-2\leq x\leq 0) \end{cases}$

이므로

$\int_{-3}^{1}|x(x+2)|dx$

$=\int_{-3}^{-2}(x^2+2x)dx+\int_{-2}^{0}(-x^2-2x)dx$
$\qquad\qquad\qquad\qquad\qquad +\int_{0}^{1}(x^2+2x)dx$

$=\left[\frac{1}{3}x^3+x^2\right]_{-3}^{-2}+\left[-\frac{1}{3}x^3-x^2\right]_{-2}^{0}+\left[\frac{1}{3}x^3+x^2\right]_{0}^{1}$

$=\left\{\left(-\frac{8}{3}+4\right)-(-9+9)\right\}+\left\{0-\left(\frac{8}{3}-4\right)\right\}$
$\qquad\qquad\qquad\qquad\qquad +\left\{\left(\frac{1}{3}+1\right)-0\right\}$

$=4$

4-1 답 (1) 22 (2) $\frac{8}{3}$

(1) $|x|+2=\begin{cases} x+2 & (x\geq 0) \\ -x+2 & (x\leq 0) \end{cases}$

이므로

$\int_{-2}^{4}(|x|+2)dx=\int_{-2}^{0}(-x+2)dx+\int_{0}^{4}(x+2)dx$

$=\left[-\frac{1}{2}x^2+2x\right]_{-2}^{0}+\left[\frac{1}{2}x^2+2x\right]_{0}^{4}$

$=\{0-(-2-4)\}+\{(8+8)-0\}$

$=22$

(2) $(x-1)(x-3)=0$에서 $x=1$ 또는 $x=3$

$$|(x-1)(x-3)|=\begin{cases}(x-1)(x-3) & (x\le1\ \text{또는}\ x\ge3)\\-(x-1)(x-3) & (1\le x\le3)\end{cases}$$

$$=\begin{cases}x^2-4x+3 & (x\le1\ \text{또는}\ x\ge3)\\-x^2+4x-3 & (1\le x\le3)\end{cases}$$

이므로

$\displaystyle\int_0^3|(x-1)(x-3)|\,dx$

$=\displaystyle\int_0^1(x^2-4x+3)dx+\int_1^3(-x^2+4x-3)dx$

$=\left[\dfrac{1}{3}x^3-2x^2+3x\right]_0^1+\left[-\dfrac{1}{3}x^3+2x^2-3x\right]_1^3$

$=\left\{\left(\dfrac{1}{3}-2+3\right)-0\right\}+\left\{(-9+18-9)-\left(-\dfrac{1}{3}+2-3\right)\right\}$

$=\dfrac{8}{3}$

4-2 답 6

$|x-4|=\begin{cases}x-4 & (x\ge4)\\-x+4 & (x\le4)\end{cases}$ 이고 $a>4$이므로

$\displaystyle\int_0^a|x-4|\,dx=\int_0^4(-x+4)dx+\int_4^a(x-4)dx$

$=\left[-\dfrac{1}{2}x^2+4x\right]_0^4+\left[\dfrac{1}{2}x^2-4x\right]_4^a$

$=\{(-8+16)-0\}+\left\{\left(\dfrac{1}{2}a^2-4a\right)-(8-16)\right\}$

$=\dfrac{1}{2}a^2-4a+16$

즉, $\dfrac{1}{2}a^2-4a+16=10$이므로

$a^2-8a+12=0,\ (a-2)(a-6)=0$

$\therefore a=6\ (\because a>4)$

필수 예제 5 답 (1) $f(x)=2x-\dfrac{9}{4}$ (2) $f(x)=x^2+4x-\dfrac{9}{2}$

(1) $\displaystyle\int_0^3 f(t)dt=k\,(k\text{는 상수})$ ...... ㉠

라 하면 $f(x)=2x-k$

$f(t)=2t-k$를 ㉠의 좌변에 대입하면

$\displaystyle\int_0^3(2t-k)dt=\left[t^2-kt\right]_0^3$

$=9-3k$

즉, $9-3k=k$이므로 $4k=9$

$\therefore k=\dfrac{9}{4}$

$\therefore f(x)=2x-\dfrac{9}{4}$

(2) $\displaystyle\int_{-1}^2 f(t)dt=k\,(k\text{는 상수})$ ...... ㉠

라 하면 $f(x)=x^2+4x+k$

$f(t)=t^2+4t+k$를 ㉠의 좌변에 대입하면

$\displaystyle\int_{-1}^2(t^2+4t+k)dt=\left[\dfrac{1}{3}t^3+2t^2+kt\right]_{-1}^2$

$=\left(\dfrac{8}{3}+8+2k\right)-\left(-\dfrac{1}{3}+2-k\right)$

$=9+3k$

즉, $9+3k=k$이므로 $k=-\dfrac{9}{2}$

$\therefore f(x)=x^2+4x-\dfrac{9}{2}$

5-1 답 (1) $f(x)=-x-\dfrac{9}{5}$ (2) $f(x)=4x^3-2x-24$

(1) $\displaystyle\int_{-4}^2 f(t)dt=k\,(k\text{는 상수})$ ...... ㉠

라 하면 $f(x)=-x+3+k$

$f(t)=-t+3+k$를 ㉠의 좌변에 대입하면

$\displaystyle\int_{-4}^2(-t+3+k)dt=\left[-\dfrac{1}{2}t^2+(3+k)t\right]_{-4}^2$

$=(4+2k)-(-20-4k)$

$=24+6k$

즉, $24+6k=k$이므로 $5k=-24$

$\therefore k=-\dfrac{24}{5}$

$\therefore f(x)=-x-\dfrac{9}{5}$

(2) $\displaystyle\int_1^3 f(t)dt=k\,(k\text{는 상수})$ ...... ㉠

라 하면 $f(x)=4x^3-2x-k$

$f(t)=4t^3-2t-k$를 ㉠의 좌변에 대입하면

$\displaystyle\int_1^3(4t^3-2t-k)dt=\left[t^4-t^2-kt\right]_1^3$

$=(81-9-3k)-(1-1-k)$

$=72-2k$

즉, $72-2k=k$이므로 $3k=72$

$\therefore k=24$

$\therefore f(x)=4x^3-2x-24$

5-2 답 13

$\displaystyle\int_0^2 tf(t)dt=k\,(k\text{는 상수})$ ...... ㉠

라 하면

$f(x)=3x-6+k$

$f(t)=3t-6+k$를 ㉠의 좌변에 대입하면

$\displaystyle\int_0^2 t(3t-6+k)dt=\int_0^2(3t^2-6t+kt)dt$

$=\left[t^3-3t^2+\dfrac{1}{2}kt^2\right]_0^2$

$=(8-12+2k)-0$

$=-4+2k$

즉, $-4+2k=k$이므로 $k=4$

따라서 $f(x)=3x-6+4=3x-2$이므로

$f(5)=15-2=13$

5-3 답 $f(x)=-x^3+4x^2-8$

$\displaystyle\int_2^4 f'(t)dt=k\,(k\text{는 상수})$ ...... ㉠

라 하면

$f(x)=-x^3+4x^2+k$

$\therefore f'(x)=-3x^2+8x$

$f'(t)=-3t^2+8t$를 ㉠의 좌변에 대입하면
$$\int_2^4(-3t^2+8t)dt=\left[-t^3+4t^2\right]_2^4$$
$$=(-64+64)-(-8+16)=-8$$
즉, $k=-8$이므로
$$f(x)=-x^3+4x^2-8$$

필수 예제 6 답 (1) $f(x)=2x-3$ (2) $f(x)=-3x^2+4$

(1) $\int_1^x f(t)dt=x^2-ax+2$의 양변을 x에 대하여 미분하면
$$f(x)=2x-a$$
$\int_1^x f(t)dt=x^2-ax+2$의 양변에 $x=1$을 대입하면
$$0=1-a+2 \quad \therefore a=3$$
$$\therefore f(x)=2x-3$$

(2) $\int_{-1}^x f(t)dt=ax^3+4x+3$의 양변을 x에 대하여 미분하면
$$f(x)=3ax^2+4$$
$\int_{-1}^x f(t)dt=ax^3+4x+3$의 양변에 $x=-1$을 대입하면
$$0=-a-4+3 \quad \therefore a=-1$$
$$\therefore f(x)=-3x^2+4$$

6-1 답 (1) $f(x)=3x^2-2x$ (2) $f(x)=6x^2-10x+4$

(1) $\int_2^x f(t)dt=x^3+ax^2-4$의 양변을 x에 대하여 미분하면
$$f(x)=3x^2+2ax$$
$\int_2^x f(t)dt=x^3+ax^2-4$의 양변에 $x=2$를 대입하면
$$0=8+4a-4 \quad \therefore a=-1$$
$$\therefore f(x)=3x^2-2x$$

(2) $\int_1^x f(t)dt=2x^3-5x^2+ax-1$의 양변을 x에 대하여 미분하면
$$f(x)=6x^2-10x+a$$
$\int_1^x f(t)dt=2x^3-5x^2+ax-1$의 양변에 $x=1$을 대입하면
$$0=2-5+a-1 \quad \therefore a=4$$
$$\therefore f(x)=6x^2-10x+4$$

6-2 답 $f(x)=6x-6$

주어진 등식의 좌변을 변형하면
$$x\int_1^x f(t)dt-\int_1^x tf(t)dt=x^3-ax^2+3x-1$$
위의 등식의 양변을 x에 대하여 미분하면
$$\int_1^x f(t)dt+xf(x)-xf(x)=3x^2-2ax+3$$
$$\therefore \int_1^x f(t)dt=3x^2-2ax+3$$
위의 등식의 양변을 다시 x에 대하여 미분하면
$$f(x)=6x-2a$$
한편, $x=1$을 주어진 등식의 양변에 대입하면
$$0=1-a+3-1 \quad \therefore a=3$$
$$\therefore f(x)=6x-6$$

6-3 답 22

주어진 등식의 양변을 x에 대하여 미분하면
$$f(x)+xf'(x)=12x^2-6x+f(x)$$
$$xf'(x)=12x^2-6x$$
$$\therefore f'(x)=12x-6$$
$$\therefore f(x)=\int f'(x)dx$$
$$=\int(12x-6)dx$$
$$=6x^2-6x+C \ (C는 \ 적분상수) \quad \cdots\cdots ㉠$$
또한, $x=-2$를 주어진 등식의 양변에 대입하면
$$-2f(-2)=-32-12$$
$$\therefore f(-2)=22$$
이때 ㉠의 양변에 $x=-2$를 대입하면
$$f(-2)=24+12+C=36+C$$
이므로
$$36+C=22 \quad \therefore C=-14$$
따라서 $f(x)=6x^2-6x-14$이므로
$$f(3)=54-18-14=22$$

필수 예제 7 답 (1) 11 (2) -2

(1) $f(t)=3t^2-1$이라 하고, $f(t)$의 한 부정적분을 $F(t)$라 하면
$$\lim_{x\to2}\frac{1}{x-2}\int_2^x(3t^2-1)dt=\lim_{x\to2}\frac{1}{x-2}\int_2^x f(t)dt$$
$$=\lim_{x\to2}\frac{1}{x-2}\left[F(t)\right]_2^x$$
$$=\lim_{x\to2}\frac{F(x)-F(2)}{x-2}$$
$$=F'(2)=f(2)$$
$$=12-1$$
$$=11$$

(2) $f(t)=t^2-5t+2$라 하고, $f(t)$의 한 부정적분을 $F(t)$라 하면
$$\lim_{x\to0}\frac{1}{x}\int_1^{x+1}(t^2-5t+2)dt=\lim_{x\to0}\frac{1}{x}\int_1^{x+1}f(t)dt$$
$$=\lim_{x\to0}\frac{1}{x}\left[F(t)\right]_1^{x+1}$$
$$=\lim_{x\to0}\frac{F(x+1)-F(1)}{x}$$
$$=F'(1)=f(1)$$
$$=1-5+2$$
$$=-2$$

7-1 답 (1) -9 (2) 7

(1) $f(t)=t^3+2t-6$이라 하고, $f(t)$의 한 부정적분을 $F(t)$라 하면
$$\lim_{x\to-1}\frac{1}{x+1}\int_{-1}^x(t^3+2t-6)dt=\lim_{x\to-1}\frac{1}{x+1}\int_{-1}^x f(t)dt$$
$$=\lim_{x\to-1}\frac{1}{x+1}\left[F(t)\right]_{-1}^x$$
$$=\lim_{x\to-1}\frac{F(x)-F(-1)}{x-(-1)}$$
$$=F'(-1)=f(-1)$$
$$=-1-2-6$$
$$=-9$$

(2) $f(t)=-t^3+8t+10$이라 하고, $f(t)$의 한 부정적분을 $F(t)$라 하면

$$\lim_{x \to 0}\frac{1}{x}\int_3^{x+3}(-t^3+8t+10)dt$$

$$=\lim_{x \to 0}\frac{1}{x}\int_3^{x+3}f(t)dt$$

$$=\lim_{x \to 0}\frac{1}{x}\Big[F(t)\Big]_3^{x+3}$$

$$=\lim_{x \to 0}\frac{F(x+3)-F(3)}{x}$$

$$=F'(3)=f(3)$$

$$=-27+24+10=7$$

7-2 답 (1) 12 (2) 10

(1) $f(t)=(3t-1)(t^2+2)$라 하고, $f(t)$의 한 부정적분을 $F(t)$라 하면

$$\lim_{x \to 1}\frac{1}{x-1}\int_1^{x^2}(3t-1)(t^2+2)dt$$

$$=\lim_{x \to 1}\frac{1}{x-1}\int_1^{x^2}f(t)dt$$

$$=\lim_{x \to 1}\frac{1}{x-1}\Big[F(t)\Big]_1^{x^2}$$

$$=\lim_{x \to 1}\frac{F(x^2)-F(1)}{x-1}$$

$$=\lim_{x \to 1}\left\{\frac{F(x^2)-F(1)}{x^2-1}\times(x+1)\right\}$$

$$=2F'(1)=2f(1)$$

$$=2\times(3-1)\times(1+2)=12$$

(2) $f(t)=t^4-2t^2-3$이라 하고, $f(t)$의 한 부정적분을 $F(t)$라 하면

$$\lim_{x \to 0}\frac{1}{x}\int_{2-x}^{2+x}(t^4-2t^2-3)dt$$

$$=\lim_{x \to 0}\frac{1}{x}\int_{2-x}^{2+x}f(t)dt$$

$$=\lim_{x \to 0}\frac{1}{x}\Big[F(t)\Big]_{2-x}^{2+x}$$

$$=\lim_{x \to 0}\frac{F(2+x)-F(2-x)}{x}$$

$$=\lim_{x \to 0}\frac{F(2+x)-F(2)-\{F(2-x)-F(2)\}}{x}$$

$$=\lim_{x \to 0}\frac{F(2+x)-F(2)}{x}+\lim_{x \to 0}\frac{F(2-x)-F(2)}{-x}$$

$$=F'(2)+F'(2)=2F'(2)=2f(2)$$

$$=2\times(16-8-3)=10$$

7-3 답 21

함수 $f(t)$의 한 부정적분을 $F(t)$라 하면

$$\lim_{h \to 0}\frac{1}{h}\int_1^{1+3h}f(t)dt=\lim_{h \to 0}\frac{1}{h}\Big[F(t)\Big]_1^{1+3h}$$

$$=\lim_{h \to 0}\frac{F(1+3h)-F(1)}{h}$$

$$=\lim_{h \to 0}\left\{\frac{F(1+3h)-F(1)}{3h}\times 3\right\}$$

$$=3F'(1)=3f(1)$$

$$=3\times(-2+7+3-1)=21$$

실전 문제로 **단원 마무리** · 본문 094~095쪽

01 ①	**02** 3	**03** 18	**04** $\dfrac{1}{3}$
05 ⑤	**06** 2	**07** $\dfrac{3}{4}$	**08** -4
09 ②	**10** ⑤		

01

$$\int_1^1(-x^2+3)dx+\int_{-1}^2(y^2+2y-5)dy$$

$$=0+\int_{-1}^2(y^2+2y-5)dy$$

$$=\left[\frac{1}{3}y^3+y^2-5y\right]_{-1}^2$$

$$=\left(\frac{8}{3}+4-10\right)-\left(-\frac{1}{3}+1+5\right)=-9$$

02

$$\int_0^1 f(x)dx=\int_0^1(2x^3-kx)dx$$

$$=\left[\frac{1}{2}x^4-\frac{1}{2}kx^2\right]_0^1$$

$$=\frac{1}{2}-\frac{1}{2}k$$

이때 $f(1)=2-k$이므로

$$\frac{1}{2}-\frac{1}{2}k=2-k, \ \frac{1}{2}k=\frac{3}{2}$$

$$\therefore k=3$$

03

$$\int_{-1}^0 f(x)dx+\int_0^1 f(x)dx-\int_2^1 f(x)dx$$

$$=\int_{-1}^0 f(x)dx+\int_0^1 f(x)dx+\int_1^2 f(x)dx$$

$$=\int_{-1}^2 f(x)dx$$

$$=\int_{-1}^2(-3x^2+2x+8)dx$$

$$=\Big[-x^3+x^2+8x\Big]_{-1}^2$$

$$=(-8+4+16)-(1+1-8)=18$$

04

$$f(x)=\begin{cases} -x+4 & (x \ge 0) \\ 2x+4 & (x \le 0) \end{cases}$$ 이므로

$$xf(x)=\begin{cases} -x^2+4x & (x \ge 0) \\ 2x^2+4x & (x \le 0) \end{cases}$$

$$\therefore \int_{-1}^1 xf(x)dx=\int_{-1}^0(2x^2+4x)dx+\int_0^1(-x^2+4x)dx$$

$$=\left[\frac{2}{3}x^3+2x^2\right]_{-1}^0+\left[-\frac{1}{3}x^3+2x^2\right]_0^1$$

$$=\left\{0-\left(-\frac{2}{3}+2\right)\right\}+\left\{\left(-\frac{1}{3}+2\right)-0\right\}$$

$$=\frac{1}{3}$$

05

$6x-2x^2=0$에서 $2x(3-x)=0$

$\therefore x=0$ 또는 $x=3$

$|6x-2x^2|=\begin{cases} -6x+2x^2 & (x\le 0 \text{ 또는 } x\ge 3) \\ 6x-2x^2 & (0\le x\le 3) \end{cases}$

이므로

$\displaystyle\int_1^4 |6x-2x^2|\,dx$

$=\displaystyle\int_1^3 (6x-2x^2)\,dx+\int_3^4 (-6x+2x^2)\,dx$

$=\left[3x^2-\dfrac{2}{3}x^3\right]_1^3+\left[-3x^2+\dfrac{2}{3}x^3\right]_3^4$

$=\left\{(27-18)-\left(3-\dfrac{2}{3}\right)\right\}+\left\{\left(-48+\dfrac{128}{3}\right)-(-27+18)\right\}$

$=\dfrac{31}{3}$

06

$\displaystyle\int_0^1 tf'(t)\,dt=k \;(k\text{는 상수}) \quad \cdots\cdots \text{㉠}$

라 하면 $f(x)=x^2-2x+3k$

$f(t)=t^2-2t+3k$에서 $f'(t)=2t-2$

$tf'(t)=2t^2-2t$를 ㉠의 좌변에 대입하면

$\displaystyle\int_0^1 tf'(t)\,dt=\int_0^1 (2t^2-2t)\,dt$

$=\left[\dfrac{2}{3}t^3-t^2\right]_0^1$

$=\dfrac{2}{3}-1$

$=-\dfrac{1}{3}$

$\therefore k=-\dfrac{1}{3}$

따라서 $f(x)=x^2-2x-1$이므로

$f(3)=9-6-1=2$

07

$\displaystyle\int_2^x (x-t)f(t)\,dt=ax^4+x^3+bx^2$에서

$x\displaystyle\int_2^x f(t)\,dt-\int_2^x tf(t)\,dt=ax^4+x^3+bx^2$

위의 등식의 양변을 x에 대하여 미분하면

$\displaystyle\int_2^x f(t)\,dt+xf(x)-xf(x)=4ax^3+3x^2+2bx$

$\therefore \displaystyle\int_2^x f(t)\,dt=4ax^3+3x^2+2bx$

위의 등식의 양변에 $x=2$를 대입하면

$32a+12+4b=0$

$\therefore 8a+b=-3 \quad \cdots\cdots \text{㉠}$

한편, 주어진 등식의 양변에 $x=2$를 대입하면

$0=16a+8+4b$

$\therefore 4a+b=-2 \quad \cdots\cdots \text{㉡}$

㉠, ㉡을 연립하여 풀면

$a=-\dfrac{1}{4},\ b=-1$

$\therefore a-b=-\dfrac{1}{4}-(-1)=\dfrac{3}{4}$

08

함수 $f(t)$의 한 부정적분을 $F(t)$라 하면

$\displaystyle\lim_{h\to 0}\dfrac{1}{h}\int_{-1}^{-1+2h} f(t)\,dt=\lim_{h\to 0}\dfrac{1}{h}\Big[F(t)\Big]_{-1}^{-1+2h}$

$=\displaystyle\lim_{h\to 0}\dfrac{F(-1+2h)-F(-1)}{h}$

$=\displaystyle\lim_{h\to 0}\left\{\dfrac{F(-1+2h)-F(-1)}{2h}\times 2\right\}$

$=2F'(-1)=2f(-1)$

$=2\times(-1-2+1)=-4$

09

$xf(x)-f(x)=3x^3-3x$에서

$(x-1)f(x)=3x(x-1)(x^2+x+1)$

$\therefore f(x)=3x(x^2+x+1)=3x^3+3x^2+3x$

$\therefore \displaystyle\int_{-2}^2 f(x)\,dx=\int_{-2}^2 (3x^3+3x^2+3x)\,dx$

$=\left[\dfrac{3}{4}x^4+x^3+\dfrac{3}{2}x^2\right]_{-2}^2$

$=(12+8+6)-(12-8+6)=16$

다른 풀이

$\displaystyle\int_{-2}^2 f(x)\,dx=\int_{-2}^2 (3x^3+3x^2+3x)\,dx$

$=2\displaystyle\int_0^2 3x^2\,dx=2\Big[x^3\Big]_0^2$

$=2\times 8=16$

플러스 강의

함수 $f(x)$가 닫힌구간 $[-a,\,a]$에서 연속일 때

(1) 모든 실수 x에 대하여 $f(-x)=f(x)$, 즉 함수 $f(x)$가 우함수이면

$\displaystyle\int_{-a}^a f(x)\,dx=2\int_0^a f(x)\,dx$

(2) 모든 실수 x에 대하여 $f(-x)=-f(x)$, 즉 함수 $f(x)$가 기함수이면

$\displaystyle\int_{-a}^a f(x)\,dx=0$

10

$\dfrac{d}{dt}f(t)=f'(t)$이므로

$\displaystyle\int_1^x \left\{\dfrac{d}{dt}f(t)\right\}dt=x^3+ax^2-2$에서

$\displaystyle\int_1^x f'(t)\,dt=x^3+ax^2-2 \quad \cdots\cdots \text{㉠}$

㉠의 양변에 $x=1$을 대입하면

$0=1+a-2 \quad \therefore a=1$

㉠의 양변을 x에 대하여 미분하면

$f'(x)=3x^2+2x$

$\therefore f'(a)=f'(1)=3+2=5$

개념으로 단원 마무리 ・본문 096쪽

1 답 (1) 정적분, $\displaystyle\int_a^b f(x)\,dx$ (2) $f(x)$ (3) $F(b)$, $F(a)$
(4) k, $f(x)$, $f(x)-g(x)$

2 답 (1) ○ (2) × (3) × (4) ○ (5) ×

(2) 함수 $f(x)$가 닫힌구간 $[a, b]$에서 연속이고 $f(x)$의 한 부정

적분을 $F(x)$라 할 때, $\int_b^a f(x)dx = F(a) - F(b)$이다.

(3) 실수 a에 대하여 $\dfrac{d}{dx} \int_a^x f(t)dt = f(x)$가 성립한다.

(5) $f(t)$의 한 부정적분을 $F(t)$라 하면

$$\lim_{x \to a} \frac{1}{x-a} \int_a^x f(t)dt = \lim_{x \to a} \frac{1}{x-a} \left[F(t) \right]_a^x$$

$$= \lim_{x \to a} \frac{F(x) - F(a)}{x - a}$$

$$= F'(a) = f(a)$$

09 정적분의 활용

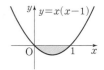

교과서 개념 확인하기 ────────○ 본문 098쪽

1 답 $\dfrac{1}{6}$

곡선 $y = x(x-1)$과 x축의 교점의

x좌표는 $x(x-1) = 0$에서

$x = 0$ 또는 $x = 1$

닫힌구간 $[0, 1]$에서 $y \leq 0$이므로 구하는

넓이는

$$\int_0^1 |x(x-1)|dx = \int_0^1 (-x^2 + x)dx$$

$$= \left[-\frac{1}{3}x^3 + \frac{1}{2}x^2 \right]_0^1$$

$$= -\frac{1}{3} + \frac{1}{2} = \frac{1}{6}$$

2 답 $\dfrac{4}{3}$

곡선 $y = -x^2 + 3$과 직선 $y = 2$의 교점이

x좌표는 $-x^2 + 3 = 2$에서

$x^2 = 1$

$\therefore x = -1$ 또는 $x = 1$

닫힌구간 $[-1, 1]$에서 $-x^2 + 3 \geq 2$이

므로 구하는 넓이는

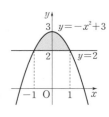

$$\int_{-1}^1 \{(-x^2 + 3) - 2\}dx = \int_{-1}^1 (-x^2 + 1)dx$$

$$= \left[-\frac{1}{3}x^3 + x \right]_{-1}^1$$

$$= \left(-\frac{1}{3} + 1 \right) - \left(\frac{1}{3} - 1 \right) = \frac{4}{3}$$

다른 풀이

$$\int_{-1}^1 \{(-x^2 + 3) - 2\}dx = \int_{-1}^1 (-x^2 + 1)dx$$

$$= 2\int_0^1 (-x^2 + 1)dx = 2\left[-\frac{1}{3}x^3 + x \right]_0^1$$

$$= 2 \times \left\{ \left(-\frac{1}{3} + 1 \right) - 0 \right\} = \frac{4}{3}$$

3 답 (1) 4 (2) 3 (3) 5

(1) $t = 0$에서 점 P의 위치가 0이므로 $t = 2$에서 점 P의 위치는

$$0 + \int_0^2 (-2t + 4)dt = \left[-t^2 + 4t \right]_0^2 = (-4 + 8) - 0 = 4$$

(2) $\int_0^3 (-2t + 4)dt = \left[-t^2 + 4t \right]_0^3 = (-9 + 12) - 0 = 3$

(3) 닫힌구간 $[0, 2]$에서 $v(t) \geq 0$, 닫힌구간 $[2, 3]$에서

$v(t) \leq 0$이므로

$$\int_0^3 |-2t + 4|dt = \int_0^2 (-2t + 4)dt + \int_2^3 (2t - 4)dt$$

$$= \left[-t^2 + 4t \right]_0^2 + \left[t^2 - 4t \right]_2^3$$

$$= \{(-4 + 8) - 0\} + \{(9 - 12) - (4 - 8)\}$$

$$= 5$$

필수 예제 1 답 (1) $\dfrac{32}{3}$ (2) $\dfrac{1}{2}$

(1) 곡선 $y=x^2-2x-3$과 x축의 교점의

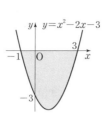

x좌표는 $x^2-2x-3=0$에서
$(x+1)(x-3)=0$
$\therefore x=-1$ 또는 $x=3$
닫힌구간 $[-1,\ 3]$에서 $y\leq0$이므로
구하는 넓이는

$$\int_{-1}^{3}|x^2-2x-3|\,dx=\int_{-1}^{3}(-x^2+2x+3)\,dx$$
$$=\left[-\dfrac{1}{3}x^3+x^2+3x\right]_{-1}^{3}$$
$$=(-9+9+9)-\left(\dfrac{1}{3}+1-3\right)$$
$$=\dfrac{32}{3}$$

(2) 곡선 $y=x^3-x$와 x축의 교점의

x좌표는 $x^3-x=0$에서
$x(x+1)(x-1)=0$
$\therefore x=-1$ 또는 $x=0$ 또는 $x=1$
닫힌구간 $[-1,\ 0]$에서 $y\geq0$, 닫힌구간 $[0,\ 1]$에서 $y\leq0$
이므로 구하는 넓이는

$$\int_{-1}^{1}|x^3-x|\,dx=\int_{-1}^{0}(x^3-x)\,dx+\int_{0}^{1}(-x^3+x)\,dx$$
$$=\left[\dfrac{1}{4}x^4-\dfrac{1}{2}x^2\right]_{-1}^{0}+\left[-\dfrac{1}{4}x^4+\dfrac{1}{2}x^2\right]_{0}^{1}$$
$$=\left\{0-\left(\dfrac{1}{4}-\dfrac{1}{2}\right)\right\}+\left\{\left(-\dfrac{1}{4}+\dfrac{1}{2}\right)-0\right\}$$
$$=\dfrac{1}{2}$$

1-1 답 (1) $\dfrac{9}{2}$ (2) 8

(1) 곡선 $y=-x^2+5x-4$와 x축의

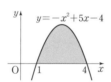

교점의 x좌표는
$-x^2+5x-4=0$에서
$-(x-1)(x-4)=0$
$\therefore x=1$ 또는 $x=4$
닫힌구간 $[1,\ 4]$에서 $y\geq0$이므로 구하는 넓이는

$$\int_{1}^{4}|-x^2+5x-4|\,dx$$
$$=\int_{1}^{4}(-x^2+5x-4)\,dx$$
$$=\left[-\dfrac{1}{3}x^3+\dfrac{5}{2}x^2-4x\right]_{1}^{4}$$
$$=\left(-\dfrac{64}{3}+40-16\right)-\left(-\dfrac{1}{3}+\dfrac{5}{2}-4\right)=\dfrac{9}{2}$$

(2) 곡선 $y=-x^3+6x^2-8x$와 x축의

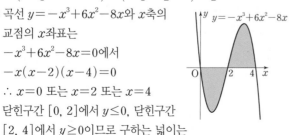

교점의 x좌표는
$-x^3+6x^2-8x=0$에서
$-x(x-2)(x-4)=0$
$\therefore x=0$ 또는 $x=2$ 또는 $x=4$
닫힌구간 $[0,\ 2]$에서 $y\leq0$, 닫힌구간
$[2,\ 4]$에서 $y\geq0$이므로 구하는 넓이는

$$\int_{0}^{4}|-x^3+6x^2-8x|\,dx$$
$$=\int_{0}^{2}(x^3-6x^2+8x)\,dx+\int_{2}^{4}(-x^3+6x^2-8x)\,dx$$
$$=\left[\dfrac{1}{4}x^4-2x^3+4x^2\right]_{0}^{2}+\left[-\dfrac{1}{4}x^4+2x^3-4x^2\right]_{2}^{4}$$
$$=\{(4-16+16)-0\}$$
$$\qquad+\{(-64+128-64)-(-4+16-16)\}$$
$$=8$$

1-2 답 (1) $\dfrac{34}{3}$ (2) 17

(1) 곡선 $y=-x^2+4$와 x축의 교점의

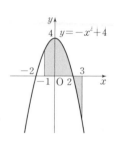

x좌표는 $-x^2+4=0$에서
$-(x+2)(x-2)=0$
$\therefore x=-2$ 또는 $x=2$
닫힌구간 $[-1,\ 2]$에서 $y\geq0$, 닫힌
구간 $[2,\ 3]$에서 $y\leq0$이므로 구하는
넓이는

$$\int_{-1}^{3}|-x^2+4|\,dx$$
$$=\int_{-1}^{2}(-x^2+4)\,dx+\int_{2}^{3}(x^2-4)\,dx$$
$$=\left[-\dfrac{1}{3}x^3+4x\right]_{-1}^{2}+\left[\dfrac{1}{3}x^3-4x\right]_{2}^{3}$$
$$=\left\{\left(-\dfrac{8}{3}+8\right)-\left(\dfrac{1}{3}-4\right)\right\}+\left\{(9-12)-\left(\dfrac{8}{3}-8\right)\right\}$$
$$=\dfrac{34}{3}$$

(2) 곡선 $y=4x^3$과 x축의 교점의 x좌표는

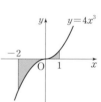

$4x^3=0$에서 $x=0$
닫힌구간 $[-2,\ 0]$에서 $y\leq0$, 닫힌
구간 $[0,\ 1]$에서 $y\geq0$이므로 구하는
넓이는

$$\int_{-2}^{1}|4x^3|\,dx=\int_{-2}^{0}(-4x^3)\,dx+\int_{0}^{1}4x^3\,dx$$
$$=\left[-x^4\right]_{-2}^{0}+\left[x^4\right]_{0}^{1}$$
$$=\{0-(-16)\}+(1-0)$$
$$=17$$

1-3 답 3

곡선 $y=x^2-2kx$와 x축의 교점의

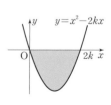

x좌표는
$x^2-2kx=0$에서 $x(x-2k)=0$
$\therefore x=0$ 또는 $x=2k$
k는 양수이므로 닫힌구간 $[0,\ 2k]$에서
$y\leq0$이다.
따라서 주어진 곡선과 x축으로 둘러싸인 도형의 넓이는

$$\int_{0}^{2k}|x^2-2kx|\,dx=\int_{0}^{2k}(-x^2+2kx)\,dx$$
$$=\left[-\dfrac{1}{3}x^3+kx^2\right]_{0}^{2k}$$
$$=\left(-\dfrac{8}{3}k^3+4k^3\right)-0=\dfrac{4}{3}k^3$$

즉, $\frac{4}{3}k^3=36$이므로

$k^3=27$ $\quad\therefore k=3\ (\because k>0)$

필수 예제 2 답 (1) $\frac{9}{2}$ (2) 9

(1) 곡선 $y=x^2-x$와 직선 $y=2x$의
교점의 x좌표는
$x^2-x=2x$에서 $x^2-3x=0$
$x(x-3)=0$
$\therefore x=0$ 또는 $x=3$
닫힌구간 $[0,\ 3]$에서 $2x\geq x^2-x$이
므로 구하는 넓이는

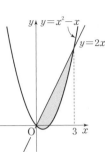

$\int_0^3\{2x-(x^2-x)\}dx=\int_0^3(-x^2+3x)dx$

$\qquad=\left[-\dfrac{1}{3}x^3+\dfrac{3}{2}x^2\right]_0^3$

$\qquad=\left(-9+\dfrac{27}{2}\right)-0$

$\qquad=\dfrac{9}{2}$

(2) 두 곡선 $y=x^2+2x$, $y=-x^2+4$의
교점의 x좌표는
$x^2+2x=-x^2+4$에서
$2x^2+2x-4=0$, $x^2+x-2=0$
$(x+2)(x-1)=0$
$\therefore x=-2$ 또는 $x=1$
닫힌구간 $[-2,\ 1]$에서 $-x^2+4\geq x^2+2x$이므로 구하는
넓이는

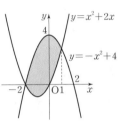

$\int_{-2}^1\{(-x^2+4)-(x^2+2x)\}dx$

$=\int_{-2}^1(-2x^2-2x+4)dx$

$=\left[-\dfrac{2}{3}x^3-x^2+4x\right]_{-2}^1$

$=\left(-\dfrac{2}{3}-1+4\right)-\left(\dfrac{16}{3}-4-8\right)$

$=9$

2-1 답 (1) $\dfrac{125}{6}$ (2) 32

(1) 곡선 $y=-x^2+2x+3$과 직선
$y=-x-1$의 교점의 x좌표는
$-x^2+2x+3=-x-1$에서
$x^2-3x-4=0$
$(x+1)(x-4)=0$
$\therefore x=-1$ 또는 $x=4$
닫힌구간 $[-1,\ 4]$에서 $-x^2+2x+3\geq -x-1$이므로 구
하는 넓이는

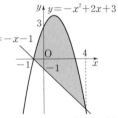

$\int_{-1}^4\{(-x^2+2x+3)-(-x-1)\}dx$

$=\int_{-1}^4(-x^2+3x+4)dx=\left[-\dfrac{1}{3}x^3+\dfrac{3}{2}x^2+4x\right]_{-1}^4$

$=\left(-\dfrac{64}{3}+24+16\right)-\left(\dfrac{1}{3}+\dfrac{3}{2}-4\right)=\dfrac{125}{6}$

(2) 두 곡선 $y=2x^2-2x-9$,
$y=-x^2-2x+3$의 교점의 x좌표는
$2x^2-2x-9=-x^2-2x+3$에서
$3x^2-12=0$
$3(x+2)(x-2)=0$
$\therefore x=-2$ 또는 $x=2$
닫힌구간 $[-2,\ 2]$에서
$-x^2-2x+3\geq 2x^2-2x-9$이므로 구하는 넓이는

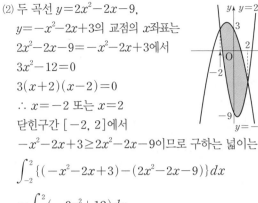

$\int_{-2}^2\{(-x^2-2x+3)-(2x^2-2x-9)\}dx$

$=\int_{-2}^2(-3x^2+12)dx$

$=\left[-x^3+12x\right]_{-2}^2$

$=(-8+24)-(8-24)$

$=32$

다른 풀이

$\int_{-2}^2(-3x^2+12)dx=2\int_0^2(-3x^2+12)dx$

$\qquad=2\left[-x^3+12x\right]_0^2$

$\qquad=2\times\{(-8+24)-0\}$

$\qquad=32$

2-2 답 $\dfrac{37}{12}$

두 곡선 $y=x^3-3x$, $y=-x^2-x$의
교점의 x좌표는
$x^3-3x=-x^2-x$에서
$x^3+x^2-2x=0$, $x(x^2+x-2)=0$
$x(x+2)(x-1)=0$
$\therefore x=-2$ 또는 $x=0$ 또는 $x=1$
닫힌구간 $[-2,\ 0]$에서
$x^3-3x\geq -x^2-x$, 닫힌구간 $[0,\ 1]$에서 $-x^2-x\geq x^3-3x$
이므로 구하는 넓이는

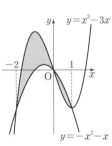

$\int_{-2}^0\{(x^3-3x)-(-x^2-x)\}dx$

$\qquad\qquad+\int_0^1\{(-x^2-x)-(x^3-3x)\}dx$

$=\int_{-2}^0(x^3+x^2-2x)dx+\int_0^1(-x^3-x^2+2x)dx$

$=\left[\dfrac{1}{4}x^4+\dfrac{1}{3}x^3-x^2\right]_{-2}^0+\left[-\dfrac{1}{4}x^4-\dfrac{1}{3}x^3+x^2\right]_0^1$

$=\left\{0-\left(4-\dfrac{8}{3}-4\right)\right\}+\left\{\left(-\dfrac{1}{4}-\dfrac{1}{3}+1\right)-0\right\}$

$=\dfrac{37}{12}$

2-3 답 $\dfrac{27}{4}$

$y=-x^3+4x$에서 $y'=-3x^2+4$
곡선 $y=-x^3+4x$ 위의 점 $(1,\ 3)$에서의 접선의 기울기는
$-3\times 1^2+4=1$이므로 접선의 방정식은
$y=1\times(x-1)+3$ $\quad\therefore y=x+2$

곡선 $y=-x^3+4x$와 직선 $y=x+2$
의 교점의 x좌표는
$-x^3+4x=x+2$에서
$x^3-3x+2=0$, $(x-1)^2(x+2)=0$
$\therefore x=-2$ 또는 $x=1$
닫힌구간 $[-2, 1]$에서
$x+2\geq -x^3+4x$이므로 구하는 넓이는

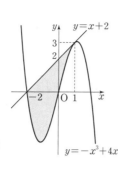

$$\int_{-2}^{1}\{(x+2)-(-x^3+4x)\}dx$$

$$=\int_{-2}^{1}(x^3-3x+2)dx$$

$$=\left[\frac{1}{4}x^4-\frac{3}{2}x^2+2x\right]_{-2}^{1}$$

$$=\left(\frac{1}{4}-\frac{3}{2}+2\right)-(4-6-4)=\frac{27}{4}$$

필수 예제 3 답 $\frac{1}{3}$

두 곡선 $y=f(x)$, $y=g(x)$는 직선
$y=x$에 대하여 대칭이므로 두 곡선으
로 둘러싸인 도형의 넓이는 곡선
$y=f(x)$와 직선 $y=x$로 둘러싸인
도형의 넓이의 2배이다.
곡선 $y=f(x)$와 직선 $y=x$의 교점의
x좌표는

$x^2=x$에서 $x^2-x=0$, $x(x-1)=0$
$\therefore x=0$ 또는 $x=1$
따라서 구하는 넓이는

$$2\int_{0}^{1}(x-x^2)dx=2\left[\frac{1}{2}x^2-\frac{1}{3}x^3\right]_{0}^{1}$$

$$=2\times\left(\frac{1}{2}-\frac{1}{3}\right)$$

$$=\frac{1}{3}$$

3-1 답 $\frac{8}{3}$

두 곡선 $y=f(x)$, $y=g(x)$는 직선
$y=x$에 대하여 대칭이므로 두 곡선으
로 둘러싸인 도형의 넓이는 곡선
$y=f(x)$와 직선 $y=x$로 둘러싸인 도
형의 넓이의 2배이다.
곡선 $y=f(x)$와 직선 $y=x$의 교점의
x좌표는

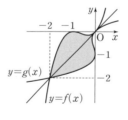

$x^3+2x^2+x=x$에서 $x^3+2x^2=0$, $x^2(x+2)=0$
$\therefore x=-2$ 또는 $x=0$
따라서 구하는 넓이는

$$2\int_{-2}^{0}\{(x^3+2x^2+x)-x\}dx=2\int_{-2}^{0}(x^3+2x^2)dx$$

$$=2\left[\frac{1}{4}x^4+\frac{2}{3}x^3\right]_{-2}^{0}$$

$$=2\times\left\{0-\left(4-\frac{16}{3}\right)\right\}$$

$$=\frac{8}{3}$$

3-2 답 6

오른쪽 그림에서 빗금 친 부분의
넓이는

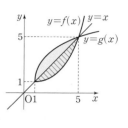

$$\int_{1}^{5}\{x-f(x)\}dx$$

$$=\int_{1}^{5}x\,dx-\int_{1}^{5}f(x)dx$$

$$=\left[\frac{1}{2}x^2\right]_{1}^{5}-9$$

$$=\left(\frac{25}{2}-\frac{1}{2}\right)-9$$

$$=3$$

이때 두 곡선 $y=f(x)$, $y=g(x)$로 둘러싸인 도형의 넓이는
빗금 친 부분의 넓이의 2배이므로 구하는 넓이는
$2\times 3=6$

3-3 답 5

$f(x)=x^3+x+3$에서 $f'(x)=3x^2+1>0$이고,
$f(0)=3$, $f(1)=5$이므로 함수 $y=f(x)$의 그래프는 두 점
$(0, 3)$, $(1, 5)$를 지나는 증가하는 곡선이다.
두 곡선 $y=f(x)$, $y=g(x)$는 직선
$y=x$에 대하여 대칭이므로 오른쪽 그림
과 같다.

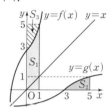

$\int_{0}^{1}f(x)dx=S_1$, $\int_{3}^{5}g(x)dx=S_2$라 하
고 빗금 친 부분의 넓이를 S_3이라 하면
$S_2=S_3$이므로

$$\int_{0}^{1}f(x)dx+\int_{3}^{5}g(x)dx=S_1+S_2$$

$$=S_1+S_3$$

$$=1\times 5=5$$

필수 예제 4 답 (1) $-\frac{26}{3}$ (2) 6 (3) $\frac{64}{3}$

(1) 점 P의 운동 방향이 바뀔 때 $v(t)=0$이므로
$t^2-4t=0$, $t(t-4)=0$
$\therefore t=4$ ($\because t>0$)
따라서 $t=4$에서의 점 P의 위치는

$$2+\int_{0}^{4}(t^2-4t)dt=2+\left[\frac{1}{3}t^3-2t^2\right]_{0}^{4}$$

$$=2+\left\{\left(\frac{64}{3}-32\right)-0\right\}$$

$$=-\frac{26}{3}$$

(2) 점 P가 좌표가 2인 점으로 되돌아오는 데 걸리는 시간을 a라
하면 $t=0$에서 $t=a$까지 점 P의 위치의 변화량이 0이므로

$$\int_{0}^{a}(t^2-4t)dt=0$$에서

$$\left[\frac{1}{3}t^3-2t^2\right]_{0}^{a}=0$$

$$\frac{1}{3}a^3-2a^2=0, \ a^3-6a^2=0$$

$a^2(a-6)=0$ $\therefore a=6$ ($\because a>0$)
따라서 점 P가 좌표가 2인 점으로 되돌아오는 데 걸리는 시
간은 6이다.

(3) 닫힌구간 $[0, 4]$에서 $v(t) \leq 0$, 닫힌구간 $[4, 6]$에서
$v(t) \geq 0$이므로 $t=0$에서 $t=6$까지 점 P가 움직인 거리는

$$\int_0^6 |t^2 - 4t| dt$$

$$= \int_0^4 (-t^2 + 4t) dt + \int_4^6 (t^2 - 4t) dt$$

$$= \left[-\frac{1}{3}t^3 + 2t^2 \right]_0^4 + \left[\frac{1}{3}t^3 - 2t^2 \right]_4^6$$

$$= \left\{ \left(-\frac{64}{3} + 32 \right) - 0 \right\} + \left\{ (72 - 72) - \left(\frac{64}{3} - 32 \right) \right\}$$

$$= \frac{64}{3}$$

4-1 답 (1) 4　(2) 3　(3) 8

(1) 점 P의 운동 방향이 바뀔 때 $v(t) = 0$이므로
$$-3t^2 + 6t = 0, \quad -3t(t-2) = 0$$
$$\therefore t = 2 \ (\because t > 0)$$
따라서 $t=2$에서의 점 P의 위치는
$$0 + \int_0^2 (-3t^2 + 6t) dt = \left[-t^3 + 3t^2 \right]_0^2$$
$$= (-8 + 12) - 0 = 4$$

(2) 점 P가 원점으로 되돌아오는 데 걸리는 시간을 a라 하면
$t=0$에서 $t=a$까지 점 P의 위치의 변화량이 0이므로
$$\int_0^a (-3t^2 + 6t) dt = 0 에서$$
$$\left[-t^3 + 3t^2 \right]_0^a = 0$$
$$-a^3 + 3a^2 = 0, \quad -a^2(a-3) = 0$$
$$\therefore a = 3 \ (\because a > 0)$$
따라서 점 P가 원점으로 되돌아오는 데 걸리는 시간은 3이다.

(3) 닫힌구간 $[0, 2]$에서 $v(t) \geq 0$, 닫힌구간 $[2, 3]$에서
$v(t) \leq 0$이므로 $t=0$에서 $t=3$까지 점 P가 움직인 거리는
$$\int_0^3 |-3t^2 + 6t| dt = \int_0^2 (-3t^2 + 6t) dt + \int_2^3 (3t^2 - 6t) dt$$
$$= \left[-t^3 + 3t^2 \right]_0^2 + \left[t^3 - 3t^2 \right]_2^3$$
$$= \{(-8 + 12) - 0\} + \{(27 - 27) - (8 - 12)\}$$
$$= 8$$

4-2 답 $\dfrac{68}{3}$

$t=5$에서의 점 P의 위치는
$$0 + \int_0^5 v(t) dt = \int_0^4 2t\, dt + \int_4^5 (-t^2 + 6t) dt$$
$$= \left[t^2 \right]_0^4 + \left[-\frac{1}{3}t^3 + 3t^2 \right]_4^5$$
$$= (16 - 0) + \left\{ \left(-\frac{125}{3} + 75 \right) - \left(-\frac{64}{3} + 48 \right) \right\}$$
$$= \frac{68}{3}$$

4-3 답 (1) 1　(2) 5

(1) $t=5$에서의 점 P의 위치는
$$0 + \int_0^5 v(t) dt = \int_0^3 v(t) dt + \int_3^5 v(t) dt$$
$$= \frac{1}{2} \times 3 \times 2 - \frac{1}{2} \times 2 \times 2 = 1$$

(2) $t=0$에서 $t=5$까지 점 P가 움직인 거리는
$$\int_0^5 |v(t)| dt = \int_0^3 v(t) dt + \int_3^5 \{-v(t)\} dt$$
$$= \frac{1}{2} \times 3 \times 2 + \frac{1}{2} \times 2 \times 2 = 5$$

필수 예제 5 답 (1) 40 m　(2) 45 m　(3) 50 m

(1) $t=2$일 때 물체의 지면으로부터의 높이는
$$0 + \int_0^2 (30 - 10t) dt = \left[30t - 5t^2 \right]_0^2$$
$$= (60 - 20) - 0 = 40 \,(\text{m})$$

(2) 물체가 최고 높이에 도달했을 때 $v(t) = 0$이므로
$$30 - 10t = 0 \quad \therefore t = 3$$
따라서 $t=3$일 때 물체의 지면으로부터의 높이는
$$0 + \int_0^3 (30 - 10t) dt = \left[30t - 5t^2 \right]_0^3$$
$$= (90 - 45) - 0 = 45 \,(\text{m})$$

(3) 닫힌구간 $[0, 3]$에서 $v(t) \geq 0$, 닫힌구간 $[3, 4]$에서
$v(t) \leq 0$이므로
$$\int_0^4 |30 - 10t| dt$$
$$= \int_0^3 (30 - 10t) dt + \int_3^4 (-30 + 10t) dt$$
$$= \left[30t - 5t^2 \right]_0^3 + \left[-30t + 5t^2 \right]_3^4$$
$$= \{(90 - 45) - 0\} + \{(-120 + 80) - (-90 + 45)\}$$
$$= 50 \,(\text{m})$$

5-1 답 (1) 25 m　(2) 30 m　(3) 25 m

(1) $t=1$일 때 공의 지면으로부터의 높이는
$$10 + \int_0^1 (20 - 10t) dt = 10 + \left[20t - 5t^2 \right]_0^1$$
$$= 10 + \{(20 - 5) - 0\}$$
$$= 25 \,(\text{m})$$

(2) 공이 최고 높이에 도달했을 때 $v(t) = 0$이므로
$$20 - 10t = 0 \quad \therefore t = 2$$
따라서 $t=2$일 때 물체의 지면으로부터의 높이는
$$10 + \int_0^2 (20 - 10t) dt = 10 + \left[20t - 5t^2 \right]_0^2$$
$$= 10 + \{(40 - 20) - 0\}$$
$$= 30 \,(\text{m})$$

(3) 닫힌구간 $[0, 2]$에서 $v(t) \geq 0$, 닫힌구간 $[2, 3]$에서
$v(t) \leq 0$이므로
$$\int_0^3 |20 - 10t| dt$$
$$= \int_0^2 (20 - 10t) dt + \int_2^3 (-20 + 10t) dt$$
$$= \left[20t - 5t^2 \right]_0^2 + \left[-20t + 5t^2 \right]_2^3$$
$$= \{(40 - 20) - 0\} + \{(-60 + 45) - (-40 + 20)\}$$
$$= 25 \,(\text{m})$$

5-2 답 49 m

자동차가 정지할 때 $v(t) = 0$이므로
$$14 - 2t = 0 \quad \therefore t = 7$$

따라서 자동차는 제동을 건 지 7초 후에 정지하므로 정지할 때까지 달린 거리는

$$\int_0^7 |v(t)|\,dt=\int_0^7 (14-2t)\,dt=\Big[14t-t^2\Big]_0^7$$
$$=(98-49)-0$$
$$=49\,(\mathrm{m})$$

5-3 답 50

최고 지점에 도달할 때 $v(t)=0$이므로

$$a-10t=0 \qquad \therefore t=\frac{a}{10}$$

따라서 최고 높이에 도달했을 때의 지면으로부터의 높이는

$$\int_0^{\frac{a}{10}} |a-10t|\,dt=\int_0^{\frac{a}{10}} (a-10t)\,dt$$
$$=\Big[at-5t^2\Big]_0^{\frac{a}{10}}$$
$$=\left(\frac{a^2}{10}-\frac{a^2}{20}\right)=\frac{a^2}{20}$$

즉, $\dfrac{a^2}{20}=125$이므로 $a^2=2500$

$$\therefore a=50 \ (\because a>0)$$

실전 문제로 단원 마무리 • 본문 104~105쪽

01 6	**02** 2	**03** $\dfrac{142}{3}$	**04** ⑤
05 12	**06** 42	**07** 225 m	**08** 34 m
09 ④	**10** 6		

01

곡선 $y=3x^2+kx$와 x축의 교점의 x좌표는

$3x^2+kx=0$에서

$x(3x+k)=0$

$\therefore x=-\dfrac{k}{3}$ 또는 $x=0$

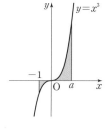

이때 $k>3$이므로 위의 그림에서 주어진 곡선과 x축 및 주어진 두 직선으로 둘러싸인 도형의 넓이는

$$\int_{-1}^2 |3x^2+kx|\,dx$$
$$=\int_{-1}^0 (-3x^2-kx)\,dx+\int_0^2 (3x^2+kx)\,dx$$
$$=\Big[-x^3-\frac{k}{2}x^2\Big]_{-1}^0+\Big[x^3+\frac{k}{2}x^2\Big]_0^2$$
$$=\left\{0-\left(1-\frac{k}{2}\right)\right\}+\{(8+2k)-0\}$$
$$=\frac{5}{2}k+7$$

즉, $\dfrac{5}{2}k+7=22$이므로

$k=6$

02

a는 양수이므로 곡선 $y=x^3$과 x축 및 두 직선 $x=-1$, $x=a$로 둘러싸인 도형의 넓이는 오른쪽 그림에서 색칠한 부분의 넓이와 같다.

$\therefore \displaystyle\int_{-1}^a |x^3|\,dx$

$$=\int_{-1}^0 (-x^3)\,dx+\int_0^a x^3\,dx$$
$$=\Big[-\frac{1}{4}x^4\Big]_{-1}^0+\Big[\frac{1}{4}x^4\Big]_0^a$$
$$=\left\{0-\left(-\frac{1}{4}\right)\right\}+\left\{\frac{1}{4}a^4-0\right\}$$
$$=\frac{1}{4}+\frac{1}{4}a^4$$

따라서 $\dfrac{1}{4}+\dfrac{1}{4}a^4=\dfrac{17}{4}$이므로

$a^4=16 \qquad \therefore a=2 \ (\because a>0)$

03

두 곡선 $y=x^2-4$, $y=-x^2+2x+8$의 교점의 x좌표는

$x^2-4=-x^2+2x+8$에서

$2x^2-2x-12=0$, $x^2-x-6=0$

$(x+2)(x-3)=0$

$\therefore x=-2$ 또는 $x=3$

따라서 구하는 넓이는

$$\int_{-2}^3 \{(-x^2+2x+8)-(x^2-4)\}\,dx$$
$$\qquad\qquad +\int_3^4 \{(x^2-4)-(-x^2+2x+8)\}\,dx$$
$$=\int_{-2}^3 (-2x^2+2x+12)\,dx+\int_3^4 (2x^2-2x-12)\,dx$$
$$=\Big[-\frac{2}{3}x^3+x^2+12x\Big]_{-2}^3+\Big[\frac{2}{3}x^3-x^2-12x\Big]_3^4$$
$$=\left\{(-18+9+36)-\left(\frac{16}{3}+4-24\right)\right\}$$
$$\qquad\qquad +\left\{\left(\frac{128}{3}-16-48\right)-(18-9-36)\right\}$$
$$=\frac{142}{3}$$

04

곡선 $y=-x^2+2x$와 x축의 교점의 x좌표는 $-x^2+2x=0$에서

$-x(x-2)=0$

$\therefore x=0$ 또는 $x=2$

즉, 곡선 $y=-x^2+2x$와 x축으로 둘러싸인 도형의 넓이를 S_1이라 하면

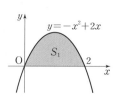

$$S_1=\int_0^2 |-x^2+2x|\,dx$$
$$=\int_0^2 (-x^2+2x)\,dx$$
$$=\Big[-\frac{1}{3}x^3+x^2\Big]_0^2$$
$$=\left(-\frac{8}{3}+4\right)-0=\frac{4}{3}$$

또한, 곡선 $y=-x^2+2x$와 직선
$y=mx$의 교점의 x좌표는
$-x^2+2x=mx$에서

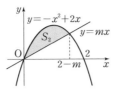

$x^2+(m-2)x=0$
$x(x+m-2)=0$
$\therefore x=0$ 또는 $x=2-m$
즉, 위의 그림에서 색칠한 부분의 넓이를 S_2라 하면

$$S_2=\int_0^{2-m}\{(-x^2+2x)-mx\}dx$$
$$=\int_0^{2-m}\{-x^2+(2-m)x\}dx$$
$$=\left[-\frac{1}{3}x^3+\frac{2-m}{2}x^2\right]_0^{2-m}$$
$$=\left\{-\frac{(2-m)^3}{3}+\frac{(2-m)^3}{2}\right\}-0$$
$$=\frac{(2-m)^3}{6}$$

따라서 $S_2=\frac{1}{2}\times S_1$이므로

$\frac{(2-m)^3}{6}=\frac{1}{2}\times\frac{4}{3}=\frac{2}{3}$에서

$(2-m)^3=4$

05

함수 $f(x)=\sqrt{x-2}$의 역함수가 $g(x)$
이므로 두 곡선 $y=f(x)$, $y=g(x)$는
직선 $y=x$에 대하여 대칭이다.
따라서 오른쪽 그림에서

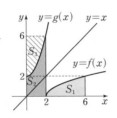

$$\int_2^6 f(x)dx=S_1,\quad \int_0^2 g(x)dx=S_2$$

라 하고 빗금 친 부분의 넓이를 S_3이라 하면
$S_1=S_3$이므로

$$\int_2^6 f(x)dx+\int_0^2 g(x)dx=S_1+S_2$$
$$=S_3+S_2$$
$$=2\times 6=12$$

06

시각 t에서의 두 점 P, Q의 위치를 각각 $x_P(t)$, $x_Q(t)$라 하면

$$x_P(t)=0+\int_0^t v_P(t)dt$$
$$=\int_0^t (10t-1)dt$$
$$=\left[5t^2-t\right]_0^t$$
$$=5t^2-t$$
$$x_Q(t)=0+\int_0^t v_Q(t)dt$$
$$=\int_0^t (4t+8)dt$$
$$=\left[2t^2+8t\right]_0^t$$
$$=2t^2+8t$$

두 점 P, Q가 만나려면 $x_P(t)=x_Q(t)$이어야 하므로
$5t^2-t=2t^2+8t$, $3t^2-9t=0$
$3t(t-3)=0$ $\therefore t=0$ 또는 $t=3$

따라서 두 점 P, Q가 출발 후 다시 만나는 시각은 3이므로 다시 만나는 위치는
$$x_P(3)=45-3=42$$

07

기차가 정지할 때 $v(t)=0$이므로
$30-2t=0$ $\therefore t=15$
따라서 이 기차는 제동을 건 지 15초 후에 정지하므로 정지할 때까지 움직인 거리는

$$\int_0^{15}|v(t)|dt=\int_0^{15}(30-2t)dt$$
$$=\left[30t-t^2\right]_0^{15}$$
$$=450-225=225\,(\text{m})$$

08

물체가 $12\,\text{m}$ 움직일 때까지 걸린 시간을 a초라 하면

$$\int_0^a\left(t^2+\frac{2}{3}t\right)dt=12,\quad \left[\frac{1}{3}t^3+\frac{1}{3}t^2\right]_0^a=12$$
$$\frac{1}{3}a^3+\frac{1}{3}a^2=12,\quad a^3+a^2=36$$
$$a^3+a^2-36=0,\quad (a-3)(a^2+4a+12)=0$$
$$\therefore a=3$$

즉, $t=3$일 때의 이 물체의 속도는
$v(3)=9+2=11\,(\text{m/s})$
따라서 구하는 거리는

$$12+\int_3^5 11dt=12+\left[11t\right]_3^5$$
$$=12+(55-33)$$
$$=34\,(\text{m})$$

09

두 곡선 $y=x^3+x^2$, $y=-x^2+k$와 y축으로 둘러싸인 부분의 넓이 A와 두 곡선 $y=x^3+x^2$, $y=-x^2+k$와 직선 $x=2$로 둘러싸인 부분의 넓이 B가 같으므로

$$\int_0^2\{x^3+x^2-(-x^2+k)\}dx=0$$

즉, $\int_0^2(x^3+2x^2-k)dx=0$이므로

$$\left[\frac{1}{4}x^4+\frac{2}{3}x^3-kx\right]_0^2=0,\quad 4+\frac{16}{3}-2k=0$$

$$\therefore k=\frac{14}{3}$$

✏️ **플러스 강의**

두 도형의 넓이가 같을 조건

(1) 곡선 $y=f(x)$와 x축으로 둘러싸인 두 도형의 넓이를 각각 S_1, S_2라 할 때, $S_1=S_2$이면

$$\int_\alpha^\gamma f(x)dx=0$$

(2) 두 곡선 $y=f(x)$, $y=g(x)$로 둘러싸인 두 도형의 넓이를 각각 S_1, S_2라 할 때, $S_1=S_2$이면

$$\int_\alpha^\gamma \{f(x)-g(x)\}dx=0$$

10

점 P의 시각 t $(t \geq 0)$에서의 위치를 $x(t)$라 하면 시각 $t=0$에서 점 P의 위치는 0이고, 시각 $t=1$에서 점 P의 위치는 -3이므로

$$x(1) = 0 + \int_0^1 v(t)dt$$
$$= \int_0^1 (3t^2 - 4t + k)dt$$
$$= \left[t^3 - 2t^2 + kt \right]_0^1$$
$$= 1 - 2 + k - 0 = -3$$

$\therefore k = -2$

$\therefore v(t) = 3t^2 - 4t - 2$

따라서 시각 $t=1$에서 $t=3$까지 점 P의 위치의 변화량은

$$\int_1^3 (3t^2 - 4t - 2)dt = \left[t^3 - 2t^2 - 2t \right]_1^3$$
$$= (27 - 18 - 6) - (1 - 2 - 2) = 6$$

다른 풀이

점 P의 시각 t $(t \geq 0)$에서의 위치를 $x(t)$라 하면 시각 $t=0$에서 점 P의 위치는 0이므로

$$x(t) = 0 + \int_0^t v(t)dt = \int_0^t (3t^2 - 4t + k)dt$$
$$= \left[t^3 - 2t^2 + kt \right]_0^t = t^3 - 2t^2 + kt$$

이때 $x(1) = -3$이므로

$1 - 2 + k = -3$ $\quad \therefore k = -2$

따라서 $x(t) = t^3 - 2t^2 - 2t$이므로 시각 $t=1$에서 $t=3$까지 점 P의 위치의 변화량은

$$|x(3) - x(1)| = |(27 - 18 - 6) - (1 - 2 - 2)| = 6$$

개념으로 단원 마무리 · 본문 106쪽

1 답 (1) $|f(x)|$ (2) $g(x)$, b (3) a, $v(t)$, $v(t)$, $|v(t)|$

2 답 (1) × (2) × (3) ○ (4) ○ (5) ×

(1) 연속함수 $f(x)$에 대하여 닫힌구간 $[a, b]$에서 $f(x) \leq 0$이면 곡선 $y = f(x)$와 x축 및 두 직선 $x = a$, $x = b$로 둘러싸인 도형의 넓이는 $-\int_a^b f(x)dx$이다.

(2) 두 함수 $f(x)$, $g(x)$가 닫힌구간 $[a, b]$에서 연속일 때, 두 곡선 $y = f(x)$, $y = g(x)$와 두 직선 $x = a$, $x = b$로 둘러싸인 도형의 넓이는 $\int_a^b |f(x) - g(x)|dx$이다.

(5) 시각 $t = 0$에서 $t = a$까지 점 P가 움직인 거리는 $S_1 + S_2$이다.

수학이 쉬워지는
완벽한 솔루션

완쏠

개념 라이트

미적분 I

메가스터디BOOKS

내용 문의 02-6984-6901 | 구입 문의 02-6984-6868,9 | www.megastudybooks.com

메가스터디 중학 국어 독해 비문학 과학 개념

과학개념 꽉 암기노트

메가스터디BOOKS

돌은 돌고 돌아 돌이 돼요

#지각

地 땅 지　殼 껍질 각

단단한 암석으로 이루어진 지구의 겉 부분. 대륙 지역에서는 평균 35km, 해양 지역에서는 5~10km의 두께이다.

#화성암

火 불 화　成 이룰 성　巖 바위 암

마그마가 냉각·응고되어 이루어진 암석을 통틀어 이르는 말. 마그마가 빠르게 냉각되면서 만들어진 화산암과 마그마가 느리게 냉각되면서 만들어진 심성암으로 나뉜다.

#퇴적암

堆 쌓을 퇴　積 쌓을 적　巖 바위 암

퇴적 작용으로 생긴 암석. 퇴적물이 바다나 호수 밑에 쌓인 후 단단하게 굳어져서 생긴다.

개념 플러스 ➕ 퇴적 작용

암석의 파편이나 죽은 생물의 몸이나 뼈 따위가 물이나 빙하, 바람 따위의 작용으로 운반되어 일정한 곳에 쌓이는 일.

#변성암

變 변할 변　成 이룰 성　巖 바위 암

퇴적암 또는 화성암이 땅 밑 깊은 곳에서 열, 압력 등의 영향이나 화학적 작용을 받아 변한 암석.

#암석의 순환

巖 바위 암　石 돌 석　循 돌 순　環 고리 환

암석이 오랜 시간 변화를 받아 다른 암석으로 변하는 과정을 말한다.

지구과학 02 화산 활동이 자주 일어나는 곳이 있다고?

#화산 활동

火 불 화 山 메 산 活 살 활 動 움직일 동

지하에서 생성된 마그마가 지각의 약한 틈을 뚫고 지표로 분출하는 현상.

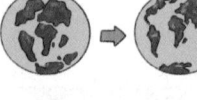

#화산

火 불 화 山 메 산

지하에서 생성된 마그마가 지각의 약한 틈을 뚫고 지표로 분출되는 지점. 또는 그 결과로 만들어진 산.

#대륙 이동설

大 클 대 陸 뭍 륙(육) 移 옮길 이
動 움직일 동 說 말씀 설

지구상의 대륙은 예전에는 하나의 거대한 덩어리였는데, 그 후 분리되고 이동하여 현재와 같은 상태로 되었다는 학설.

#판 구조론

板 널빤지 판 構 얽을 구 造 지을 조
論 논할 론(논)

지구의 겉 부분은 여러 개의 판으로 이루어지며, 이들이 서로 다른 방향과 속도로 움직여 대륙이 이동하고, 화산 활동이나 지진 등의 지각 변동이 발생한다는 이론.

#화산대

火 불 화 山 메 산 帶 띠 대

화산이 띠 모양으로 분포한 지대. 환태평양 화산대와 지중해 화산대 등이 있다.

#지진대

地 땅 지 震 우레 진 帶 띠 대

지진이 자주 일어나거나 일어나기 쉬운 지역. 가늘고 긴 띠 모양을 이루고 있는 경우가 많다.

지구
과학 **03**

지구야, 네가 움직여서 그런 거야

#지구의 자전

地 땅 지 **球** 공 구 **自** 스스로 자 **轉** 구를 전

지구가 자전축을 중심으로 하루에 한 바퀴씩 서에서 동으로 회전하는 운동.

개념 플러스 ➕ 자전축

천체가 스스로 회전할 때 기준이 되는 고정된 중심축. 지구는 자전축이 23.5° 기울어져 있다.

#일주 운동

日 날 일 **週** 돌 주 **運** 옮길 운 **動** 움직일 동

지구의 자전 운동으로 인하여 모든 천체가 천구와 함께 지구의 자전 방향과 반대 방향으로 도는 것처럼 보이는 운동.

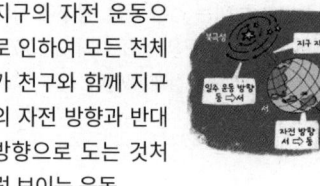

#별자리

별의 위치를 정하기 위하여 밝은 별을 중심으로 천구를 몇 부분으로 나눈 것. 동물, 물건, 신화에 나오는 인물의 이름이 붙여져 있다.

#연주 운동

年 해 연(년) **週** 돌 주 **運** 옮길 운
動 움직일 동

지구의 공전 운동 때문에 천체가 1년을 주기로 지구의 둘레를 한 바퀴 도는 것처럼 보이는 현상.

#황도

黃 누를 황 **道** 길 도

태양이 천구상에서 별자리 사이를 이동해 가는 길.

#지구의 공전

地 땅 지 **球** 공 구 **公** 공평할 공 **轉** 구를 전

지구가 태양을 한 초점으로 하는 타원 궤도를 따라 1년에 한 바퀴씩 회전하는 운동.

03

지구과학 04 기운 센 태양은 지구를 힘들게 해

#흑점

黑 검을 흑 點 점 점

태양 表面에 보이는 검은 반점. 광구에 나타나는 현상으로, 광구의 온도보다 2,000℃ 정도 더 낮기 때문에 검게 보인다.

#홍염

紅 붉을 홍 焰 불꽃 염

태양의 대기층인 채층에서 높이 소용돌이쳐 일어나는 붉은 불꽃 모양의 가스 기둥.

개념 플러스 ➕ 채층

태양의 광구(光球)와 상층 대기인 코로나 사이의 대기층. 두께는 약 1,600km이며, 일식 때 코로나의 아래층에서 분홍빛으로 보인다.

#플레어

flare

흑점 부근에서 강한 폭발이 일어나 대기층이 밝아지며 엄청난 양의 물질과 에너지를 방출하는 현상.

#코로나

corona

태양 대기의 가장 바깥층에 있는 청백색의 희미한 가스층.

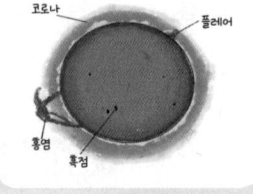

#태양풍

太 클 태 陽 볕 양
風 바람 풍

태양에서 방출되는 전기를 띤 입자의 흐름. 주로 양성자와 전자로 이루어지며, 지구 가까이 이르렀을 때 속도는 매초 350km이다.

#자기 폭풍

磁 자석 자 氣 기운 기 暴 사나울 폭
風 바람 풍

지구 표면의 자기장이 갑자기 크게 바뀌는 현상.

#오로라

aurora

태양풍이 대기 중의 공기 분자와 충돌하면서 빛을 내는 현상. 주로 극지방에서 나타난다.

지구과학 05 바다마다 온도가 다른 이유

#혼합층

混 섞을 혼 合 합할 합 層 층 층

태양 에너지를 흡수하여 수온이 비교적 높게 나타나고, 바람의 영향으로 해수가 잘 섞여 수온이 일정하게 나타나는 층.

#수온 약층

水 물 수 溫 따뜻할 온 躍 뛸 약 層 층 층

수온이 급격하게 변화하는 층. 수심이 얕은 혼합층과 수심이 깊은 심해층 사이에 분포한다.

#심해층

深 깊을 심 海 바다 해 層 층 층

수온 약층 아래에 위치하며 태양 에너지가 도달하지 못해 수온이 매우 낮고 변화가 거의 없는 층.

#염류

鹽 소금 염 類 무리 류(유)

해수에 녹아 있는 염화 나트륨, 염화 마그네슘 등의 여러 가지 물질.

#염분

鹽 소금 염 分 나눌 분

해수 1,000g에 녹아 있는 염류의 총량을 g 수로 나타낸 것.

#염분비 일정 법칙

鹽 소금 염 分 나눌 분 比 견줄 비 ― 한 일 定 정할 정 法 법 법 則 법칙 칙

바닷물에 각 염류가 녹아 있는 비율은 어느 바다에서나 일정하다는 법칙.

지구과학 06 바닷물이 어딘가로 다 빠져나갔다고?

#해류

海 바다 해　流 흐를 류(유)

오랜 기간 동안 일정한 방향으로 흐르는 지속적인 해수의 흐름.

#난류

暖 따뜻할 난　流 흐를 류(유)

저위도 지역에서 고위도 지역으로 흐르는 따뜻한 해류.

개념 플러스 ⊕ 저위도·고위도

- 저위도: 적도에 가까운 위도. 대체로 적도에서 남북 회귀선인 23도 27분 사이의 위도를 이른다.
- 고위도: 남극과 북극에 가까운 위도.

#한류

寒 찰 한　流 흐를 류(유)

고위도 지역에서 저위도 지역으로 흐르는 찬 해류.

#조석

潮 밀물 조　汐 조수 석

밀물과 썰물에 의해 해수면이 하루에 두 번씩 주기적으로 높아졌다 낮아졌다 하는 현상.

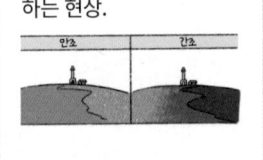

#만조

滿 찰 만　潮 밀물 조

바닷물이 밀려 들어와 해수면이 가장 높아진 상태.

#간조

干 방패 간　潮 밀물 조

바닷물이 빠져나가 해수면이 가장 낮아진 상태.

#조차

潮 밀물 조　差 다를 차

만조와 간조 때 해수면의 높이 차이.

지구 과학 **07**

지구가 점점 뜨거워진다고?

#기권

氣 기운 기　圈 우리 권

지구 표면에서 약 1,000km까지 대기로 둘러싸여 있는 영역.

#기권의 층상 구조

氣 기운 기　圈 우리 권　層 층 층　狀 형상 상
構 얽을 구　造 지을 조

기권을 높이에 따른 기온 변화를 기준으로 하여 4개의 층으로 구분한 것. 지표면에서부터 상층까지 대류권, 성층권, 중간권, 열권으로 나뉜다.

#복사 평형

輻 바큇살 복　射 쏠 사　平 평평할 평　衡 저울대 형

복사 에너지가 들어오는 양과 나가는 양이 같아서 서로 균형을 이루는 상태.

개념 플러스 ➕ 복사 에너지

물질의 도움을 받지 않고 직접 전달되는 에너지.

#온실 효과

溫 따뜻할 온　室 집 실　效 본받을 효
果 실과 과

대기 중의 수증기, 이산화 탄소, 메테인 등과 같은 온실 기체가 지구 복사 에너지를 흡수했다가 지표로 재방출하여 지구의 평균 기온을 높이는 현상.

#지구 온난화

地 땅 지　球 공 구　溫 따뜻할 온　暖 따뜻할 난
化 될 화

온실 효과의 증가로 지구의 평균 기온이 지속적으로 상승하는 현상.

지구과학 08 공기가 움직이면 바람이 불어요

#기압

氣 기운 기 **壓** 누를 압

공기에 의해서 생기는 압력. 공기가 단위 넓이에 작용하는 힘.

#바람

두 지점 사이의 기압 차이로 인해 발생하는 공기의 흐름.

#해륙풍

海 바다 해 **陸** 뭍 륙(육)
風 바람 풍

해안에서 하루를 주기로 풍향이 바뀌어 부는 바람. 해풍과 육풍이 있다.

#계절풍

季 계절 계 **節** 마디 절
風 바람 풍

계절에 따라 주기적으로 일정한 방향으로 부는 바람. 여름에는 바다에서 대륙으로, 겨울에는 대륙에서 바다로 분다.

#기단

氣 기운 기 **團** 둥글 단

기온이나 습도 등의 성질이 같은 공기 덩어리.

#전선면

前 앞 전 **線** 줄 선 **面** 낯 면

성질이 다른 두 기단이 만나서 생기는 경계면.

#전선

前 앞 전 **線** 줄 선

성질이 다른 두 기단이 만나서 생기는 전선면이 지표면과 만나서 생기는 경계선.

물리학 **01** 통통 튀어 오르게 만드는 힘은 무엇일까?

#중력

重 무거울 중 **力** 힘 력(역)

지구 위의 물체가 지구로부터 받는 힘.

지구의 중심

중력의 방향

#힘

정지하고 있는 물체를 움직이게 하고, 또 움직이고 있는 물체의 속도를 변화시키거나 아주 정지시키는 작용.

#무게

물건의 무거운 정도. 물리에서의 단위는 뉴턴(N). 중력에 따라 달라진다.

#질량

質 바탕 질 **量** 헤아릴 량(양)

물체의 고유한 역학적 기본량. 국제단위는 킬로그램(kg). 중력이 달라져도 변하지 않는다.

#탄성

彈 탄알 탄 **性** 성품 성

물체에 외부에서 힘을 가하면 부피와 모양이 바뀌었다가, 그 힘을 제거하면 본디의 모양으로 되돌아가려고 하는 성질.

#탄성력

彈 탄알 탄 **性** 성품 성 **力** 힘 력(역)

물체의 변형으로 생기는 힘. 늘어나거나 줄어든 길이나 부피에 비례한다.

용수철을 누를 때

용수철을 잡아당길 때

누르는 힘

잡아당기는 힘

탄성력

탄성력

09

운동을 못 하도록 방해하는 힘

#마찰력

摩 문지를 마　擦 문지를 찰　力 힘 력(역)

접촉하고 있는 두 물체가 상대 운동을 하려고 하거나 상대 운동을 하고 있을 때, 그 운동을 저지하는 방향으로 작용하는 저항력.

개념 플러스 ➕ 상대 운동

두 개의 물체가 운동하고 있는 경우 하나의 물체를 기준으로 했을 때 상대 물체의 운동.

#운동

運 옮길 운　動 움직일 동

물체가 시간의 경과에 따라 그 공간적 위치를 바꾸는 일.

#마찰력의 방향

摩 문지를 마　擦 문지를 찰　力 힘 력(역)　方 모 방　向 향할 향

물체의 운동을 방해하는 방향으로, 물체의 운동 방향과 반대 방향으로 작용하여 물체의 운동을 방해한다.

#마찰력의 크기

摩 문지를 마　擦 문지를 찰　力 힘 력(역)

물체의 운동을 방해하는 힘의 크기로, 접촉면이 거칠수록, 물체의 무게가 무거울수록 크다.

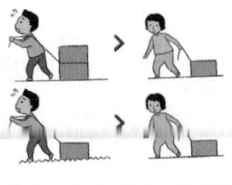

#거칠기

표면의 조직 상태를 나타내는 값. 거칠기가 큰 표면과 접촉할 때 마찰력이 커진다.

물리학 03 물속에서는 왜 다리가 짧아 보일까?

#광원

光 빛 광　源 근원 원

제 스스로 빛을 내는 물체. 태양, 별 등이 있다. 광원에서 나온 빛이 눈으로 직접 들어오거나 광원에서 나온 빛이 물체에 반사되어 눈으로 들어와야 물체가 보인다.

#빛의 직진

直 곧을 직　進 나아갈 진

광원에서 나온 빛이 장애물을 만나지 않았을 때, 일직선으로 곧게 나아가는 성질.

#빛의 반사

反 돌이킬 반　射 쏠 사

빛이 직진하다가 성질이 다른 물질의 표면에 부딪혀 되돌아오는 현상.

책(물체)을 볼 때

#빛의 합성

合 합할 합　成 이룰 성

여러 가지 색의 빛이 합쳐져서 다른 색의 빛으로 보이는 현상.

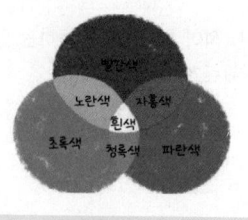
빨간색
노란색　자홍색
흰색
초록색　청록색　파란색

#빛의 굴절

屈 굽힐 굴　折 꺾을 절

빛이 공기 속을 직진하다가 다른 물질을 만나면 경계면에서 진행 방향이 꺾이는 현상.

빨대
보이는 위치
실제 위치
물

11

물리학 04 소리는 어떤 방식으로 전달될까?

#파동

波 물결 파 動 움직일 동

한 곳에서 발생한 진동이 주위로 퍼져 나가는 현상.

#매질

媒 중매 매 質 바탕 질

어떤 파동 또는 물리적 작용을 한 곳에서 다른 곳으로 옮겨 주는 물질.

#횡파

橫 가로 횡 波 물결 파

매질의 진동 방향과 파동의 진행 방향이 수직인 파동. 빛을 포함한 전자기파와 물결파, 지진파의 S파는 대표적인 횡파이다.

#종파

縱 늘어질 종 波 물결 파

매질의 진동 방향이 파동의 진행 방향에 일치하는 파동. 음파와 지진파의 P파가 대표적인 종파이다.

#파장

波 물결 파 長 길 장

마루(골)에서 이웃한 마루(골)까지의 거리.

개념 플러스 ➕ 마루와 골

- 마루: 긴 줄기로 이어져 있는 산이나 고개의 꼭대기.
- 골: 두 산이나 언덕 사이에 깊숙하게 패어 들어간 부분.

#진폭

振 떨칠 진 幅 폭 폭

진동 중심에서 마루나 골까지의 수직 거리.

#진동수

振 떨칠 진 動 움직일 동 數 셈 수

매질의 한 점이 1초 동안 진동하는 횟수. 단위는 Hz(헤르츠)이다.

물리학 05 찌릿찌릿, 정전기는 왜 생기는 걸까?

#대전

帶 띠 대 電 번개 전

어떤 물체가 전기(전하)를 띠는 현상.

개념 플러스 ➕ 전하

물체가 띠고 있는 정전기의 양. 같은 부호의 전하 사이에는 미는 힘이, 다른 부호의 전하 사이에는 끄는 힘이 작용한다. 한 점에 집중되어 있는 것을 점전하라고 하며, 이것이 이동하는 현상이 전류이다.

#전기

電 번개 전 氣 기운 기

물질 안에 있는 전자 또는 공간에 있는 전자나 이온들의 움직임 때문에 생기는 에너지.

#정전기

靜 고요할 정 電 번개 전 氣 기운 기

전하를 띤 상태로 한곳에 머물러 있는 전기.

#전류

電 번개 전 流 흐를 류(유)

전하의 흐름. 정량적으로는 단면을 통하여 단위 시간당 흐르는 전하의 양이다.

#전압

電 번개 전 壓 누를 압

전류를 흐르게 하는 능력. 단위는 볼트(V).

#저항

抵 막을 저 抗 겨룰 항

전류가 흐르는 것을 방해하는 작용. 전압을 전류로 나눈 값으로 나타낸다. 단위는 옴(Ω).

#옴의 법칙

Ohm 法 법 법 則 법칙 칙

어떤 전기 회로에 흐르는 전류는 그 회로에 가하여진 전압에 정비례하고, 저항에 반비례한다는 법칙.

13

물리학 **06**

전류가 자석처럼 자기장을 만들어 낸다고?

#자기력

磁 자석 자 氣 기운 기 力 힘 력(역)

자석끼리 서로 밀어내거나 끌어당기는 힘. 자기력은 자석의 세기가 셀수록, 두 물체 사이의 거리가 가까울수록 크게 작용한다.

#자기장

磁 자석 자 氣 기운 기 場 마당 장

자석의 주위, 전류의 주위, 지구의 표면 따위와 같이 자기력이 작용하는 공간.

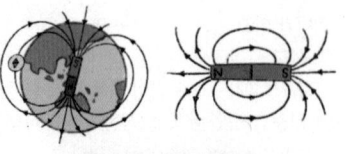
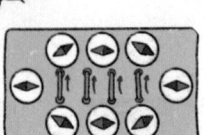

#전자석

電 번개 전 磁 자석 자 石 돌 석

전류가 흐르면 자기화되고, 전류를 끊으면 원래의 상태로 돌아가는 일시적 자석.

개념 플러스 ➕ 자기화

물질에서 스스로 또는 외부 자기장에 의해 자석처럼 되는 것을 의미한다.

#전동기

電 번개 전 動 움직일 동 機 틀 기

전기 에너지로부터 회전력을 얻는 기계.
= (전기) 모터

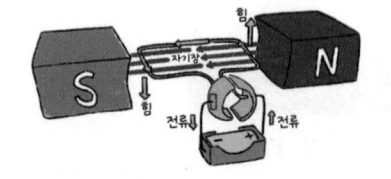

물리학 **07** **열은 어떤 방법으로 이동할까?**

#전도

傳 전할 전   導 인도할 도

주로 고체에서 물질을 이루고 있는 입자들이 충돌하면서 열이 이동하는 방법.

#복사

輻 바큇살 복   射 쏠 사

열이 다른 물질을 거치지 않고 직접 이동하는 방법. 전도나 대류에 비해 열의 전달이 매우 빠르다.

#대류

對 대할 대   流 흐를 류(유)

기체나 액체에서, 물질을 이루는 입자가 직접 이동함으로써 열이 전달되는 현상.

#열평형

熱 더울 열   平 평평할 평   衡 저울대 형

온도가 서로 다른 두 물체를 접촉시켰을 경우에, 온도가 높은 물체에서 온도가 낮은 물체로 열이 이동하여 두 물체의 온도가 같아졌을 때 열의 흐름이 정지되는 상태.

#단열

斷 끊을 단   熱 더울 열

물체와 물체 사이에 열이 서로 통하지 않도록 막는 것.

15

물리학 **08** **열을 받으면 커지는 것들이 있다고?**

#열량

熱 더울 열 **量** 헤아릴 량(양)

열에너지의 양. 열량의 단위는 cal 또는 kcal 를 사용한다.

#비열

比 견줄 비 **熱** 더울 열

물질 1kg의 온도를 1℃ 올리는 데 드는 열량. 물의 비열은 1kcal/(g·℃)로서, 모든 물질 가운데 가장 크다.

#열팽창

熱 더울 열 **膨** 부풀 팽 **脹** 배부를 창

물체의 온도가 올라감에 따라 그 길이, 면적, 부피가 늘어나는 현상.

#바이메탈

bi-metal

열팽창률이 서로 다른 두 개의 얇은 쇠붙이를 한데 붙여 합친 것. 온도가 높아지면 팽창률의 차이 때문에 그 길이가 서로 달라져 팽창률이 작은 쇠붙이 쪽으로 구부러지고, 온도가 낮아지면 그 반대쪽으로 구부러진다. 온도계, 화재경보기, 온도 조절기 따위에 쓴다.

물리학 09 물체가 어떻게 운동을 할 수 있을까?

#이동 거리

移 옮길 이 **動** 움직일 동 **距** 상거할 거
離 떠날 리(이)

- -

물체가 운동하는 동안 움직인 거리.

#속력

速 빠를 속 **力** 힘 력(역)

- -

물체의 빠르기를 나타내는 양으로, 단위 시간
동안 이동한 거리.

#등속 운동

等 무리 등 **速** 빠를 속 **運** 옮길 운 **動** 움직일 동

- -

시간에 따라 속력이 일정한 운동.

#공기 저항

空 빌 공 **氣** 기운 기 **抵** 막을 저 **抗** 겨룰 항

- -

공기가 물체의 움직임을 저지하는 힘.

#자유 낙하 운동

自 스스로 자 **由** 말미암을 유 **落** 떨어질 낙(락)
下 아래 하 **運** 옮길 운 **動** 움직일 동

- -

일정한 높이에서 정
지하고 있는 물체가
중력의 작용만으로
떨어질 때의 운동. 물
체의 속력이 1초마다
9.8m/s씩 증가한다.

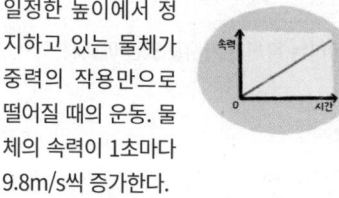

일을 하는데 어떻게 에너지가 생기지?

#일

물체에 힘을 작용하여 물체를 그 힘의 방향으로 이동시키는 것.

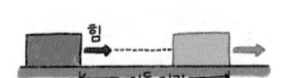

#일의 양

量 헤아릴 양(량)

물체에 힘이 작용하여 물체가 그 힘의 방향으로 일정한 거리만큼 움직였을 때에, 힘의 크기와 이동 거리를 곱한 양.

#에너지

energy

기본적인 물리량의 하나. 물체나 물체계가 가지고 있는 일을 하는 능력을 통틀어 이르는 말로, 에너지의 형태에 따라 운동, 위치, 열, 전기 따위의 에너지로 구분한다.

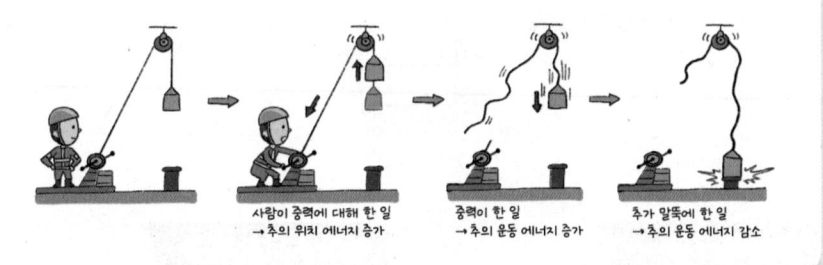

사람이 중력에 대해 한 일
→ 추의 위치 에너지 증가

중력이 한 일
→ 추의 운동 에너지 증가

추가 말뚝에 한 일
→ 추의 운동 에너지 감소

#운동 에너지

運 옮길 운 **動** 움직일 동 energy

운동하는 물체가 가지고 있는 에너지.

#위치 에너지

位 자리 위 **置** 둘 치 energy

물체가 어떤 특정한 위치에서 표준 위치로 돌아갈 때까지 일을 할 수 있는 잠재적 에너지. 크기는 물체의 위치로 정하여진다.

우리 주변에는 어떤 친구들이 살지?

#생물 다양성

生 날 생   物 물건 물   多 많을 다   樣 모양 양
性 성품 성

한 지역에 살고 있는 생물의 다양한 정도. 종의 다양성, 유전자의 다양성, 생태계의 다양성을 통틀어 이르는 말이다.

#변이

變 변할 변   異 다를 이(리)

같은 종에서 성별, 나이와 관계없이 모양과 성질이 다른 개체가 존재하는 현상. 외부 요인의 작용에 의한 환경 변이, 유전자의 변화에 의한 돌연변이가 있다.

#생물 분류

生 날 생   物 물건 물   分 나눌 분   類 무리 류(유)

생물을 형태나 구조 등 여러 가지 특징을 기준으로 무리 지어 나누는 일. 종을 기본 단위로 하여, 속, 과, 목, 강, 문, 계의 차례로 비슷한 것을 모아 정리한다.

#계

界 지경 계

생물을 분류하는 가장 큰 단위. 동물계, 식물계 등이 있다.

#종

種 씨 종

생물 분류의 기본 단위. 교배를 통해 생식 능력이 있는 자손을 낳을 수 있는 무리를 말한다.

생명과학 02 소중한 친구들을 지키는 방법

#생태계

生 날 생　態 모습 태　系 맬 계

어느 환경 안에서 서로 영향을 주고받는 생물 요소와 그 생물들을 제어하는 비생물 요소를 통틀어 이르는 말.

▲숲

▲초원　　▲바다

#먹이 사슬

생태계에서 먹이를 중심으로 이어진 생물 간의 관계. 먹이 사슬이 복잡할수록 안정된 생태계라고 할 수 있다.

#멸종

滅 꺼질 멸　種 씨 종

생태계에서 특정 생물종이 사라지는 것을 이르는 말. 우리나라에서는 사라질 위기에 처한 동물과 식물을 '멸종위기 야생 생물'로 지정하여 함부로 죽이거나 불법으로 사고팔지 못하도록 보호하고 있다.

#외래 생물

外 바깥 외　來 올 래(내)　生 날 생　物 물건 물

외국 등 다른 지역으로부터 자연적이거나 인위적으로 유입되어 들어온 모든 생물을 이르는 말. 대표적인 외래 생물로는 황소개구리, 큰입배스, 블루길, 뉴트리아, 붉은귀거북 등이 있다.

생명과학 03 식물이 만드는 영양분 레시피

#빛에너지

energy

빛이 가지고 있는 전자기
에너지.

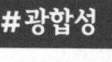

#광합성

光 빛 광　合 합할 합　成 이룰 성

식물이 빛에너지를 이용
하여 이산화 탄소와 수분
으로 양분을 만드는 과정.

#엽록체

葉 잎 엽　綠 푸를 록(녹)
體 몸 체

식물의 세포 기관으로, 광
합성이 이루어지는 장소
이다.

#기공

氣 기운 기　孔 구멍 공

식물의 잎이나 줄기의 겉
껍질에 있는, 숨쉬기와 증
산 작용을 하는 구멍.

#이산화 탄소

二 두 이　酸 실 산　化 될 화
炭 숯 탄　素 본디 소

탄소의 산화물. 식물의 광
합성을 돕는다.

개념 플러스 ➕ 탄소산화물

탄소 산화물, 산화 탄소
또는 옥소카본은 탄소와
산소로만 이루어진 화합
물이다. 탄소 산화물의
가장 단순한 예로는 일
산화 탄소와 이산화 탄
소가 있다.

#모세관 현상

毛 터럭 모　細 가늘 세　管 대롱 관
現 나타날 현　象 코끼리 상

가는 대롱(관)을 액체 속에 넣어 세웠을 때,
대롱 안의 액체 표면이 대롱 밖의 액체 표면
보다 높아지거나 낮아지는 현상.

#증산 작용

蒸 찔 증　散 흩을 산　作 지을 작　用 쓸 용

식물체 안의 수분이 수증기가 되어 공기 중
으로 나오는 현상.

21

생명 과학 **04**

식물은 어떻게 숨을 쉬고 밥을 먹지?

#산소

酸 실 산   素 본디 소

산소 원소로 만들어진 이원자 분자. 공기의 주성분이면서 사람의 호흡과 동식물의 생활에 없어서는 안 되는 기체이다.

#식물의 호흡

植 심을 식   物 물건 물   呼 부를 호   吸 마실 흡

식물이 세포에서 양분을 분해하여 생명 활동에 필요한 에너지를 얻는 과정.

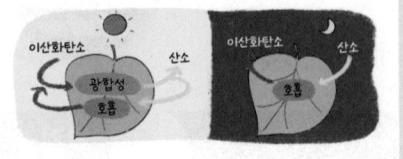

#포도당

葡 포도 포   萄 포도 도   糖 엿 당

생물의 에너지원으로, 여러 가지 당류 중 가장 기본적인 당.

개념 플러스 ➕ 에너지원

에너지로 사용이 가능한 자원으로, 영양소가 체내에서 연소(산화)한 경우에 에너지(열량)가 생기는 물질을 가리킨다. 에너지원이 될 수 있는 영양소는 당질(탄수화물), 지질, 단백질이고 이러한 것을 3대 영양소라고 한다.

#녹말

綠 푸를 녹(록)   末 끝 말

식물의 엽록체 안에서 광합성으로 만들어져 뿌리, 줄기, 씨앗 따위에 저장되는 탄수화물. 여러 개의 포도당이 결합된 것으로, 물에 잘 녹지 않는다.

생명 과학 05 사람은 어떻게 에너지를 얻을까?

#기관계

器 그릇 기　官 벼슬 관　系 맬 계

기능적으로 서로 관련성을 가지고 협동하여 작용하는 기관의 집합체. 소화계, 순환계, 호흡계, 배설계가 있다.

#영양소

營 경영할 영　養 기를 양　素 본디 소

생물의 생명 활동에 필요한 물질로, 몸을 구성하기도 하고 에너지원으로 이용되는 물질.

#소화계

消 사라질 소　化 될 화
系 맬 계

음식물을 섭취·분해·흡수하여 영양분을 혈액 속에 보내는 기관을 통틀어 이르는 말. 입에서 항문까지 연결되는 소화관과 간, 쓸개, 이자 등으로 구성된다.

#소화 효소

消 사라질 소　化 될 화
酵 삭힐 효　素 본디 소

크기가 큰 영양소를 크기가 작은 영양소로 분해하는 물질.

#순환계

循 돌 순　環 고리 환
系 맬 계

영양소와 산소 및 노폐물을 우리 몸의 적절한 곳으로 운반하는 기관을 통틀어 이르는 말. 심장, 혈관, 혈액으로 구성된다.

#심장

心 마음 심　臟 오장 장

주먹 크기의 근육질 주머니로 혈액 순환의 중심이 되는 기관.

#혈관

血 피 혈　管 대롱 관

혈액이 흐르는 관으로, 동맥과 정맥, 모세 혈관으로 구분된다.

개념 플러스 ➕ 모세 혈관

혈관 중에서 조직 세포 사이에 분포하는 가장 가는 혈관. 모세 혈관을 통해 혈액과 세포간질액 사이에 물질 교환이 일어난다.

사람은 어떻게 숨을 쉬고 노폐물을 내보낼까?

#호흡

呼 부를 호 吸 마실 흡

생물이 숨쉬기를 통해 산소를 흡수하고 이산화 탄소를 몸 밖으로 내보내는 과정.

#호흡계

呼 부를 호 吸 마실 흡 系 맬 계

숨을 쉬기 위해 공기가 드나드는 통로와 기체 교환이 일어나는 기관들의 모임. 호흡계는 코, 기관, 기관지, 폐와 같은 호흡 기관이 모여 이루어진다.

#폐포

肺 허파 폐 胞 세포 포

허파로 들어간 기관지의 끝에 포도송이처럼 달려 있는 자루.

모세 혈관

폐포

#배설

排 밀칠 배 泄 샐 설

영양소로부터 생명 활동에 필요한 물질과 에너지를 얻은 후 생긴 노폐물을 몸 밖으로 내보내는 일.

#배설계

排 밀칠 배 泄 샐 설 系 맬 계

배설 기관과 그 부속 기관을 통틀어 이르는 말.

#콩팥

혈액 속 노폐물을 걸러내어 오줌을 만드는 기관. 체액의 조성이나 양을 일정하게 유지하는 작용을 한다.

#네프론

nephron

오줌을 만드는 기본 단위로, 사구체와 보먼주머니, 세뇨관으로 구성된다.

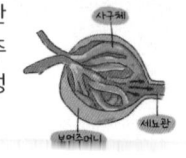

사구체

세뇨관

보먼주머니

생명
과학 **07** 서로 다른 눈·코·입의 역할

#자극

刺 찌를 자 **戟** 창 극
- - - - - - - - - - - - - - - -
생물에 작용하여 반응을 일으키게 하는
요인.

#시각

視 볼 시 **覺** 깨달을 각
- - - - - - - - - - - - - - - -
눈에서 빛을 자극으로 받아들여 물체의 모
양, 색깔, 거리 등을 느끼는 감각.

#청각

聽 들을 청 **覺** 깨달을 각
- - - - - - - - - - - - - - - -
귀에서 공기 등을 통해 전달된 소리를 느끼
는 감각. 귀는 청각뿐 아니라 몸의 회전이나
이동, 몸의 위치나 기울기를 감각하는 평형
감각 기관이다.

#후각

嗅 맡을 후 **覺** 깨달을 각
- - - - - - - - - - - - - - - -
코에서 기체 상태의 화학 물질을 자극으로
받아들여 냄새를 느끼는 감각.

#미각

味 맛 미 **覺** 깨달을 각
- - - - - - - - - - - - - - - -
혀에서 액체 상태의 화학 물질을 자극으로
받아들여 맛을 느끼는 감각.

[혀의 구조]

#피부 감각

皮 가죽 피 **膚** 살갗 부 **感** 느낄 감
覺 깨달을 각
- - - - - - - - - - - - - - - -
피부의 감각점을 통해 압력, 통증 등을 느끼
는 감각. 매운맛과 떫은맛은 혀와 입 속의 피
부를 통해 느끼는 피부 감각이다.

25

생명
과학 **08**

우리 몸은 자극에 어떻게 반응할까?

#뉴런

neuron

신경계를 구성하는 신경 세포로, 신경 세포체, 가지 돌기, 축삭 돌기로 이루어져 있다.

#중추 신경계

中 가운데 중 **樞** 지도리 추 **神** 귀신 신
經 지날 경 **系** 맬 계

뇌와 척수로 구성되어 있으며, 자극에 대해 판단하고 적절한 명령을 내리는 역할을 한다.

> **개념 플러스 ➕ 척수**
>
> 등뼈 안에 있는 중추 신경 계통의 부분. 뇌와 말초 신경 사이의 흥분 전달 통로 역할을 한다. 몸의 말단부에서 받아들인 감각 정보는 척수를 통해 뇌로 전달되고, 뇌에서 내린 명령은 척수를 통해 말단의 반응기에 전달된다.

#말초 신경계

末 끝 말 **梢** 나뭇가지 끝 초 **神** 귀신 신
經 지날 경 **系** 맬 계

중추 신경계로부터 온몸으로 연결되는 신경의 모든 경로.

#무조건 반사

無 없을 무 **條** 가지 조 **件** 물건 건
反 돌이킬 반 **射** 쏠 사

자극에 대한 무의식적인 반응. 감각 기관에서 받아들인 자극이 대뇌로 전달되지 않고, 그 전에 척수, 연수, 중간뇌의 명령이 반응기로 전달되어 나타나는 반응.

#호르몬

hormone

내분비샘에서 분비되어 특정 세포나 조직에 작용하여 몸의 생리 작용을 조절하는 물질.

#항상성

恒 항상 항 **常** 떳떳할 상 **性** 성품 성

외부 환경의 변화에 적절하게 반응하여 몸의 상태를 일정하게 유지하려는 성질.

넌 대체 누굴 닮은 거니?

#형질

形 모양 형   質 바탕 질

동식물의 모양, 크기, 성질 따위의 고유한 특징.

개념 플러스 ➕ 유전

어버이의 성격, 체질, 형상 따위의 형질이 자손에게 전해짐. 또는 그런 현상. 오스트리아의 식물학자 멘델에 의하여 처음으로 이에 대한 과학적 설명이 이루어졌다.

#대립 형질

對 대할 대   立 설 립(입)   形 모양 형
質 바탕 질

대립 유전자가 지배하는 형질. 서로 우성과 열성의 관계에 있는 것이 보통이다.

#우성

優 넉넉할 우   性 성품 성

대립 형질이 서로 다른 두 품종을 교배하였을 때 나타나는 잡종 제1대의 형질.

개념 플러스 ➕ 우열의 원리

유전자의 구성이 다를 때 우성의 형질만 나타나고 열성의 형질은 나타나지 않는다는 원리.

#열성

劣 못할 열(렬)   性 성품 성

대립 형질 중에서 잡종 제1대에는 나타나지 않는 형질.

#분리 법칙

分 나눌 분   離 떠날 리(이)   法 법 법
則 법칙 칙

유전의 과정에서 생식 세포가 만들어질 때, 쌍으로 존재하던 대립 유전자가 분리되어 서로 다른 생식 세포로 하나씩 나뉘어 들어가는 현상.

#독립 법칙

獨 홀로 독   立 설 립(입)   法 법 법   則 법칙 칙

두 가지 이상의 형질이 함께 유전될 때, 한 형질을 나타내는 대립 유전자 쌍이 다른 형질을 나타내는 대립 유전자 쌍에 영향을 받지 않고 독립적으로 분리되어 유전되는 현상.

나는 엄마와 아빠를 그대로 닮았을까?

#유전 형질

遺 남길 유   **傳** 전할 전   **形** 모양 형   **質** 바탕 질

생식 세포 가운데 부모의 형질을 자손에게 전하는 물질.

엄지 젖혀짐   엄지 안 젖혀짐

#상염색체 유전

常 떳떳할 상   **染** 물들 염   **色** 빛 색   **體** 몸 체
遺 남길 유   **傳** 전할 전

상염색체(생물의 염색체 가운데 성염색체가 아닌 보통 염색체)에 위치하는 대립 유전자에 의해 형질이 결정되는 유전으로, 성별에 따라 형질이 나타나는 빈도가 다르지 않다.

#성염색체 유전

性 성품 성   **染** 물들 염   **色** 빛 색   **體** 몸 체   **遺** 남길 유   **傳** 전할 전

성염색체(남녀의 성별을 결정하는 데 관여하는 염색체로, 여성은 X 염색체 두 개를, 남성은 X 염색체 하나와 Y 염색체 하나를 가짐.)에 있는 유전자에 의해 형질이 결정되는 유전으로, 성별에 따라 형질이 나타나는 빈도가 다르다.

#보인자

保 지킬 보   **因** 인할 인   **者** 사람 자

겉으로는 나타나지 않아 정상인과 차이가 없지만 유전 질환을 일으키는 열성 대립 유전자를 가지고 있어서 자손에게 그 유전자를 전달할 수 있는 사람.

#가계도 조사

家 집 가   **系** 맬 계   **圖** 그림 도   **照** 비출 조
査 사실할 사

특정 유전 형질을 가지는 집안의 가계도를 분석하여 그 형질의 유전 방식을 연구하는 방법.

> **개념 플러스 ➕ 가계도**
> 집안의 혈연이나 혼인 관계 따위를 나타낸 그림. 유전학 연구의 기초 자료가 된다.

생명과학 11 내 몸은 어떻게 자라는 걸까?

#세포 분열

細 가늘 세 胞 세포 포 分 나눌 분
裂 찢을 열(렬)

일정한 크기에 도달한 세포가 두 개의 세포로 나누어지는 현상.

#재생

再 두 재 生 날 생

상실되거나 손상된 생물체의 한 부분에 새로운 조직이 생겨 다시 자라남.

#생장

生 날 생 長 길 장

생물의 몸이 점점 커지는 것.

#생식

生 날 생 殖 불릴 식

생물이 자기와 닮은 개체를 만들어 종족을 유지하는 현상. 유성 생식과 무성 생식으로 나눈다.

개념 플러스 ➕ 유성 생식

암수의 두 배우자가 합일한 접합체에서 새로운 생명체가 발생하는 생식법. 대개의 다세포 생물에서 볼 수 있다.

#염색체

染 물들 염 色 빛 색 體 몸 체

생물의 종류나 성에 따라 그 수가 일정한 유전자의 집합체. 사람의 체세포에는 46개(23쌍)의 염색체가 들어 있으며, 이 중 22쌍은 남녀에게 공통적으로 들어가는 상염색체이고, 나머지 1쌍은 성을 결정하는 성염색체이다.

#체세포 분열

體 몸 체 細 가늘 세 胞 세포 포 分 나눌 분
裂 찢을 열(렬)

사람의 몸을 구성하는 체세포가 둘로 나누어지는 과정으로, 생장, 재생, 생식이 이루어질 때 일어난다.

29

생명 과학 12 우리는 어떻게 만들어졌을까?

#생식 세포

生 날 생 **殖** 불릴 식 **細** 가늘 세 **胞** 세포 포

생식에 관계하는 세포. 수컷의 정세포 또는 정자, 암컷의 난세포 또는 난자로, 체세포와 염색체 수가 다르다.

#수정

受 받을 수 **精** 정할 정

암수의 생식 세포가 하나로 합쳐져 결합하는 현상. 동물은 정자와 난자가 합쳐져 수정란을 이룬다.

#감수 분열

減 덜 감 **數** 셈 수 **分** 나눌 분 **裂** 찢을 열(렬)

염색체의 수가 반으로 줄어드는 세포 분열. 생식 세포, 즉 난자나 정자가 형성될 때 일어나며, 감수 1분열과 감수 2분열의 과정을 거친다.

#난할

卵 알 난(란) **割** 벨 할

수정란의 초기 세포 분열로, 난할이 거듭될수록 세포 수는 많아지고 세포 하나의 크기는 점점 작아진다.

#발생

發 필 발 **生** 날 생

수정란이 세포 분열을 통해 일정한 형태와 기능을 갖춘 하나의 개체로 되기까지의 과정.

화학 01 기체는 가만히 있지 않아

#기체

氣 기운 기 **體** 몸 체

물질이 나타내는 상태의 하나. 공기, 수소, 산소 따위와 같이 분자의 간격이 멀고 응집력이 없어 자유로이 운동한다.

개념 플러스 ➕ 응집력

어떤 단체나 조직에 속한 사람들을 하나로 뭉치게 하는 힘.

#입자

粒 낱알 입(립) **子** 아들 자

물질의 일부로서, 구성하는 물질과 같은 종류의 매우 작은 물체.

#입자의 운동

粒 낱알 입(립) **子** 아들 자 **運** 옮길 운 **動** 움직일 동

입자가 시간의 경과에 따라 그 공간적 위치를 바꾸는 일. 입자가 스스로 끊임없이 움직이는 것을 의미한다.

#기체의 확산

氣 기운 기 **體** 몸 체 **擴** 넓힐 확 **散** 흩을 산

기체를 이루는 입자가 스스로 운동하여 모든 방향으로 퍼져 나가는 현상.

#증발 현상

蒸 찔 증 **發** 필 발 **現** 나타날 현 **象** 코끼리 상

액체를 이루고 있는 입자가 스스로 운동하여 액체 표면에서 기체로 변하는 현상.

공기 중
입자

31

화학 02 하늘 높이 올라간 풍선이 터지는 이유는?

#압력

壓누를압 力힘력(역)

두 물체가 접촉면을 경계로 하여 서로 그 면에 수직으로 누르는 단위 면적에서의 힘의 단위.

#부피

넓이와 높이를 가진 물건이 공간에서 차지하는 크기.

#대기압

大클대 氣기운기 壓누를압

지구를 둘러싸고 있는 공기의 압력. 보통 지표에서 대기압은 1기압이다.

#보일 법칙

Boyle 法법법 則법칙칙

'온도가 일정할 때 일정한 양의 기체 부피는 압력에 반비례한다.'는 것으로, 영국의 과학자 보일이 처음으로 밝혀내었다.

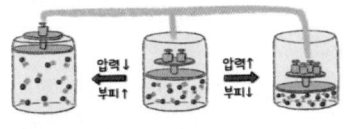

#온도

溫따뜻할온 度법도도

따뜻함과 차가움의 정도. 또는 그것을 나타내는 수치.

#샤를 법칙

Charles 法법법 則법칙칙

'같은 압력에서 온도가 높아지면 기체의 부피는 일정하게 증가한다.'는 것으로, 프랑스의 과학자 샤를이 처음으로 밝혀내었다.

화학 03 물질의 세 가지 얼굴

#고체

固 굳을 고 **體** 몸 체

일정한 모양과 부피가 있으며 쉽게 변형되지 않는 물질의 상태.

#액체

液 진 액 **體** 몸 체

일정한 부피는 가졌으나 일정한 형태를 가지지 못한 물질.

#융해

融 녹을 융 **解** 풀 해

고체에 열을 가했을 때 액체로 되는 현상.

#응고

凝 엉길 응 **固** 굳을 고

액체가 고체로 변하는 현상.

#기화

氣 기운 기 **化** 될 화

액체가 기체로 변하는 현상.

#액화

液 진 액 **化** 될 화

기체가 냉각·압축되어 액체로 변하는 현상.

#승화

昇 오를 승 **華** 빛날 화

고체가 곧바로 기체로 변하거나 그와 반대로 기체가 곧바로 고체로 변하는 현상.

화학 **04** 에스키모는 왜 이글루 바닥에 물을 뿌릴까?

#열에너지

熱 더울 열 energy

열을 에너지의 한 형태로 볼 때의 이름. 온도가 높은 물질에서 낮은 물질로 이동하는 성질이 있다.

#융해열

融 녹을 융 **解** 풀 해 **熱** 더울 열

고체에서 액체로 변할 때 물질이 흡수하는 열에너지.

#기화열

氣 기운 기 **化** 될 화 **熱** 더울 열

액체에서 기체로 변할 때 물질이 흡수하는 열에너지.

#승화열

昇 오를 승 **華** 빛날 화 **熱** 더울 열

고체에서 기체로 변하거나 기체에서 고체로 변할 때 흡수하거나 방출하는 열에너지.

#응고열

凝 엉길 응 **固** 굳을 고 **熱** 더울 열

액체에서 고체로 변할 때 물질이 방출하는 열에너지.

#액화열

液 진 액 **化** 될 화 **熱** 더울 열

기체에서 액체로 변할 때 물질이 방출하는 열에너지.

화학 05 원소와 원자, 분자는 어떻게 다르지?

#원소

元 으뜸 원 **素** 본디 소

더 이상 분해되지 않으면서 물질을 이루는 기본 성분.

#불꽃 반응

反 돌이킬 반 **應** 응할 응

물질이 무색의 불꽃에 닿으면 그 물질 고유의 빛깔을 나타내는 반응을 이른다.

나트륨

스트론튬

리튬

#스펙트럼

spectrum

빛을 분광기에 통과시키면 나타나는 여러 가지 색의 띠.

> 개념 플러스 ➕ **분광기**
>
> 빛 따위 전자파나 입자선을 파장에 따라 스펙트럼 분석하여 그 세기와 파장을 검사하는 장치.

#원자

原 언덕 원 **子** 아들 자

더이상 쪼갤 수 없는 가장 작은 단위 입자. 원자핵과 전자로 이루어져 있다.

#원자핵

原 언덕 원 **子** 아들 자 **核** 씨 핵

원자의 중심부를 이루는 입자. 양자와 중성자가 강한 핵력으로 결합한 것으로 원자의 대부분을 차지하며 (+)전하를 갖는다.

#전자

電 번개 전 **子** 아들 자

(-)전하를 가지고 원자핵의 주위를 도는 소립자의 하나.

#분자

分 나눌 분 **子** 아들 자

물질에서 화학적 형태와 성질을 잃지 않고 분리될 수 있는 최소의 입자.

화학 06 잃어버린 전자와 굴러 들어온 전자

#전하

電 번개 전 荷 멜 하

물체가 띠고 있는 정전기의 양. 같은 부호의 전하 사이에는 미는 힘이, 다른 부호의 전하 사이에는 끄는 힘이 작용한다.

#이온

ion

원자가 전자의 이동으로 전자를 잃거나 얻어 전하를 띠는 입자. 이온은 원소 기호를 사용하여 나타내며, 원소 기호의 오른쪽 위에 이온이 띠고 있는 전하의 종류와 잃거나 얻은 전자 수를 함께 표시한다.

#양이온

陽 볕 양 ion

원자가 전자를 잃어 (+)전하를 띠는 입자.

전자를 잃음

#음이온

陰 그늘 음 ion

원자가 전자를 얻어 (-)전하를 띠는 입자.

전자를 얻음

#앙금 생성 반응

生 날 생 成 이룰 성 反 돌이킬 반 應 응할 응

이온이 포함된 두 가지 수용액을 섞었을 때, 물질 속의 특정 양이온과 음이온이 반응하여 물에 녹지 않는 물질이 만들어지는 현상.

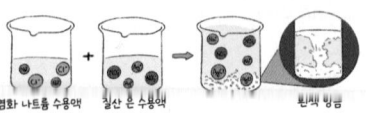

염화 나트륨 수용액 + 질산 은 수용액 → 흰색 앙금

화학 07 소금물이 100℃에도 끓지 않는 이유

#순물질

純 순수할 순 物 물건 물 質 바탕 질

한 종류의 물질로만 이루어진 물질.

#혼합물

混 섞을 혼 合 합할 합 物 물건 물

두 가지 이상의 물질이 각각의 성질을 지니면서 서로 화학적 결합을 하지 아니하고 뒤섞인 물질.

#밀도

密 빽빽할 밀 度 법도 도

어떤 물질의 단위 부피만큼의 질량.

#용해도

溶 녹을 용 解 풀 해 度 법도 도

일정한 온도에서 일정한 양의 용매에 녹을 수 있는 용질의 최대의 양. 보통 용매 100g에 녹을 수 있는 용질을 g 수로 나타낸다.

개념 플러스 ➕ 용매

어떤 액체에 물질을 녹여서 용액을 만들 때 그 액체를 가리키는 말. 액체에 액체를 녹일 때는 많은 쪽의 액체를 이른다.

#녹는점

點 점 점

고체가 액체로 되는 동안 일정하게 유지되는 온도.

#어는점

點 점 점

액체가 고체로 되는 동안 일정하게 유지되는 온도.

#끓는점

點 점 점

액체가 끓는 동안 일정하게 유지되는 온도.

화학 08 바닷물도 식수가 될 수 있어요

#증류

蒸 찔 증 **溜** 낙숫물 류(유)

액체를 가열하여 생긴 기체를 냉각하여 다시 액체로 만드는 일.

[소줏고리]

찬물
에탄올 액화
에탄올 기화
탁주
소주

#끓는점 차이

點 점 점 **差** 다를 차 **異** 다를 이(리)

끓는점은 액체가 기체로 변할 때 일정하게 유지되는 온도로, 물질마다 다르다. 끓는점의 차이를 이용하여 액체 혼합물을 분리할 수 있다.

#밀도 차이

密 빽빽할 밀 **度** 법도 도 **差** 다를 차 **異** 다를 이(리)

밀도는 일정한 부피에 해당하는 물질의 질량을 의미하는데, 물질마다 다르다. 밀도의 차이를 이용하여 서로 섞이지 않는 액체 혼합물이나 고체 혼합물을 분리할 수 있다.

[좋은 볍씨 고르기]
쭉정이
소금물
좋은 볍씨

#재결정

再 두 재 **結** 맺을 결 **晶** 맑을 정

결정성 물질을 정제하는 방법의 하나. 결정성의 고체를 물이나 그 밖의 용매에 녹여, 냉각하거나 증발시켜서 다시 결정화함으로써, 그 결정물의 불순물을 없앤다.

#크로마토그래피

chromatography

혼합물을 이루고 있는 성분 물질이 용매를 따라 이동하는 속도 차이를 이용하여 혼합물을 분리하는 방법.

화학 09 나무를 태우면 질량이 줄어들까?

#질량 보존의 법칙

質 바탕 질 **量** 헤아릴 량(양) **保** 지킬 보
存 있을 존 **法** 법 법 **則** 법칙 칙

화학 반응이 일어나기 전과 후에 물질의 모
든 질량은 항상 일정하다는 원칙.

#연소 반응

燃 탈 연 **燒** 불사를 소 **反** 돌이킬 반
應 응할 응

물질이 산소와 결합하여 많은 빛과 열을 내
는 현상.

#열린 공간

空 빌 공 **間** 사이 간

물질이 이동할 수 있는 공간.

#닫힌 공간

空 빌 공 **間** 사이 간

물질이 이동할 수 없는 밀폐된 공간.

#기체 발생 반응

氣 기운 기 **體** 몸 체 **發** 필 발 **生** 날 생
反 돌이킬 반 **應** 응할 응

화학 반응 가운데 기체가 생성되는 현상.

화학 ⑩ 에너지가 열을 낸다고?

#발열 반응

發 필 발　熱 더울 열　反 돌이킬 반　應 응할 응

열을 방출하며 진행하는 화학 반응.

#흡열 반응

吸 마실 흡　熱 더울 열　反 돌이킬 반
應 응할 응

주위의 열을 흡수하여 일어나는 화학 반응.

#반응열

反 돌이킬 반　應 응할 응　熱 더울 열

반응물과 생성물이 가지고 있는 에너지의 차이로 인해 화학 반응이 일어날 때 방출하거나 흡수하는 열.

개념 플러스 ➕ 방출하다

입자나 전자기파의 형태로 에너지를 내보내다.

#열분해

熱 더울 열　分 나눌 분　解 풀 해

열에 의하여 생기는 분해 반응. 곧 석유를 밀폐 용기 안에 넣고 압력을 주면서 가열하여 가솔린, 등유, 경유, 중유 따위로 나누는 것이다.